普通高等院校机电工程类规划教材

材料成型导论

余世浩 张琳琅 编著

清华大学出版社
北京

内 容 简 介

本书为普通高等教育"十三五"规划教材、普通高等院校机电工程类规划教材,主要内容包括:材料成型专业概况和涉及的技术领域、金属液态成形、金属塑性成形、金属焊接成形、非金属材料成型和 3D 打印成形等。通过本书的学习可以使读者全面了解材料成形技术的概貌,为专业课程学习和专业实践打下良好基础。

本书可以作为材料成型及控制工程专业和机械类相关专业的教材或参考用书,也可供从事材料成形领域工作的工程技术人员参考。

图书在版编目(CIP)数据

材料成型导论/余世浩,张琳琅编著. —北京:清华大学出版社,2018(2024.8重印)
(普通高等院校机电工程类规划教材)
ISBN 978-7-302-51603-3

Ⅰ. ①材… Ⅱ. ①余… ②张… Ⅲ. ①工程材料—成型—高等学校—教材 Ⅳ. ①TB3

中国版本图书馆 CIP 数据核字(2018)第 257793 号

责任编辑:许　龙
封面设计:傅瑞学
责任校对:赵丽敏
责任印制:丛怀宇

出版发行:清华大学出版社
　　网　　址:https://www.tup.com.cn,https://www.wqxuetang.com
　　地　　址:北京清华大学学研大厦 A 座　　　　　　邮　编:100084
　　社 总 机:010-83470000　　　　　　　　　　　邮　购:010-62786544
　　投稿与读者服务:010-62776969,c-service@tup.tsinghua.edu.cn
　　质量反馈:010-62772015,zhiliang@tup.tsinghua.edu.cn
印 装 者:三河市龙大印装有限公司
经　　销:全国新华书店
开　　本:185mm×260mm　　　　印　张:15.25　　　　字　数:367 千字
版　　次:2018 年 11 月第 1 版　　　　　　　　　　印　次:2024 年 8 月第 8 次印刷
定　　价:49.80 元

产品编号:079917-02

前　言

　　许多高等学校都为大学新生开设了专业导论课程,以便让他们尽快了解专业学科背景、熟悉专业技术内容、明确专业学习目标和研究方向,为大学阶段的学习起到先导性作用。本书是为材料成型及控制工程和机械类相关专业编写的专业导论课程教材,期望通过本书的学习,使读者全面了解材料成形技术的概貌,为专业课程学习和专业实践打下良好基础。

　　全书共6章。第1章概述,介绍材料成型涉及的技术领域、材料成形在国民经济中的作用、材料成形工艺的分类与特点、材料成型专业的人才培养模式与教学质量标准、材料成形技术的发展趋势等;第2章金属液态成形,介绍金属液态成形基础、铸造合金及熔炼、砂型铸造、特种铸造和近代液态成形技术;第3章金属塑性成形,介绍金属塑性成形基础、冲压成形、锻造成形、其他塑性成形技术和塑性成形设备;第4章金属焊接成形,介绍焊接原理与工艺方法、熔焊的工艺特点及应用、压焊的工艺特点及应用、钎焊的工艺特点及应用、焊接成形件的检验;第5章非金属材料成型,介绍塑料成型、橡胶成型和陶瓷成型;第6章3D打印成形,介绍3D打印成形原理、3D打印成形工艺、3D打印成形技术的应用以及3D打印成形技术的发展趋势等。

　　全书由武汉华夏理工学院余世浩、张琳琅编著。具体分工为:第1、5、6章由余世浩编写;第2章由李光普编写;第3章由史峻清编写;第4章由张琳琅编写。全书由余世浩统稿。武汉理工大学范晓明、冯玮老师对部分章节进行了审阅,在此一并感谢!

　　由于作者水平有限,不妥之处,恳请读者指正。

作　者

2018 年 8 月

目　　录

第1章 概　述

任何材料,一般只有将其加工成一定形状和尺寸后,才具有特定的使用功能。顾名思义,材料成型即是将原材料加工成特定形状与尺寸零件(或毛坯)的方法。

1.1　材料成型专业涉及的技术领域

材料成型及控制工程(material molding and control engineering)专业是 1998 年国家教育部进行专业调整时新设立的专业,涵盖原金属材料与热处理(部分)、热加工工艺及设备、铸造(部分)、塑性成形工艺及设备、焊接工艺及设备(部分)等多个专业内容。新专业调整强调"厚基础、宽口径",通过老专业合并来加强学科基础,拓宽专业面,从而改变老专业口径过窄、适应性不强的状况,培养出适合经济快速发展需要的人才,即由"专才"培养向"通才"培养模式转变。2012 年,教育部对 1998 年印发的普通高等学校本科专业目录进行了修订,材料成型及控制工程专业代码由 080302 调整为 080203。

材料成型及控制工程专业是一个具有机械学科典型特征和浓厚材料学科色彩的宽口径专业,主要研究各种材料成形的工艺方法、质量控制以及材料成形的机械化和自动化,是集材料制备与成形及过程自动化为一体的综合性学科。本书中常用到"成型"(molding)和"成形"(forming)两个词。作者认为,"成型"一词强调的是被加工零件形状与模具(或工具)型腔一致,即模具型腔对产品(制品)最终形状的作用;而"成形"则侧重毛坯变形成所需形状和尺寸产品(或制品)的过程及原理(机理)。一般情况下,本书使用"成形"一词。

材料成型是研究材料成形的机理、成形工艺、成形设备及相关过程控制的一门综合性应用技术,通过改变材料的微观结构、宏观性能和外部形状,满足各类产品的结构、性能、精度及特殊要求。按材料种类及形态不同,材料成型涉及如下内容。

1. 金属材料的塑性成形

金属塑性成形(plastic forming)方法是对坯料施加外力,使其产生塑性变形,改变尺寸、形状及性能,从而获得机械零件、工件或毛坯的成形方法。根据坯料的几何特点,金属塑性成形方法一般分为体积成形(如锻造、挤压)和板料成形(如冲压)两大类。锻造与冲压统称为锻压,是塑性成形的主要方法。锻造通常在坯料加热后进行,属于热加工。金属经锻造后能使晶粒细化、成分均匀、组织致密、保持流线、提高强度,承受重载及冲击载荷的重要零件多以锻件为毛坯。冲压一般不需加热,以薄板金属为原材,故又称为冷冲压或板料冲压。冲压件具有强度高、刚性好、结构轻等优点。

2. 金属材料的液态成形

金属的液态成形常称铸造(casting),是指将熔炼成液态的金属浇入事先制造好的铸型,凝固后获得一定形状和性能铸件的成形方法。它能最经济地制造出外形和内腔很复杂的零件(如各种箱体、机架、机床床身、发动机机体和缸盖等),而且液态成形件的形状、尺寸比较接近零件,节省金属材料和加工工时。生产中常用于各种尺寸、形状、重量毛坯的制造。

3. 金属材料的连接成形

金属的连接成形(jointing),一般指焊接(welding),是通过加热、加压或加热加压,并且用或不用填充材料,使焊件达到原子结合的一种加工方法,所用能源可以是电能、机械能、化学能、声能或光能等。按焊接过程的特点,可将焊接分为熔化焊、压力焊和钎焊三大类。金属的连接成形广泛应用于航空航天、船舶重工、桥梁建造、汽车制造等行业。

4. 金属粉末成形

粉末成形属于粉末冶金范畴,它以金属粉末(或非金属粉末混合物)为原料,经成形和烧结操作可制造各种金属材料、复合材料及其零部件。常用的粉末成形方法有模压、轧制、挤压、温压、注射成形及粉浆浇注等。粉末成形在无机非金属材料加工领域应用也极为广泛。

5. 非金属材料成型

非金属材料是指除金属以外的其他一切材料,如塑料、合成橡胶、合成纤维、胶黏剂、陶瓷、玻璃、水泥、耐火材料等,它们在各工业领域中有广泛应用。

1) 塑料成型

工程塑料是常用的高分子材料。相对金属来说,塑料具有密度小、比强度高、耐腐蚀、电绝缘性好、耐磨和自润滑性好,以及透光、隔热、消声、吸振等优点。但也存在强度低、耐热性差、容易蠕变和老化等缺点。在工程塑料的成型工艺中常见的有注射成型(成型尺寸精确、形状复杂、薄壁或带金属嵌件的塑料制品)、挤出成型(成型热塑性塑料,生产各种板、管、棒、线等塑料制品)和压制成型(成型板、管和棒等塑料制品)。

2) 橡胶材料成型

橡胶是在室温下具有高弹性的高分子材料,用于制作轮胎、动静态密封件、减振防振件、传动件、运输胶带和管道、电缆和电工绝缘材料等。橡胶的成型工艺有塑炼、混炼、压延工艺、压出工艺、注塑成型等。

3) 陶瓷材料成型

陶瓷是由金属和非金属形成的无机化合材料,性能硬而脆,与金属材料和工程塑料相比有更高的耐高温、耐蚀和耐磨性。利用陶瓷特有的物理性能可制造出种类繁多、用途各异的陶瓷材料,例如导电陶瓷、半导体陶瓷、压电陶瓷、绝缘陶瓷、磁性陶瓷、光学陶瓷等,也可利用某些精密陶瓷对声、光、电、热、磁、力、温度、湿度、射线等信息显示的敏感特性而制得各种陶瓷传感材料。

6. 3D 打印成形

3D打印成形是近30年来发展起来的一门制造技术,早期称为快速原型制造或快速成型,是计算机辅助设计与制造、计算机数字控制、激光、精密伺服驱动等先进技术以及材料科学的集成。3D打印成形基于离散和材料累加原理,并由CAD模型直接驱动完成任意复杂形状产品的快速制造,摆脱了传统的"去除"加工方法,而采用全新的"增材"成形方法,不需要传统的刀具、夹具以及多道加工工序,可实现任意复杂物体的快速、精密"自由制造",解决了许多复杂结构物体的成形难题,能更好地响应市场需求,提高企业的竞争力。

1.2　材料成形在国民经济中的作用

材料成形技术在工业生产的各个行业都有广泛应用,尤其是对制造业来说更具有举足轻重的作用。制造业是生产和装配制成品的企业群体的总称,包括机械、运输工具、电气设备、仪器仪表、食品工业、服装、家具、化工、建材和冶金等,它在国民经济中占有很大的比重。统计资料显示,近年来我国制造业占国民生产总值(GDP)的比例已超过35%,同时,制造业的产品还广泛地应用于国民经济的诸多其他行业,对这些行业的运行产生着不可忽视的影响。因此,作为制造业的一项基础和主要的生产技术,材料成形技术在国民经济中占有十分重要的地位,并且在一定程度上代表着一个国家的工业技术发展水平。

采用铸造方法可以生产铸钢件、铸铁件及各种铝、铜、镁、钛及锌等有色合金铸件。我国已铸造出重约315t的大型厚板轧机的铸钢框架,重达260t的大型铸铁钢锭模,还铸出了30×10^4kW水轮机转子等复杂铸件,其尺寸精度达到国际电工学会规定的标准。采用铸造方法还可以铸造壁厚0.3mm、长度12mm、质量为12g的小型薄壁铸件。在机床和通用机械中铸件质量占70%~80%,风机、压缩机中铸件质量占60%~80%,农业机械中铸件质量占40%~70%,汽车中占20%~30%。

采用塑性成形方法,可生产各种金属(黑色金属和有色金属)及其合金的锻件和板料冲压件。塑性加工的零件和制品在汽车与摩托车中占70%~80%,在拖拉机和农业机械中占50%,在航空航天飞行器中占50%~60%,在仪表中占90%,在家用电器中占90%~95%,在工程与动力机械中占20%~40%。

采用连接方法生产独立的制件或产品虽然不如铸造和塑性成形方法多,但据国外权威机构统计,在各类工业制品中半数以上都需要采用一种或多种连接技术才能制成。在钢铁、汽车和铁路车辆、舰船、航空航天飞行器、原子能反应堆及电站、石油化工设备、机床和工程机械、电器与电子产品、家电以及桥梁、高层建筑、高铁、油气远距离输送管道、高能粒子加速器等许多重大工程中,连接技术都占据十分重要的地位,连接技术的应用十分广泛。

以载货汽车为例,一辆汽车由数十个部件、上万个零件装配而成。其中发动机上的汽缸体、汽缸套、汽缸盖、离合器壳体、手动(自动)变速箱壳体、后桥壳体、活塞、活塞环、化油器壳体、油泵壳体等,采用铸铁、铸铝和铝合金铸造或压铸工艺生产;连杆、曲轴、气门、齿轮、同步器、万向节、十字轴、半轴、前桥及板簧零件,采用模锻工艺生产;车身、车门、车架、油箱等,经冲压和焊接制成;车内饰件、仪表盘(部分汽车)、方向盘、灯罩(部分)等,采用注塑生产;而轮胎为橡胶压制件。总之,一辆汽车有80%~90%的零件是经成形工艺生产的。

总之,金属材料约有70%以上需经铸、锻、焊成形加工才能获得所需制件,非金属材料也主要依靠成型方法才能加工成半成品或最终产品。因此,材料成形是整个制造技术的一个重要领域,是国民生产中极为重要且不可替代的组成部分,可以毫不夸张地说,没有先进的材料成形技术,就没有现代制造业。

1.3　材料成形工艺的分类与特点

根据材料的种类、形态、成形原理及特点,成形工艺可按图 1.1 所示分类。

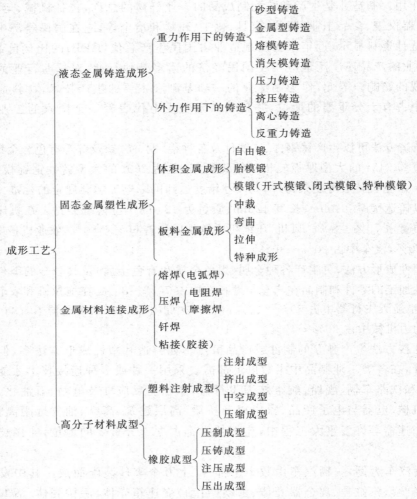

图 1.1　材料成形工艺的分类

与机械切削加工相比,材料成形有如下特点。

(1) 材料利用率高。对于某个零件,当采用棒料或块状金属为毛坯时,要通过车、铣、刨等方法将多余金属切削掉,才能得到所需的零件;而采用铸、锻件为毛坯进行切削加工,仅需将加工余量切削掉,因而材料利用率高。以常见的锥齿轮和汽车轮胎螺母为例,当以棒料或块料为毛坯进行切削加工生产时,其材料利用率分别为 41%、37%;当以铸、锻件为毛坯进行切削加工生产时,其材料利用率分别为 68%、72%。当采用精密成形生产时,其材料利用率分别为 83%、92%。一般情况下,零件形状越复杂,采用成形工艺时的材料利用率越高。

(2) 产品性能好。采用成形工艺生产时,材料尤其是金属材料流线沿零件轮廓形状分布,金属纤维连续,而切削加工时会将金属纤维切断;其次,材料的塑性变形有利于提高零件的内在质量,如强度、疲劳寿命等。以齿轮为例,采用成形工艺生产与采用切削加工生产相比,其强度、抗弯疲劳寿命均提高 20% 以上。

(3) 产品尺寸规格一致。模具生产特别适合大批量生产,如机械与家电产品中的冲压件。

(4) 生产率高。对于成形工艺,普遍可采用机械化、自动化流水作业来实现大量乃至大规模生产。仍以锥齿轮和汽车轮胎螺母为例,与采用切削加工相比其生产率分别提高 2 倍和 3 倍,有的零件甚至可提高数十倍。

(5) 一般制件尺寸精度比切削加工低、表面粗糙度值比切削加工高。即使在室温变形,因模具或模型的磨损、弹性变形等因素,也将影响制件尺寸精度和表面粗糙度。因此,对于金属零件的生产,一般采用串联成形工艺获得具有一定机械加工余量和尺寸公差的毛坯,然后通过机械切削加工获得最终产品。

需要指出的是,材料成形(成形加工)较之切削加工,在材料利用率、产品性能、生产率等诸多方面具有无可比拟的优势,但材料成形所用的模具、工装(绝大部分)仍需采用切削加工方法制造。

1.4　材料成型专业人才培养模式与教学质量标准

1.4.1　材料成型专业人才培养模式

厚基础、宽口径是我国目前材料成型及控制工程专业培养人才的主要模式。但由于各高校原有的专业设置及基础不同,专业的定位及发展目标也不尽相同,因此在人才培养模式及培养计划方面也存在较大差异。例如,一些研究型大学担负着精英教育的责任,以培养科学研究型和科学研究与工程技术复合型人才为主,学生毕业后大部分将继续深造,因此多以通识教育为主。而大多数教学研究型和教学型大学担负着大众文化教育的责任,以培养工程技术型、应用复合型人才为主,学生毕业后大部分走向工作岗位,因此大多数是通识与专业并重教育。

通过对国内部分大学人才培养方案的分析,目前国内材料成型及控制工程专业人才培养模式可归纳为以下几种。

1. 按照大类一级学科培养

这一培养模式以研究型大学为主。即按照材料科学与工程或机械工程一级学科打基础,学生不仅学习材料加工工程二级学科所需要的公共基础课和学科基础课,而且要学习该一级学科所包含的其他二级学科所需要的公共基础课和学科基础课,尤其是公共基础课完全相同。根据专业的不同归属,该类人才培养模式又分为以下两种。

(1) 按照材料科学与工程大类培养。由于专业属于材料一级学科,因此培养方案强调材料基础。目标是培养掌握系统的材料科学基本理论和必要的材料工程应用技术的专业知识,具有新材料、新产品、新工艺开发研制能力的高级工程技术人才。

(2) 按照机械工程大类培养。由于专业属于机械工程一级学科,因此培养方案强调机械基础。目标是培养掌握机械设计制造、材料加工过程及其机电控制的基本原理、方法、工艺和设备的专业知识,能从事机械设计制造、生产运行、科技开发及经营管理等方面的高级工程技术人才。

2. 按照二级学科培养

这一培养模式以教学科研型和教学型大学居多,而且按照二级学科培养的学校占有很大比例。其中,又有分专业方向和不分专业方向培养两种不同情况。

3. 按照原二级学科培养

按这种人才培养模式培养学生的学校数量较少。有两种情况:一是按照调整前的老专业培养本科生,二是按材料成型及控制工程专业单一专业方向培养。

针对上述情况,教育部高等学校材料成型及控制工程专业教学分指导委员会2008年制定了《材料成型及控制工程专业分类指导培养计划》,共分四个大类。其中第三类为按照材料成型及控制工程专业分专业方向的培养计划,按这种人才培养模式培养学生的学校占被调查学校的大多数。其培养目标是掌握材料成型及控制工程领域的基础理论和专业基础知识,具备解决材料成型及控制工程问题的实践能力和一定的科学研究能力,具有创新精神,能在铸造、焊接、模具或塑性成形领域从事设计、制造、技术开发、科学研究和管理等工作,综合素质高的应用型高级工程技术人才。其突出特点是设置专业方向,强化专业基础,具有鲜明的行业特色。

4. 卓越工程师培养模式

近几年教育部启动了"卓越工程师教育培养计划"(简称"卓越计划"),旨在培养造就一大批创新能力强、适应经济社会发展需要的高质量工程技术人才,为走新型工业化发展道路、建设创新型国家和人才强国战略服务。该模式以强化学生工程能力和创新能力培养为特征,要求行业、企业深度参与培养过程,学生要有一年左右的时间在企业顶岗学习,学校按通用标准和行业标准培养现场工程师(本科)、设计开发工程师(硕士)和研究型工程师(博士)三个层次的工程人才。目前已有部分高校根据各自的专业基础及行业背景在材料成型及控制工程专业进行了本科层次"卓越计划"培养模式的试点。

1.4.2 机械类教学质量国家标准

2018年1月30日,教育部公布了《普通高等学校本科专业类教学质量国家标准》(以下简称《标准》),这是我国高等教育领域首个国家标准。《标准》涵盖了普通高等学校本科专业目录中全部92个本科专业类、587个专业,涉及全国56000多个专业点。《标准》以专业类为单位研制,明确了各专业类的基本质量要求,即对该专业类所有专业教学质量的最低要求,并作为设置本科专业、指导专业建设、评价专业教学质量的参考依据。《标准》主要内容包括概述、适用专业范围、培养规格、师资队伍、教学条件、质量保障体系等。以下就机械类教学质量国家标准的相关内容说明如下。

1. 概述

机械工业是国家工业体系的核心产业,在发展国民经济中处于主导地位。没有先进的机械工业,就没有发达的农业和工业,更不可能实现国防现代化。机械工业担负着向国民经济各部门提供技术装备的任务,国民经济各部门的生产技术水平与经济效益,在很大程度上取决于机械工业所能提供装备的技术性能、质量和可靠性。因此,机械工业的技术水平与规模是衡量一个国家工业化程度和国民经济综合实力的重要标志。

机械类专业包括机械工程、机械设计制造及其自动化、材料成型及控制工程、机械电子工程、工业设计、过程装备与控制工程、车辆工程、汽车服务工程等。主干学科分别包括机械工程、材料科学与工程、动力工程及工程热物理。

机械类专业承担着机械工业专业人才的培养重任，直接影响着我国机械科学与技术的发展，进而影响着我国的经济建设与社会发展。同时，机械类专业人才培养所提供的相关教育，对其他工程类专业人才的培养也具有基础性的意义。机械类专业人才培养水平的高低，直接影响着国家的发展和民族的进步。另外，机械类专业的大规模、多需求以及社会的高度认可，使其成为供需两旺的专业类。

机械学科的主要任务是将各种知识、信息融入设计、制造和控制中，应用现代工程知识和各种技术(包括设计、制造及加工技术，维修理论及技术，材料科学与技术，电子技术，信息处理技术，计算机技术和网络技术等)，使设计制造的机械系统和产品能满足使用要求，而且具有市场竞争力。

机械学科的主要内容包括机械的基本理论、各类机械系统及产品的设计理论与方法、制造原理与技术、测控原理与技术、自动化技术、材料加工、性能分析与实验、工程控制与管理等。机械学科及相关学科的飞速发展和相互交叉、渗透、融合，极大地充实和丰富了机械学科基础，拓展和发展了机械学科的研究领域。

总体上，机械类专业更加强调学生自然科学、工程科学以及机械学科及相关学科专业知识的融合，更加强调学生知识和能力的融合，更加强调学生设计、创新和工程技术应用能力的培养。

2. 适用专业范围

1) 适用的专业类(代码)

机械类(0802)。

2) 适用的专业(代码)

机械工程(080201)、机械设计制造及其自动化(080202)、材料成型及控制工程(080203)、机械电子工程(080204)、工业设计(080205)、过程装备与控制工程(080206)、车辆工程(080207)、汽车服务工程(080208)、机械工艺技术(080209)和微机电系统工程(080210)。

3. 培养目标

1) 专业类培养目标

机械类专业培养德、智、体、美全面发展，具有一定的文化素养和良好的社会责任感，掌握必备的自然科学基础理论和专业知识，具备良好的学习能力、实践能力、专业能力和创新意识，毕业后能从事专业领域和相关交叉领域内的设计制造、技术开发、工程应用、生产管理、技术服务等工作的高素质专门人才。

2) 专业培养目标(各高校制定)

各高校确定的培养目标必须符合所在学校的定位及专业基础和学科特色，并能够适应社会经济发展需要。培养目标应包括学生毕业时的要求，还应能反映学生毕业后在社会与专业领域预期能够取得的成就，培养目标应向教育者、受教育者和社会有效公开。应根据持续发展的需要，建立必要的制度，定期评价培养目标的达成度，并定期对培养目标进行修订。评价与修订过程应有行业或企业专家参与。

4. 培养规格

1）学制

4年。

2）授予学位

工学学士。

3）参考总学时或学分

机械类专业总学分建议150～190学分。各高校可根据具体情况自行设定。

4）人才培养基本要求

（1）思想政治和德育方面，按照教育部统一要求执行。

（2）业务方面：

① 具有数学、自然科学和机械工程科学知识的应用能力。

② 具有制定实验方案、进行实验、分析和解释数据的能力。

③ 具有设计机械系统、部件和过程的能力。

④ 具有对机械工程问题进行系统表达、建立模型、分析求解和论证的能力。

⑤ 具有在机械工程实践中选择、运用相应技术、资源、现代工程工具和信息技术工具的能力。

⑥ 具有在多学科团队中发挥作用的能力和人际交流能力。

⑦ 能够理解、评价机械工程实践对世界和社会的影响，具有可持续发展的意识。

⑧ 具有终生学习的意识和适应发展的能力。

各高校应根据自身定位和人才培养目标，结合学科特点、行业和区域特色以及学生发展的需要，在上述业务要求的基础上，强化或者增加某些方面的知识、能力和素养要求，形成人才培养特色。

5. 质量保障体系

1）教学过程质量监控机制

各高校应对主要教学环节（包括理论课程、实验课程等）建立质量监控机制，使主要教学环节的实施过程处于有效监控状态；各主要教学环节应有明确的质量要求；应建立对课程体系设置和主要教学环节教学质量的定期评价机制，评价时应重视学生与校内外专家的意见。

2）毕业生跟踪反馈机制

各高校应建立毕业生跟踪反馈机制，及时掌握毕业生就业去向和就业质量、毕业生职业满意度和工作成就感、用人单位对毕业生的满意度等；应采用科学的方法对毕业生跟踪反馈信息进行统计分析，并形成分析报告，作为进行质量改进的主要依据。

3）专业的持续改进机制

各高校应建立持续改进机制，针对教学质量存在的问题和薄弱环节，采取有效的纠正与预防措施，进行持续改进，不断提升教学质量。

1.5　材料成形技术的发展趋势

材料成形技术的总体发展趋势可以概括为三个综合，即过程综合、技术综合、学科综合。过程综合主要包括两个方面的含义，其一是指材料设计、制备、成形与加工的一体化，各个环节的关联越来越紧密；其二是指多个过程(如凝固与成形)的综合化，或称短流程化，如喷射成形技术、半固态加工技术、铸轧一体化技术等。技术综合是指材料加工工程越来越发展成为一门多种技术相结合的应用技术科学，尤其体现为制备、成形、加工技术与计算机技术(计算机模拟与过程仿真)、信息技术的综合，与各种先进控制技术的综合等。学科综合则体现为传统三级学科铸造、塑性加工、热处理、连接之间的综合，以及与材料物理、材料化学、材料学等二级学科的综合，与计算机科学、信息工程、环境工程等材料科学与工程学科以外的其他一级学科的综合。其中，与材料科学与工程的其他二级学科的综合的最大特点是，各二级学科之间的界限越来越不明显，学科渗透与相互依赖性越来越强。在具体成形工艺方面，表现为如下发展趋势。

1. 精密成形

"精密"是一个永恒的追求目标。从传统的毛坯制造，到近净成形(near net shape forming)，再到净成形技术(net shape forming)，以致将来的精确成形，精密成形一直是材料成形领域所致力追求且永无止境的发展趋势。目前的精密成形是指零件成形后，仅需少量加工或不再加工(final shape technique)，就可用作机械构件的成形技术。它是建立在新材料、新能源、信息技术、自动化技术等多学科高新技术成果的基础上，改造了传统的毛坯成形技术，使之由粗糙成形变为优质、高效、高精度、轻量化、低成本、无公害的成形。近年来，越来越高的生产要求促使这项技术由近净成形向净成形不断发展，即通常所说的向精密成形发展。该项技术包括近净铸造成形、精确塑性成形、精确连接、精密热处理、表面改性等，是新工艺、新材料、新装备以及各项新技术成果的综合集成技术。

目前，净化毛坯应用广泛，例如精密铸件、精密锻件、板料精密冲裁件等。一般方法是将零件上难于进行切削加工的、形状复杂的部分采用精密成形工艺，使其完全达到最终形状与尺寸精度，而其余容易采用切削加工的部分，仍采用切削加工方法使其达到最终要求。如齿轮的齿形加工采用精铸或精锻，而小花键孔和一些窄的台阶面仍采用切削加工。

2. 复合成形

复合成形工艺有铸锻复合、锻焊复合、焊铸复合和不同塑性成形方法的复合等。如液态模锻即为铸锻复合工艺，它是将一定比例的固、液金属注入金属模腔，然后施加机械静压力，使熔融或半熔融状的金属在压力下结晶凝固，并产生少量的塑性变形，从而获得所需制件。它综合了铸、锻两种工艺优点，尤其适合锰、锌、铜、镁等有色金属合金零件的成形加工。

铸焊、锻焊复合工艺，则主要用于一些大型机架或构件，它采用铸造或锻造方法加工成铸钢或锻钢单元体，然后通过焊接方法获得所需制件。

板料冲压与焊接复合工艺，用于满足零部件不同部位对材料性能的不同要求。拼焊板冲压即为一种冲、焊复合工艺，它首先将不同厚度、材质或不同涂层的平板焊接在一起，然后整体冲压成形。该工艺在汽车、航天航空等工业中得到了应用。

3. 轻质高强新材料的应用及成形新技术的开发

由于节能、环保的需要，轻量化已成为现代结构设计的主流趋势，以高强钢、铝镁合金为代表的轻质高强材料的应用日益广泛，以汽车为例，整车质量减轻 10%，燃烧效率可提高 7%，并减少 10% 的污染。美国新一代汽车研究计划(PNGV)的近期目标是每 100km 油耗减少到 3L，实现这一目标的途径是通过结构轻量化和材料轻量化使整车质量减轻 40%～

50%,其中车体和车架质量减轻50%,动力及传动系统减轻10%。为适应这一发展方向,新车中使用的钢铁等黑色金属用量要大幅减少,而轻质的铝、镁合金用量显著增加,如福特汽车公司的新车型中铝合金将从129kg增加到333kg,镁合金将从4.5kg增加到39kg。结构轻量化及新型轻质高强材料的大量应用使得传统的成形加工技术已无法满足要求,需要开发新的成形工艺,如高强钢的高温成形、管件的高内压成形、铝合金的电磁复合(辅助)成形等,以满足零部件向更轻、更薄、更精、更强、更韧以及制造向高质量、低成本、短周期方向发展的需求。

4. 材料制备、成形加工及处理一体化技术

从使用角度,一般希望零件强度越高、越耐磨越好,但从成形加工角度,又希望被加工材料的强度尽可能低、塑性尽可能好,也就是说,使用需求和成形需求总是矛盾的,调和这对矛盾的有效途径就是将材料制备过程、零件成形及处理过程集成,在制备高强耐磨材料的同时,将其成形加工成所需要的形状和尺寸。如图1.2所示的汽车齿轮传动零件,需要强度高、耐磨且具有储油润滑性能,现阶段较为理想的制造手段是采用粉末冶金方法将高性能材料制备过程与零件成形加工及处理过程合并为一体,首先可根据使用要求设计选用不同金属粉末,然后采用合适的成形方法将粉末压制成特定形状与尺寸,再经烧结处理为所需的零件。

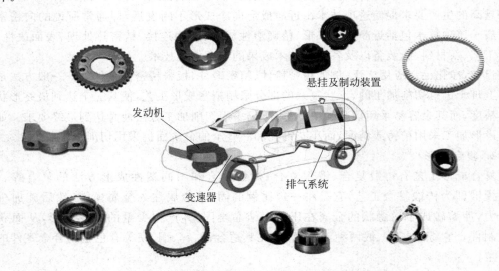

图1.2　汽车上部分适合粉末冶金方法制造的零件

5. 数字化成形

随着计算机技术的发展和科技的进步,产品的设计和生产方式都在发生显著的变化,以前只能靠手工完成的许多作业,已逐渐通过计算机实现了制造过程的高效化和高精度化。计算机技术与数值模拟技术、机械设计、制造技术的相互结合与渗透,产生了计算机辅助设计/计算机辅助工程/计算机辅助制造这样一门综合性的应用技术,简称CAD/CAE/CAM。材料成形CAD/CAE/CAM技术广泛应用于机械、汽车、航空航天、电子等各个领域中,成为材料成形制造的先进技术。通过CAD快速高质量设计,CAE进行优化计算分析以及CAM进行高效、高精度加工,可以提高产品质量、降低开发成本、缩短开发周期,使产品赢得市场竞争。

6. 微成形

微成形通常指对至少两个尺寸达到亚毫米级的零件或者结构件的成形技术。随着近年来电子及精密机械的高速发展,细微零件的成形加工越来越重要,结构微型化的发展趋势,使微型工件的需求不断增加,高精度、低成本的微零件成形技术具有极为广阔的应用前景。根据所成形材料的状态,有固态微成形和流体微成形两大类。固态微成形一般采用塑性加工方法,和常规塑性加工一样,根据坯料形态的不同,又可分为体积微成形和板料微成形。体积微成形包括模锻、正反挤压、压印等;板料微成形包括拉伸、冲裁、胀形等。流体微成形包括塑料注射成型、金属和陶瓷粉末注射成型、铸造等。

常规厘米及毫米尺度的成形,无论从机理还是从工艺上,均已比较成熟。人们对微米级、亚微米级甚至纳米级的成形加工更感兴趣,工业上应用比较普遍的则是 $500nm\sim500\mu m$ 范围内的成形加工。纳米级的成形已开始通过计算机仿真技术(如分子动力学等)在原子水平上进行研究。目前微零件成形技术在工业生产中仍受到很多限制。

习题与思考题

1. 材料成形的主要技术内容包括哪些方面?
2. 举例说明材料成形在工业生产中的作用。
3. 根据材料的种类、形态、成形原理及特点,成形工艺一般可分为哪些类型?
4. 简述材料成形工艺的主要特点。
5. 材料成型及控制工程本科专业的人才培养模式有哪些?
6. 材料成形技术的发展趋势是什么?

第 2 章　金属液态成形

金属液态成形又称为铸造,是将固态金属加热到液态,熔炼合格后注入到预先制备好的铸型中,经冷却、凝固成形,获得具有一定形状和性能的毛坯、半成品乃至成品零件的一种材料成形方法。所成形的产品称为铸件。

液态成形是当代5种主要材料成形手段之一,在国民经济中占有十分重要的地位。与其他成形方法相比,它具有以下特点。

(1) 适合生产形状复杂(尤其是具有复杂型腔)的铸件。其长度尺寸可以从几毫米到十几米,厚度可从0.3mm～1.0m,质量可以从几克到数百吨。

(2) 适应范围广。工业中常用的金属材料都可铸造,尤其是脆性材料(如铸铁等),只能用铸造成形。几乎不受工件形状、尺寸和生产批量的限制。

(3) 原材料来源广泛,可直接利用成本低廉的切屑和废机件。

(4) 铸件具有一定的尺寸精度,加工余量较小,可节省金属,从而降低制造成本。

但铸造生产工艺周期长,劳动条件较差,铸件质量不稳定且力学性能较差。

2.1　金属液态成形基础

液态金属成形(铸造)过程都要经历由液态到固态的转变。液态成形与凝固过程密不可分,液态金属从浇注填充铸型便开始铸件与铸型的传热(热交换)过程,可以说,金属液态成形过程就是凝固过程。

合金在铸造生产过程中表现出来的工艺性能称为合金的铸造性能,如流动性、收缩性、吸气性、偏析性(即铸件各部位成分的不均匀性)等。液态金属的宏观性质,如表面张力、润湿能力、充型能力、比热容等,既可以影响熔炼、铸造时的工艺效果,也可以影响铸件质量。合金的铸造性能好,是指熔化时合金不易氧化,熔液不易吸气,浇注时合金液易充满型腔,凝固时铸件收缩小,且化学成分均匀,冷却时铸件变形和开裂倾向小等。合金的铸造性能好则容易保证铸件的质量,铸造性能差的合金容易使铸件产生缺陷,需采取相应的工艺措施才能保证铸件的质量,但增加了工艺难度,提高了生产成本。

2.1.1　液态金属的充型能力

液态金属的充型能力(mold filling capacity)是指液态金属充满铸型型腔,获得形状完整、轮廓清晰铸件的能力。液态金属的充型能力强,则能浇注出壁薄而形状复杂的铸件;反之则易产生冷隔、浇不足等缺陷。充型能力主要受金属液本身的流动性、浇注条件及铸型特性等因素的影响。

1. 液态金属的流动性

液态金属的流动性是指金属液的流动能力。流动性越好的金属液,充型能力越强。在工程和科学试验中,合金的流动性一般用浇注"流动性试样"的方法来测试,流动性试样有螺旋线形、球形、U 形等,其中螺旋线形试样在工程中应用最普遍。通常用在特定情况下金属液浇注的螺旋线形试样的长度来衡量,如图 2.1 所示。螺旋线长度越长,流动性越好。

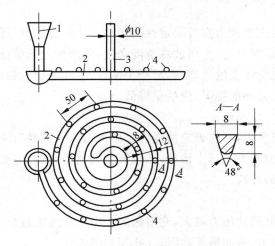

图 2.1　螺旋线形流动性试样

1—浇注系统；2—试样；3—出气孔；4—试样凸点

　　液态金属的流动性是金属的固有性质,主要取决于金属的结晶特性和物理性质。不同成分的合金具有不同的结晶特点,纯金属和二元共晶成分的合金是在恒温下结晶的,液态合金首先结晶的部分是紧贴铸型型腔的一层(铸件的表层),然后从铸件表层逐层向中心凝固。由于这类金属凝固时不存在固-液两相区,所以已结晶的固体和液体之间的界面比较光滑,对未结晶的液态金属的流动阻力小,有利于金属液充填型腔,故流动性好。共晶成分的合金往往熔点低,在相同的浇注温度下保持液态的时间长,其流动性最好。而其他成分合金的结晶是在一定的温度范围(结晶温度范围,即液相线温度与固相线温度的差值)内进行的,存在固-液两相共存区,在此区域内,已结晶的固相多以树枝晶的形式在液体中伸展,阻碍了液体的流动,故其流动性差。合金的结晶温度范围越大,枝晶越发达,其流动性越差。图 2.2 所示为 Fe-C 合金的流动性与含碳量的关系。

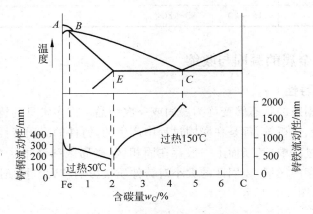

图 2.2　Fe-C 合金的流动性与含碳量的关系

2. 浇注条件

浇注条件主要指浇注温度、充型压力和浇注速度。

1) 浇注温度

浇注温度对合金的充型能力有着决定性的影响。浇注温度高,可使液态金属黏度下降,流速加快,还能使铸型温度升高,金属散热速度变慢,并增加金属保持液态的时间,从而提高金属液的充型能力。但浇注温度过高,容易产生黏砂、缩孔、气孔、粗晶等缺陷。因此在保证金属液具有足够充型能力的前提下,应尽量降低浇注温度。

2) 充型压力

增加金属液的充型压力,可改善充型能力。砂型铸造时提高直浇道高度,使液态合金充型压力加大,可提高充型能力。压力铸造、低压铸造和离心铸造,因充型压力提高,使其流速加快,有利于充型能力的提高。

3) 浇注速度

浇注速度越快,充型的动压力越大,充型越好。但浇注速度过快,易冲坏砂型,还可能使型腔内的气体来不及逸出,从而形成砂眼、气孔等缺陷。

3. 铸型特性

铸型结构和铸型材料均影响金属液的充型。铸型中凡是增加金属液流动阻力、降低流动速度和加快冷却速度的因素(如型腔复杂、直浇道过低、浇口截面积小或不合理、型砂水分过多、铸型排气不畅和铸型材料导热性过高等),均使金属液的充型能力降低。为改善铸型的充填条件,在设计铸件时,铸件结构必须符合合金性能要求,其壁厚不小于规定的"最小壁厚",如表 2.1 所示。对于薄壁铸件,要在铸造工艺上采取措施(如加高直浇口、适当增加浇注系统的截面积、采用特种铸造方法等),以增强充型能力。

表 2.1　一般砂型铸造条件下铸件的最小壁厚　　　　　　　　　　mm

铸件尺寸	铸钢	灰铸铁	球墨铸铁	可锻铸铁	铝合金	铜合金
<200×200	6~8	5~6	6	4~5	3	3~5
200×200~500×500	10~12	6~10	12	5~8	4	6~8
>500×500	18~20	15~20	—		5~7	—

2.1.2　液态金属的凝固与收缩

1. 合金的凝固特性

合金从液态到固态的状态转变称为凝固或一次结晶。许多常见的铸造缺陷,如缩孔、缩松、热裂、气孔、夹杂、偏析等,都是在凝固过程中产生的,铸件的凝固特性对铸件的质量有重要影响。铸件凝固过程中,其断面上一般存在固相区、凝固区和液相区 3 个区域,其中凝固区是液相与固相共存的区域,凝固区的大小对铸件质量影响较大。按照凝固区的宽窄,铸件有 3 种凝固方式,如图 2.3 所示。

1) 逐层凝固

纯金属、二元共晶成分合金在恒温下结晶时,凝固过程中铸件截面上的凝固区域宽度为零,截面上固-液两相界面分明,随着温度的下降,固相区由表层不断向里扩展,逐渐到达铸

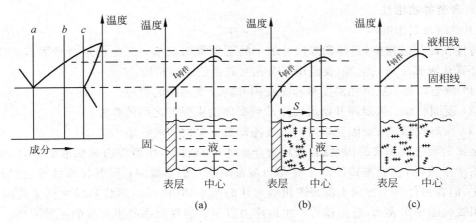

图 2.3 铸件的凝固方式

(a) 逐层凝固；(b) 中间凝固；(c) 体积凝固

件中心，这种凝固方式称为"逐层凝固"，如图 2.3(a)所示。如果合金的结晶温度范围很小，或铸件截面的温度梯度很大，铸件截面上的凝固区域就很窄，也属于逐层凝固方式。

2）体积凝固

当合金的结晶温度范围很宽，或因铸件截面温度梯度很小，铸件凝固的某段时间内，其液固共存的凝固区域很宽，甚至贯穿整个铸件截面，这种凝固方式称为体积凝固（或称糊状凝固），如图 2.3(c)所示。

3）中间凝固

金属的结晶范围较窄，或结晶温度范围虽宽，但铸件截面温度梯度大，铸件截面上的凝固区域宽度介于逐层凝固与体积凝固之间，称为中间凝固方式。大多数合金的凝固属于这种方式，如图 2.3(b)所示。

影响铸件凝固方式的主要因素是合金的结晶温度范围（取决于合金成分）和铸件的温度梯度。合金的结晶温度范围越窄，凝固区域越窄，越倾向于逐层凝固；对于一定成分的合金，结晶温度范围已定，凝固方式取决于铸件截面的温度梯度，温度梯度越大，对应的凝固区域越窄，越趋向于逐层凝固，如图 2.4 所示。温度梯度又受合金性质、铸型的蓄热能力、浇注温度等因素影响。合金的凝固温度越低、热导率越高、结晶潜热越大，铸件内部温度均匀倾向越大，而铸型的冷却能力下降，铸件温度梯度越小；铸型的蓄热系数大，则激冷能力强，铸件温度梯度大；浇注温度越高，铸型吸热越多，冷却能力降低，铸件温度梯度减小。

合金的凝固方式影响铸件质量。通常逐层凝固的合金充型能力强，补缩性能好，产生冷隔、浇不足、缩孔、缩松、热裂等缺陷的倾向小。因此，铸造生产中应优先使用铸造性能较好的结晶温度范围小的合金。当采用结晶温度范围宽的合金（如高碳钢、球墨铸铁等）时，应采取适当的工艺措施，增大铸件截面的温度梯度，减小其凝固区域，进而减少铸造缺陷的产生。

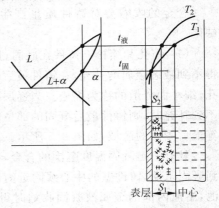

图 2.4 温度梯度对凝固区域的影响

2. 合金的收缩性

1) 收缩及其影响因素

铸件在冷却过程中,其体积和尺寸缩小的现象称为收缩。它是铸造合金固有的物理性质。金属从液态冷却到室温,要经历三个相互联系的收缩阶段。

（1）液态收缩:从浇注温度冷却至凝固开始温度之间的收缩。

（2）凝固收缩:从凝固开始温度冷却到凝固结束温度之间的收缩。

（3）固态收缩:从凝固完毕时的温度冷却到室温之间的收缩。

金属的液态收缩和凝固收缩,表现为合金体积的缩小,使型腔内金属液面下降,通常用体收缩率来表示,它们是铸件产生缩孔和缩松缺陷的根本原因;固态收缩虽然也引起体积的变化,但在铸件各个方向上都表现出线尺寸的减小,对铸件的形状和尺寸精度影响最大,故常用线收缩率来表示,它是铸件产生内应力以至引起变形和产生裂纹的主要原因。

影响铸件收缩的主要因素有化学成分、浇注温度、铸件结构与铸型条件等。不同成分合金的收缩率不同,表 2.2 所列为几种铁碳合金的收缩率。碳素铸钢和白口铸铁的收缩率比较大,灰铸铁和球墨铸铁的收缩率较小。这是因为灰铸铁和球墨铸铁在结晶时析出石墨所产生的膨胀抵消了部分收缩。灰铸铁中碳、硅含量越高,石墨析出量越大,收缩率越小。

表 2.2　几种铁碳合金的收缩率　　　　　　　　　　　　%

合 金 种 类	碳素铸钢	白口铸铁	灰铸铁	球墨铸铁
体收缩率	10~14	12~14	5~8	—
线收缩率(自由状态)	2.17	2.18	1.08	0.81

浇注温度是影响液态收缩的主要因素。浇注温度升高,液态收缩增加,总收缩量相应增大。

铸件的收缩并非自由收缩,而是受阻收缩。其阻力来源于两个方面:一是由于铸件壁厚不均匀,各部分冷速不同,收缩先后不一致,而相互制约,产生阻力;二是铸型和型芯对收缩的机械阻力。铸件收缩时受阻越大,实际收缩率越小。在设计和制造模样时,应根据合金种类和铸件的受阻情况,采用合适的收缩率。

2) 收缩导致的铸件缺陷

合金的收缩会对铸件质量产生不利影响,易导致铸件的缩孔、缩松、变形和裂纹等缺陷。

（1）缩孔和缩松。铸件在凝固过程中,由于金属液态收缩和凝固收缩造成的体积减小得不到液态金属的补充,在铸件最后凝固的部位形成孔洞。其中,容积较大而集中的称为缩孔,细小而分散的称为缩松。当逐层凝固的铸件在结晶过程中凝固壳内部的金属液收缩得不到补充时,则铸件最后凝固的部位就会产生缩孔。缩孔常集中在铸件的上部或厚大部位等最后凝固的区域,如图 2.5 所示。

具有一定凝固温度范围的合金,存在着较宽的固-液两相区,已结晶的初晶常为树枝状。到凝固末期,铸件壁的中心线附近尚未凝固的液体会被生长的枝晶分割成互不连通的小熔池,熔池内部的金属液凝固收缩时得不到补充,便形成分散的孔洞即缩松,如图 2.6 所示。缩松常分布在铸件壁的轴线区域及厚大部位。

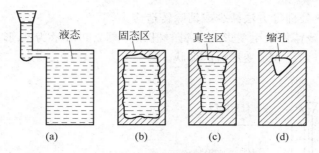

图 2.5　缩孔形成示意图

（a）金属液充满型腔；（b）铸件表面凝固；（c）液面下降；（d）缩孔形成

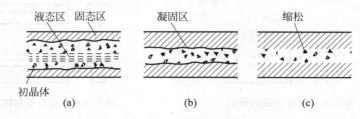

图 2.6　缩松形成示意图

（a）凝固初期；（b）宽的固液共存区；（c）中心线缩松形成

　　缩孔和缩松会减小铸件的有效截面积,受力时会在该处产生应力集中,降低铸件力学性能。缩松还严重影响铸件的气密性。防止铸件产生缩孔、缩松的基本方法是采用顺序凝固,即针对合金的凝固特点制定合理的铸造工艺,使铸件在凝固过程中建立良好的补缩条件,尽可能使缩松转化为缩孔,并使缩孔出现在最后凝固的部位,在此部位设置冒口补缩。使铸件的凝固按薄壁→厚壁→冒口的顺序先后进行,让缩孔移入冒口中,从而获得致密的铸件,如图 2.7 所示。

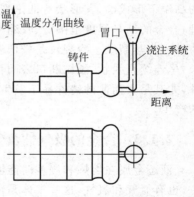

图 2.7　顺序凝固示意图

　　（2）铸造应力、变形和裂纹。铸件在冷凝过程中,由于各部分金属冷却速度不同,使各部位的收缩不一致,又由于铸型和型芯的阻碍作用,使铸件的固态收缩受到制约而产生内应力,在应力作用下铸件容易产生变形,甚至开裂。

　　铸造应力按其形成原因的不同,分为热应力、机械应力等。热应力是因铸件壁厚不均匀,各部位冷却速度不同,以致在同一时期内铸件各部分收缩不一致而相互制约引起的,一经产生就不会自行消除,故又称为残余内应力。机械应力是由于合金固态收缩受到铸型或型芯的机械阻碍作用而形成的,铸件落砂之后,随着这些阻碍作用的消除,应力也自行消除,因此,机械应力是暂时的,但当它与其他应力相互叠加时,会增大铸件产生变形与裂纹的倾向。

　　减少铸造应力就应设法减少铸件冷却过程中各部位的温差,使各部位收缩一致,如将浇口开在薄壁处,在厚壁处安放冷铁,即采用同时凝固原则,如图 2.8 所示。此外,改善铸型和砂芯的退让性,如在混制型砂时加入木屑等,可减少机械阻碍作用,降低铸件的机械应力。

此外,还可以通过热处理等方法减少或消除铸造应力。

　　铸造应力是导致铸件产生变形和开裂的根源。图 2.9 所示为 T 形铸件在热应力作用下的变形情况,双点划线表示变形后的形状。

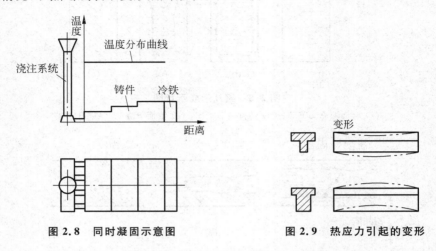

图 2.8　同时凝固示意图　　　　　　图 2.9　热应力引起的变形

　　防止铸件变形的方法除减少铸造内应力这一项根本措施外,还可以采取一些工艺措施,如增大加工余量、采用反变形法等,消除或减少铸件变形对质量的影响。当铸造应力超过材料的强度极限时,铸件会产生裂纹,裂纹有热裂纹和冷裂纹两种。热裂纹是在铸件凝固末期的高温下形成的,其形状特征是裂纹短、缝隙宽、形状曲折、缝内呈氧化色。铸件的结构不合理,合金的结晶温度范围宽、收缩率高,型砂或芯砂的退让性差,合金的高温强度低等,易使铸件产生热裂纹。冷裂纹是较低温度下形成的裂纹,常出现在铸件受拉伸的部位,其形状细长,呈连续直线状,裂纹断口表面具有金属光泽或轻微氧化色。壁厚差别大、形状复杂的铸件,尤其是大而薄的铸件易于发生冷裂。减少铸造内应力或降低合金脆性,有利于防止裂纹的产生。

2.1.3　合金的吸气性及气孔

　　液态金属在熔炼和浇注时能够吸收周围气体的能力称为吸气性。吸收的气体以氢气为主,也有氮气和氧气,这些气体是铸件产生气孔缺陷的根源。气孔是铸件中最常见的缺陷。根据气体来源,气孔可分为以下 3 类。

1. 析出性气孔

　　溶入金属液的气体在铸件冷凝过程中,随温度下降,合金液对气体的溶解度下降,气体析出并留在铸件内形成的气孔称为析出性气孔。析出性气孔多为裸眼可见的小圆孔(在铝合金中称为针孔),分布面大,在冒口热节处较密集,常常一炉次铸件中几乎都有,在铝合金铸件中最为常见,其次是铸钢件。

　　防止此类气孔产生的主要措施有:尽量减少进入合金液的气体,如烘干炉料和浇注工具,清理炉料上的油污,真空熔炼和浇注等;对合金液进行除气处理,如有色合金熔液的精炼除气等;阻止熔液中气体析出,如提高冷却速度使熔液中的气体来不及析出。

2. 侵入性气孔

　　造型材料中的气体侵入金属液内所形成的气孔称为侵入性气孔。这类气孔一般体积较大,呈圆形或椭圆形,分布在靠近砂型或砂芯的铸件表面。

防止此类气孔产生的主要措施有:减少砂型和砂芯的排气量,如严格控制型砂和芯砂中的含水量,适当减少有机黏结剂的用量等;提高铸型的排气能力,如适当降低紧实度,合理设置排气孔等。

3. 反应性气孔

反应性气孔主要是指金属液与铸型之间发生化学反应所产生的气孔。这类气孔多发生在浇注温度较高的黑色金属铸件中,通常分布在铸件表面皮下 $1\sim3$ mm,铸件经过机械加工或清理后才暴露出来,故又被称为皮下气孔。

防止反应性气孔产生的主要措施有:控制砂型水分,烘干炉料、用具;在型腔表面喷涂料,形成还原性气氛,防止铁水氧化等。

2.2　铸造合金及熔炼

2.2.1　常用铸造合金

常用的铸造金属材料可分为铸铁、铸钢和铸造非铁合金。铸造合金的分类及铸件常用材料见表 2.3。

表 2.3　铸造合金的分类及铸件常用材料

铸造合金	铸　件	材　料
黑色金属	铸铁件	灰铸铁、球墨铸铁、蠕墨铸铁、可锻铸铁、特种性能铸铁(耐热铸铁、耐蚀铸铁和耐磨铸铁等)
	铸钢件	碳钢、合金钢
有色金属	铸铜件	紫铜、青铜、黄铜
	轻合金铸件	铝合金、镁合金、钛合金
	其他铸件	铸造轴承合金等

2.2.2　铸铁及其熔炼

铸铁是含碳量大于 2.11% 并含有较多硅、锰、硫、磷等元素的多元铁基合金。铸铁具有许多优良性能,并且生产简便、成本低廉,是最常用的铸造合金,大量应用于机器制造业,例如,机床床身、内燃机的缸体、缸套、活塞环及轴瓦、曲轴等都可用铸铁制造。

1. 铸铁的分类与牌号表示方法

铸铁的组织由基体和石墨组成。基体组织主要有 3 种,即铁素体、珠光体和铁素体+珠光体。铸铁的基体组织与钢的基体组织相同,铸铁的组织实际上是在钢的基体上分布着不同形态石墨的组织。

铸铁是根据石墨的形态进行分类的。铸铁中石墨的形态有片状、球状、蠕虫状和团絮状4 种,其所对应的铸铁分别为灰铸铁、球墨铸铁、蠕墨铸铁和可锻铸铁。铸铁的分类与牌号表示方法见表 2.4(铸铁牌号表示方法依据 GB 5612—2008)。

表 2.4　铸铁的分类与牌号表示方法

铸铁名称	石墨形态	基体组织	编 号 方 法		牌号实例
灰铸铁	片状	F	HT＋一组数字		HT100
		F＋P	数字表示最低抗拉强度值,MPa		HT150
		P	"HT"表示灰铸铁代号		HT200
球墨铸铁	球状	F	QT＋两组数字		QT400-15
		F＋P	第一组数字表示最低抗拉强度值,MPa；第二组数字表示最低伸长率值,％。"QT"表示球墨铸铁代号		QT600-3
		P			QT700-2
蠕墨铸铁	蠕虫状	F	RuT＋一组数字		RuT260
		F＋P	数字表示最低抗拉强度值,MPa		RuT300
		P	"RuT"表示蠕墨铸铁代号		RuT420
可锻铸铁	团絮状	F	KTH＋两组数字	KTH、KTB、KTZ 分别为黑心、白心、珠光体可锻铸铁代号；第一组数字表示最低抗拉强度值,MPa；第二组数字表示最低伸长率值,％	KTH300-06
		表 F、心 P	KTB＋两组数字		KTB350-04
		P	KTZ＋两组数字		KTZ450-06

2．铸铁的性能特点

（1）减摩性能较好。石墨本身有润滑作用,而且石墨脱落后留下的空洞可以储油。

（2）减振性能好。铸铁中的石墨可以吸收振动能量。

（3）铸造性能好。铸铁硅含量高,成分接近于共晶成分,因而流动性、填充性好。

（4）切削性能好。由于石墨的存在使切屑容易脆断,不黏刀。

（5）力学性能较低。石墨相当于钢基体中的裂纹或空洞,破坏了基体的连续性,减小了有效承载截面,且易导致应力集中,因此其强度、塑性及韧性一般低于碳钢。

3．铸铁的组织及用途

1）灰铸铁

灰铸铁是指石墨主要呈片状分布的铸铁,灰铸铁的组织是由液态铁水缓慢冷却时通过石墨化过程形成的,其基体组织有铁素体、珠光体和铁素体＋珠光体 3 种。主要用于制造承受压力和振动的零件,如机床床身、各种箱体、壳体、泵体和缸体等。

2）球墨铸铁

球墨铸铁是石墨大部分或全部呈球形的铸铁,球状石墨是液态铁水经球化处理得到的,球化剂可为镁、稀土和稀土镁。为避免白口,并使石墨细小均匀,在球化处理的同时还需进行孕育处理。常用的孕育剂为硅铁和硅钙合金。主要用于承受振动、载荷大的零件,如曲轴、传动齿轮等。

3）蠕墨铸铁

蠕墨铸铁是液态铁水经蠕化处理和孕育处理得到的铸铁。石墨形似蠕虫状,介于片状和球状之间。蠕化剂为稀土硅铁镁合金、稀土硅铁合金、稀土硅铁钙合金等。常用于制造承受热循环载荷的零件和结构复杂、强度要求高的铸件。如钢锭模、玻璃模具、柴油机汽缸、汽缸盖、排气阀、液压阀的阀体、耐压泵的泵体等。

4）可锻铸铁

可锻铸铁是石墨呈团絮状的铸铁,是由白口铸铁经石墨化退火获得的。铁素体基体可锻铸铁又称黑心可锻铸铁,强度为碳钢的 40％～70％,接近于铸钢。其名为可锻,实不可锻。用于制造形状复杂且承受振动载荷的薄壁小型件,如汽车、拖拉机的前后轮壳、管接头、低压阀门等。

4. 铸铁的熔炼

合金熔炼是将金属(原生料、回炉料)原材料配比重熔,得到满足铸件浇注成形质量要求的合金熔液。铸造合金熔炼时,既要控制金属液的化学成分,又要控制温度。如果合金熔液化学成分不合格,会降低铸件的力学性能和物理性能;合金熔液温度过低或过高,会导致铸件产生浇不足、冷隔、气孔、氧化皮、夹渣等铸造缺陷。合格的液态金属通常包括 3 个方面的要求:具有所需要的温度、低的杂质含量和符合要求的化学成分。合金熔炼的任务就是以最经济的方法获得温度和化学成分合格的金属熔液,在保证质量的前提下,尽量减少能源和原材料消耗,减少环境污染,减轻劳动强度。

5. 熔炼设备

熔炼铸铁可使用的熔炉有很多,如冲天炉、反射炉、中频和工频感应电炉等。其中,冲天炉和感应电炉应用最广。冲天炉的热能来自燃料——焦炭的燃烧热,而感应电炉则是以电能作为热源。

冲天炉的优点是设备简单,热效率高,成本较低,操作简便,熔化率高,且能连续生产。冲天炉的构造示意图如图 2.10 所示。炉体及烟囱等用钢板焊成,炉体内部砌以耐火砖,以便抵御焦炭燃烧产生的高温作用。

冲天炉由以下几部分组成。

(1) 炉底。整座炉子通过炉底板由四根支柱支撑在炉基上。炉底上安装有两个半圆形的炉底门,工作时将炉底门关闭,在上面捣结上碳素材料构成炉底。熔化终了时,打开炉底门,以便清除余料和修炉。

(2) 炉体。炉体由炉身和炉缸两部分组成。从炉底至第一排风口为炉缸,从第一排风口至加料口为炉身。炉身下部设有环形风箱,风箱内侧有多排风口通向炉内,下面一排为风口,上面几排为辅助风口。由鼓风机鼓入的冷风经热风装置(密筋炉胆)转变成热风,再经风箱、风口吹入炉内。

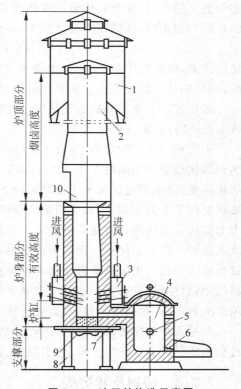

图 2.10　冲天炉构造示意图

1—除尘器;2—烟囱;3—风箱;4—前炉;
5—出渣口;6—出铁口;7—过桥;8—支柱;
9—炉底板;10—加料口

(3) 烟囱。从加料口至炉顶为烟囱。烟囱外壳与炉身连成一体,内砌耐火砖。烟囱顶部设有除尘装置,用来收集焦炭颗粒和烟尘,以减少环境污染。

(4) 前炉。前炉炉壳由 6~12mm 厚钢板焊成,内壁衬有耐火材料。前炉的作用是储存铁水,均匀铁水化学成分和温度,减少铁水与焦炭的接触时间,从而降低铁水的增碳与吸硫。前炉上开有出铁口和出渣口,经过桥与炉缸相通。熔化时,铁水经过桥流入前炉。

冲天炉的生产率通常为 0.5~30t/h,常见的为 1.5~10t/h。炉子内径越大,其生产率越高。熔炼时,炉体的下部装满焦炭,称为底焦。在底焦的上面交替装有一层层铁料(新生铁、回炉铁、废钢和铁合金等)、焦炭及熔剂(石灰石和萤石等)。铁合金包括硅铁、锰铁和铬铁等,主要用于调整或配制合金成分。石灰石的主要成分为 $CaCO_3$,萤石的主要成分是 CaF_2。熔剂的作用是降低炉渣的熔点,稀释炉渣,使熔渣和铁水分离,并从渣口排出。熔剂的加入量为焦炭加入量的 $25\%\sim30\%$,块度为 $15\sim50$mm。

冲天炉开风后,经风口进入炉内的空气与底焦发生完全燃烧反应,放出大量热,产生 CO_2,其反应如下:

$$C + O_2 = CO_2 \uparrow + Q(J)$$

由此生成的高温炉气与剩余 O_2 一起上升。在上升过程中,氧气继续与焦炭发生燃烧反应,致使炉气中 CO_2 含量逐渐增加,O_2 的含量逐渐减少,直至消失。从第一排风口至炉气中 O_2 完全消失的区域,称为氧化带。氧化带最上层为炉温最高区,为 $1600\sim1700$℃。含有大量 CO_2 的高温炉气,在继续上升过程中,与焦炭发生还原反应,吸收大量的热,其反应如下:

$$CO_2 + C = 2CO \uparrow - Q(J)$$

反应结果,使炉气中的 CO_2 含量减少,CO 含量增加,炉温下降。当炉温降至 1000℃ 左右时,CO_2 的还原反应停止。从氧化带上限至还原反应停止的整个区域称为还原带。

还原带以上至装料口为预热区。此时,炉气的热量不断传给炉料,使炉料温度上升,炉气温度下降,而炉气成分基本不变。

由装料口加入的炉料,迎着上升的高温炉气而下降,使金属炉料在下降过程中逐渐被加热到熔化温度。当温度在 $1100\sim1200$℃ 时,开始熔化成铁滴。在熔化过程中,应适当控制底焦高度,保证熔化区域位于还原带的下层,以减少金属元素的氧化烧损。熔化后的铁滴在底焦层内下落的过程中,被高温炉气和炽热的焦炭进一步加热,这种在金属炉料熔化温度以上的加热称为过热。过热后的铁水达到较高的温度,然后,降至温度较低的炉缸,再经过桥流入前炉。在前炉储存一定量的铁水后,便可打开出渣口,放出熔渣,然后再打开出铁口,使铁水流入浇包。出炉铁水温度通常控制在 $1330\sim1400$℃。在最后一批铁水出炉后,先打开风门,然后停风,并打开炉底门放出剩余炉料。当冲天炉装有热风炉胆时,为了保护炉胆,停风前应装 $1\sim2$ 批剩余铁料,打炉后还须空冷 30min 左右,以防止炉胆过热。

在冲天炉熔化过程中,同时进行着燃料(底焦)燃烧和炉料熔化两个重要过程。这两个过程决定了冲天炉的生产率、铁水温度、铁水成分和燃料消耗量等。

2.2.3　铸钢及其熔炼

铸钢是一种重要的金属结构材料,具有良好的综合力学性能,应用广泛。铸钢比铸铁强度高,尤其是韧性好,适合于制造承受重载荷的重要零件,如万吨水压机底座、大型轧钢机立柱、火车挂钩及车轮等。

1. 常用铸造碳钢的牌号、成分、性能及用途

根据化学成分,铸钢可分为铸造非合金钢(碳钢)、铸造低合金钢和合金钢。常用铸造碳钢的牌号、成分、性能及用途见表 2.5。

2. 碳钢的铸造性能特点及要求

碳钢的熔点高,流动性差,在熔炼过程中易吸气和氧化,铸造性能差。要求铸钢件壁厚不小于 8mm(砂型铸造),适当提高浇注温度和浇注速度。凝固收缩率大,缩孔、缩松倾向大,应采用顺序凝固加冒口补缩等措施。要求铸钢件壁厚尽可能均匀,避免热节,并适当增大转角处的圆角半径。

表 2.5　常用铸造碳钢的牌号、成分、性能及用途

牌　　号	化学成分/%			力学性能			用　　途
	C	Mn	Si	$R_{p0.2}$/MPa	R_m/MPa	A/%	
ZG200-400	0.2	0.8		200	400	25	承受载荷不大、要求韧性高的零件,如机座、变速箱壳体等
ZG230-450	0.3			230	450	22	有一定强度、较好塑性,用于轴承盖、底板、阀体、砧座、外壳等
ZG270-500	0.4	0.9	0.6	270	500	18	有较高强度、较好塑性,用于轴承座、连杆、箱体、机架、缸体等
ZG310-570	0.5			310	570	15	承受载荷较高的零件,如大齿轮、缸体、制动轮、辊子等
ZG340-640	0.6			340	640	10	强度、硬度高,用于起重运输机中齿轮、联轴器及重要机件

3. 铸钢熔炼及设备

铸钢熔点高,对化学成分要求严格,不能用冲天炉熔炼,可使用电弧炉、感应电炉及电渣炉熔炼。

1) 电弧炉熔炼

一般铸钢车间中普遍采用三相电弧炉熔炼,三相电弧炉结构示意图如图 2.11 所示。电弧炉熔炼是利用石墨电极与金属炉料间的高温电弧热熔化炉料的,其容量多为 5～30t。电弧炉熔炼热效率高(达 75%),容易控制炉气性质,合金元素烧损较少,钢液比较纯净,应用最为普遍。

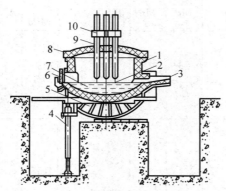

图 2.11　三相电弧炉结构示意图

1—炉体;2—电弧;3—出钢槽;4—液压缸;5—倾动摇架;
6—炉门;7—熔池;8—炉盖;9—电极;10—电极夹持器

2) 感应电炉熔炼

感应电炉熔炼是利用交流电磁感应的作用,使坩埚内的金属炉料在交变磁场作用下产生电流(涡流)而发热并熔化。其优点是:①感应电炉炼钢加热速度快;②合金元素烧损少,

钢液成分、温度易控制,钢液质量好;③熔炼过程基本上是炉料的重熔过程,因而操作简单,劳动条件好,能耗少;④能熔各种合金钢和碳质量分数极低的钢种;⑤适宜铸钢车间生产中、小型铸钢件。

感应电炉熔炼的不足是:①设备投资大、容量小;②炉渣温度较低,无法对金属液进行精炼处理,金属液的冶金质量较电弧炉差。

工厂用于铸钢熔炼的感应电炉多为中频(500～1000Hz)炉,其容量多为 0.25～3t。中频感应电炉炉体结构示意图如图 2.12 所示。

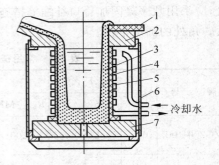

图 2.12　中频感应电炉炉体结构示意图
1—盖板;2—耐火砖框;3—坩埚;4—绝缘布;
5—感应线圈;6—防护板;7—底座

2.2.4　铸造非铁合金及其熔炼

非铁金属及其合金又称有色金属,常用的有色金属有铝、铜、锌、锡、铅、镁等及其合金。由于其具有许多优良特性,如特殊的电、磁、热性能,耐蚀性及高的比强度(强度与密度之比)等,因而广泛应用于航空、航天、飞机、汽车、船舶、电子电器及运动休闲等领域。

铸造非铁合金也称铸造有色合金。目前应用的铸造有色合金包括铝合金、铜合金、锌合金、钛合金、锡基和铅基轴承合金、锡基和钴基高温合金等。铸造有色合金种类很多,常用的铸造有色合金主要是铸造铝合金和铸造铜合金。

1. 铸造铝合金及其熔炼

1) 常用铸造铝合金的牌号、化学成分、力学性能及用途

常用铸造铝合金的牌号、化学成分、力学性能及用途见表 2.6。

表 2.6　常用铸造铝合金的牌号、化学成分、性能及用途

类别	牌号	化学成分/%						力学性能			用途举例
		Si	Cu	Mg	Mn	其他	Al	R_m/MPa	A/%	硬度/HBW	
铝硅合金	ZAlSi7Mg	6.5～7.5		0.25～0.45			余量	135～225	1～4	45～70	形状复杂的砂型、金属型和压铸零件,如飞机、仪表零件、抽水机壳体、工作温度低于185℃的汽化器
	ZAlSi12	10.0～13.0					余量	135～155	2～4	50	形状复杂的砂型、金属型和压铸零件,如仪表壳体、低于200℃工作的高气密性、低载荷的零件
	ZAlSi9Mg	8.0～10.5		0.17～0.35	0.2～0.5		余量	150～240	1.5～2	50～70	形状复杂的金属型、砂型和压铸零件,如发动机机匣、汽缸体等,工作温度低于200℃

续表

类别	牌号	化学成分/%						力学性能			用途举例
		Si	Cu	Mg	Mn	其他	Al	R_m/MPa	A/%	硬度/HBW	
铝铜合金	ZAlCu5Mn		4.5～5.3		0.6～1.0	Ti 0.15～0.35	余量	295～335	2～8	70～90	砂型铸造在 175～300℃ 工作的零件,如支臂、挂架梁等
铝镁合金	ZAlMg5Si	0.8～1.3		4.5～5.5	0.1～0.4		余量	143	1	55	制造在腐蚀介质作用下工作的中等载荷零件,在严寒或低于 200℃下工作的零件,如海轮的配件
铝锌合金	ZAlZn11Si7	6.0～8.0		0.1～0.3		Zn 9.0～13.0	余量	195～245	1.5～2	80～90	制造工作温度低于 200℃、结构复杂的汽车、飞机零件

2) 铸造性能

铸造铝合金的熔炼、浇注温度较低,熔化潜热大,流动性好。特别适用于金属型铸造、压铸、低压铸造等,可以获得尺寸精度高、表面光洁、内在质量好的薄壁、复杂铸件。

3) 铸造铝合金的熔炼

根据铝合金生产条件的不同,可采用不同的熔炉熔炼,如焦炭炉、反射炉、感应电炉及电阻(加热元件)坩埚炉。工厂常用电阻坩埚炉熔炼铝合金,电阻坩埚炉结构示意图如图 2.13 所示。常用的坩埚有石墨坩埚和铁质坩埚两种。石墨坩埚用耐火材料和石墨混合并成型经烧制而成,铁质坩埚由耐热铸铁或铸钢铸造而成。

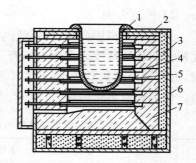

图 2.13　电阻坩埚炉结构示意图
1—坩埚;2—托板;3—隔热材料;
4—电阻丝托板;5—电阻丝;
6—炉壳;7—耐火砖

液态铝合金易氧化和吸气,铸件容易产生气孔。熔炼时应避免出现氧化性气氛,避免合金过热,尽量缩短熔炼时间和在高温的停留时间。所用炉料和工具都要充分预热,去除水分、油污和铁锈。同时熔炼过程中要精炼除气,并去除液态合金中的夹杂物,净化合金液体。

变质处理是铝合金常用的组织控制手段,即在铝液中加入少量添加剂,使金相组织发生明显变化,获得理想的合金组织,提高力学性能。

2. 铸造铜合金及其熔炼

纯铜在室温下呈紫红色,故又称紫铜。它具有良好的导电、导热及耐蚀性能。铜合金是人类最早使用的铸造合金,也是现代工业中广泛应用的结构材料之一。铸造铜合金分为铸造黄铜和铸造青铜两大类。

1) 铸造黄铜

普通黄铜是铜与锌的二元合金。普通黄铜再加入铝、锰、硅、铅等元素便组成特殊黄铜。黄铜强度高、成本低、铸造性能好、品种多、产量大,合金元素的加入提高了其耐蚀性、耐磨性、耐热性及力学性能。特殊黄铜应用范围更广。常用黄铜的牌号、成分、力学性能及用途见表 2.7。

表 2.7　铸造黄铜的力学性能及应用（GB/T 1176—2013）

名称	牌 号	铸造方法	力学性能			用 途 举 例
			R_m/MPa	A/%	硬度/HBW	
38 黄铜	ZCuZn38	砂型	295	30	60	铸造棒材供压力加工用，制造散热器、垫圈、螺钉等
		金属型	295	30	70	
硅黄铜	ZCuZn16Si4	砂型	345	15	90	耐蚀性高，在硫酸中的化学稳定性比青铜好。用作轴承、轴套、阀体和化工机械零件
		金属型	390	20	100	
铝黄铜	ZCuZn25Al6Fe3Mn3	砂型	725	10	160	重载荷下工作的螺母、大型螺杆、衬套、轴承
		金属型	740	7	170	
锰黄铜	ZCuZn40Mn3Fe1	砂型	440	18	100	船用螺旋桨及其他配件、形状不复杂的其他重要零件
		金属型	490	15	110	
	ZCuZn38Mn2Pb2	砂型	245	10	70	铸造轴承、衬套和其他耐磨零件
		金属型	345	18	80	

黄铜的铸造性能：黄铜的熔点低、流动性好，可浇注薄壁复杂件，宜用细砂制造铸型，有利于提高铸件表面质量；但收缩大、易形成缩孔，应采用顺序凝固并加冒口补缩。

2）铸造青铜

青铜原指铜锡合金，但习惯上把含锡的青铜称为锡青铜或普通青铜，不含锡的青铜称为无锡青铜或特殊普通青铜。锡青铜力学性能、致密性均比黄铜差，耐磨性和耐蚀性优于黄铜，适宜制造形状复杂、致密性要求不高的耐磨和耐蚀零件，如工艺品、轴承、轴套、水泵壳体等。常用铸造青铜的牌号、成分、力学性能与用途见表 2.8。

表 2.8　常用铸造青铜的牌号、成分、力学性能与用途（GB/T 1176—2013）

名称	牌 号	化学成分/%				力学性能			用 途 举 例
		Sn	Zn	Pb	Cu	R_m/MPa	A/%	硬度/HBW	
锡青铜	ZCuSn5Pb5Zn5	4.0~6.0	4.0~6.0	4.0~6.0	余量	200~250	13	60~65	耐磨零件，如轴套
	ZCuSn10P1	9.0~11.5	P 0.8~1.1		余量	220~360	2~6	80~90	重要的耐磨、耐蚀零件，如轴承、齿圈等
铅青铜	ZCuPb30			27.0~33.0	余量			25	曲轴、连杆等高速下工作零件的轴套
铝青铜	ZCuAl9Mn2	Al 8.0~10.0	Mn 1.5~2.5		余量	390~440	20	85~95	耐蚀、高强度零件及蜗轮等

锡青铜的铸造性能：铸造收缩率很小，不易产生缩孔；结晶温度范围很宽，流动性差，凝固速度较慢时，易产生缩松，是导致锡青铜铸件渗漏的主要原因。

3）铸造铜合金的熔炼

铸造铜合金的熔炼可以在各种坩埚炉、反射炉及感应电炉中进行。熔炼的关键是脱氧、除气、除渣精炼。铜合金熔炼时很容易被氧化，熔炼时，加入木炭、碎玻璃、苏打作覆盖剂覆盖在合金液面上，可隔离空气，防止氧化。在加入覆盖剂隔离空气的同时，还要加入 P-Cu 进行脱氧。

2.3　砂　型　铸　造

砂型铸造是指用型砂和芯砂造型、造芯制造铸型的铸造方法。砂型铸造工艺适用于各种形状、大小和材料的铸件生产，采用砂型铸造生产铸件，是工业生产中应用最广泛的一种铸造方法。铸造生产中使用量最大的原砂（base sand）是以石英为主要矿物成分的天然硅砂（natural silica sand）。根据砂型、砂芯制造过程中其紧实（黏结）力产生的机制不同大体可分为 3 类：物理固结、化学黏结和机械黏结。其中物理固结是指利用物理学原理产生的力将不含黏结剂的原砂固结在一起成形砂型（芯），例如磁型铸造法。化学黏结是指型砂、芯砂在造型、造芯过程中，依靠其黏结剂本身发生物理-化学反应达到硬化，建立强度，使砂粒牢固地黏结成为一个整体。机械黏结指以黏土作黏结剂的黏土型砂产生的黏结。

2.3.1　砂型铸造的工艺流程

砂型铸造生产工艺流程包括：由零件图合理地制定铸造工艺方案并绘制工艺图，制造模样和芯盒、配制型砂（芯砂）、造型、制芯、合型、熔炼、浇铸、落砂清理和检验。砂型铸造工艺流程如图 2.14 所示。

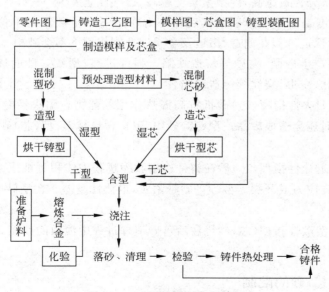

图 2.14　砂型铸造工艺流程图

图 2.15 所示为飞轮砂型铸件生产过程示意图。

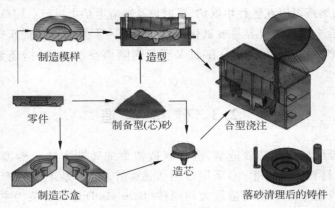

制造模样　　造型

零件　　制备型(芯)砂　　合型浇注

制造芯盒　　造芯　　落砂清理后的铸件

图 2.15　飞轮铸件生产过程示意图

2.3.2　型砂、芯砂

　　型砂、芯砂是制造砂型和砂芯的造型材料,型砂、芯砂通常是由砂子、黏结剂、辅助附加材料及水混制而成。其中用于制造砂型的称为型砂,用于制造型芯的称为芯砂。

　　铸型在浇铸凝固过程中要承受液体金属的冲刷、高温和静压力的作用,要排出大量气体,型芯还要受到铸件凝固时的收缩压力。型(芯)砂的质量直接影响铸件的质量,型(芯)砂的质量用以下性能指标衡量。

　　(1) 透气性。透气性表征型(芯)砂紧实后透过气体的能力。透气性差,则铸件易产生气孔、浇不足等铸造缺陷。型(芯)砂的透气性与黏结剂、原砂粒度、砂型紧实度有关。砂的粒度越细,黏土及水分含量越高,砂型紧实度越高,透气性越差。

　　(2) 强度。强度是指型(芯)砂紧实后在外力作用下产生破坏时单位面积上所承受的力。足够的强度可保证砂型在制造、搬运及金属液冲刷作用下不会破损。强度过低,易造成塌箱、冲砂,铸件易产生砂眼、夹砂等铸造缺陷。强度过高,型(芯)砂的透气性和退让性降低,铸件易产生气孔、变形、裂纹等铸造缺陷。

　　(3) 耐火性。耐火性指型(芯)砂抵抗高温热作用的能力。耐火性差,铸件易产生黏砂等铸造缺陷,严重时还会造成废品。型(芯)砂中 SiO_2 含量越多,型(芯)砂颗粒度越大,耐火性越好。

　　(4) 退让性。退让性指型(芯)砂在铸件冷却收缩过程中体积可被压缩的能力。退让性不好,铸件易产生内应力或开裂。型(芯)砂越紧实,退让性越差。在型砂中加入木屑等材料可以提高退让性。

　　(5) 溃散性。溃散性指型(芯)砂浇注后落砂清理过程中溃散的性能。溃散性与型(芯)砂配比及黏结剂有关。

2.3.3　型(芯)砂的配制

1. 型(芯)砂组分的配比

黏土砂型是采用黏土作黏结剂制成的砂型,根据合金种类、铸件大小、形状等的不同,应选择不同的型砂(含旧砂)配比。如铸钢件浇注温度高,要求高的耐火性,应选用颗粒较粗的且 SiO_2 含量较高的石英砂;而铸造铝合金、铜合金时,可以选用颗粒较细的普通原砂。对于芯砂,为了保证足够的强度和透气度,其黏土、新砂加入量要比型砂高。型砂与芯砂的组分配比见表 2.9。

表 2.9　型砂与芯砂组分的配比

造型材料	铸造合金	硅砂含量/%	黏结剂含量/%	水分/%	煤粉/%
型砂(湿砂)	铸铁	40～60	黏土 4～5	4～5.5	3～4
	铝合金	30～70	黏土 1～2	5～6	
油芯砂	铸铁	100	桐油 2～2.5	1～1.5	
	铝合金	100	混合油 2～3 糖浆 0～1.5	3～4	

2. 湿型砂制备

湿型砂是由原砂、黏土、附加物及水按一定配比组成的。其中原砂是以骨料、黏土为黏结剂,经过混碾后,黏土、附加物和水混合成浆,包覆在砂粒表面形成一层黏结膜。黏结膜的黏结力决定型砂的强度、韧性、流动性。砂粒间的孔隙决定型砂的透气性。因此,为了制得性能合乎要求的型砂,湿型砂必须经过混砂机混制。

生产中常用的混砂机有碾轮式、叶片式和摆轮式等。碾轮式混砂机在混砂时,混砂和揉搓作用较好,混制的型砂质量较高,但生产率较低。小批量生产常用碾轮式混砂机,如图 2.16 所示。

制备好的型砂必须经过质量检验后才能使用。产量大的铸造车间常用型砂性能试验仪测定其湿压强度、透气性和含水量等。单件小批量生产车间多凭经验检验型砂性能:用手抓起一把型砂,捏紧后放开,若砂团松散不黏手,手印清晰;将其折断时,端面平整均匀且没有碎裂现象,并感到具有一定强度,则表明型砂符合性能要求。

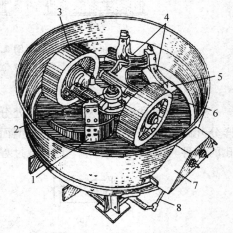

图 2.16　碾轮式混砂机
1,4—刮板;2—主轴;3,6—碾轮;5—卸料口;
7—防护罩;8—气动拉杆

2.3.4　砂型制造

用型(芯)砂及模样等工艺装备制造铸型的过程称为造型。造型过程是铸造生产的主要工艺过程,包括填砂、紧实、起模、下芯、合箱及砂箱的搬运。造型方法选择是否合理,对于铸件质量、生产率和生产成本有着重要影响。造型方法可分为手工造型和机器造型两大类,手工造型主要用于单件或小批生产,机器造型主要用于大批量生产。

1. 手工造型

手工造型是用手工或手工工具紧实型砂的方法。手工造型的优点是:①操作简单、灵活;②模型、芯盒及砂箱等工艺装备简单;③生产准备时间短;④适应性强,适于各种大小、形状的铸件。缺点是：①对工人的技术水平要求高,劳动生产率低；②铸件质量不稳定,铸件缺陷率较高；③以手工操作为主,劳动强度大。因此,手工造型适用于重型铸件和形状复杂铸件的单件、小批量生产。

手工造型方法很多,按砂箱特征可分为两箱造型、三箱造型、地坑造型等；按模样特征可分为整模造型、分模造型、挖砂造型、假箱模造型、活块模造型和刮板造型等。

1) 整模造型

整模造型用一个整体结构的模型造型,如图 2.17 所示。造型时,整个模型放置在一个砂箱(一般为下砂箱)内,分型面在模样的最大截面处。整模造型容易获得形状和尺寸精度较好的型腔,且操作简便,适用于各种批量、形状简单的铸件生产,如盘、端盖等。

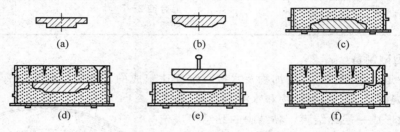

图 2.17　整模造型过程

(a) 零件；(b) 木模；(c) 造下型；(d) 造上型、浇注系统,扎透气孔；(e) 起模,开内浇道；(f) 合型

2) 分模造型

分模造型是将模样从最大截面处分成两部分,并用销钉定位,形成一个可分的模样。模样分开的平面即是造型时铸型的分型面。分模造型方法适用于最大截面在中部的铸件和带孔的铸件,如阀体、箱体等。其造型过程如图 2.18 所示。

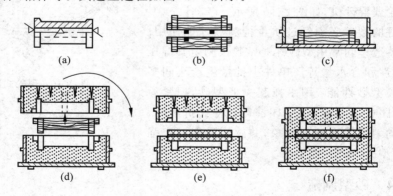

图 2.18　分模造型过程

(a) 零件；(b) 木模；(c) 造上型；(d) 造下型、扎透气孔、起模、开浇道；(e) 下芯；(f) 合型

3) 活块模造型

模样上可拆卸或能活动的部分称为活块。当模样上有妨碍起模的侧面伸出部分(如小凸台)时,常将该部分做成活块。起模时,先将模样主体取出,再将留在铸型内的活块单独取出,这种方法称为活块模造型。图 2.19 所示为用钉子连接活块模造型过程,造型时先将活块四周的型砂塞紧,然后拔出钉子。活块造型操作较麻烦,操作技术水平要求较高,生产率低,适用于截面有无法起模的凸台、肋条结构铸件的单件或小批量生产。

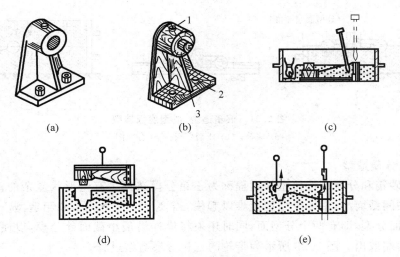

图 2.19　活块造型

（a）支架零件；（b）支架模样；（c）造下型，拔出钉子；（d）开箱，取出模样主体；（e）从侧面钩出活块

1—销钉活块；2—燕尾槽活块；3—支架

4）挖砂及假箱模造型

有些铸件的分型面是一个曲面（如手轮、法兰盘等），最大截面不在端部，而模样又不能分开时，只能做成整模放在一个砂型内，为了起模，需在造好下砂型翻转后，挖掉妨碍起模的型砂至模样最大截面处，其下型分型面被挖成曲面或有高低变化的阶梯形状（称不平分型面），这种方法称为挖砂造型。图 2.20 所示为手轮的挖砂造型过程，为便于起模，下型分型面需要挖到手轮模样最大截面处（见图 2.20（b）A—A 处），构成一个曲折分型面。

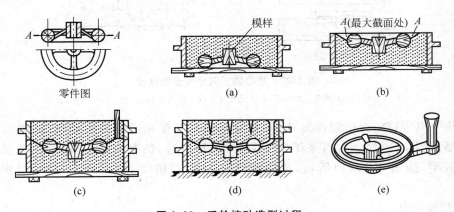

图 2.20　手轮挖砂造型过程

（a）造下型；（b）翻下型，挖修分型面；（c）造上型，敞箱、起模；（d）合型；（e）带浇口的铸件

挖砂造型对操作者技术要求较高，操作麻烦，生产率低，只适用于单件、小批量生产的小型铸件。当大批量生产时，为免去挖砂工作，可采用假箱造型代替挖砂造型。假箱造型是用预制的假箱或成型底板来代替挖砂造型中所挖去的型砂，如图 2.21 所示。

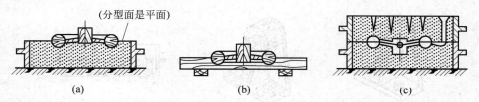

图 2.21　假箱造型、成型底板造型

(a) 假箱；(b) 成型底板；(c) 合型图

5）三箱分模造型

用三个砂箱和分模制造铸型的过程称为三箱分模造型。有些形状复杂的铸件，两端截面尺寸大，中间截面小，用一个分型面难以起模，需要上、中、下三个砂箱造型。沿模样上的两个最大截面分型，即有两个分型面，同时还须将模样沿最小截面处分模，以便使模样从中箱的上、下两端取出。图 2.22 所示为带轮的三箱分模造型过程。

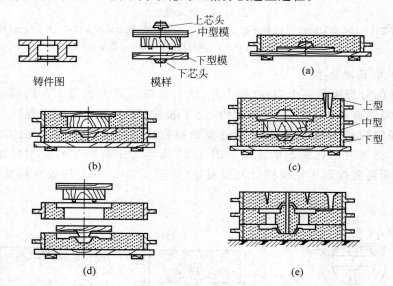

图 2.22　带轮的三箱分模造型过程

(a) 造下型；(b) 翻箱、造中型；(c) 造上型；(d) 依次开箱、起模；(e) 下芯、合型

三箱分模造型的操作程序复杂，必须有与模样高度相适应的中箱，因此难以应用于机器造型。当生产量大时，可采用外型芯（如环形型芯）的办法，将三箱分模造型改为两箱整模造型，如图 2.23(c) 所示，或两箱分模造型，如图 2.23(d) 所示，以适应机器两箱造型。

6）刮板造型

不用模样而用刮板操作的制型方法称为刮板造型。尺寸大于 500mm 的旋转体铸件，如带轮、飞轮、大齿轮等单件生产时，为节省制造实体模样所需要的材料和工时，可用刮板代替实体模样造型。刮板是一块和铸件截面形状相适应的木板。造型时将刮板绕着固定的中心轴旋转，在砂型中刮制出所需的型腔，如图 2.24 所示。

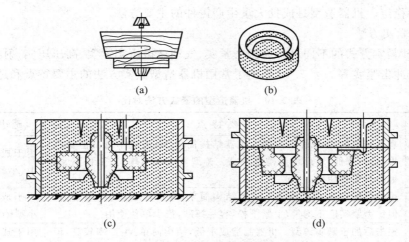

图 2.23 采用外型芯的两箱分模造型和整模造型

（a）模样；（b）外型芯；（c）带外型芯的分模两箱造型；（d）带外型芯的整模两箱造型

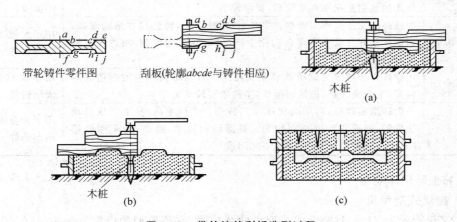

图 2.24 带轮铸件刮板造型过程

（a）刮制下型；（b）刮制上型；（c）合型

7）地坑造型

以铸造车间的型砂为砂床筑成地坑代替下砂箱进行造型的方法称为地坑造型。其优点是可以节省砂箱，降低工装费用；铸件越大，优点越显著。但地坑造型比砂箱造型麻烦，效率低，操作技术要求较高，常用于中、大件单件小批生产。小件地坑造型时只需在地面挖坑、填上型砂、埋入模样进行造型；大件地坑造型则需用防水材料建造地坑，坑底铺以焦炭或炉渣，并埋入铁管以便浇注时引出地坑中的气体。地坑造型如图 2.25 所示。

2．机器造型

机器造型是用机械设备完成造型过程中的砂箱搬运、加砂、紧实、扎气孔、起模和合型等动作程序的造型方法。机器造型铸型紧实度高、均匀，铸件尺寸

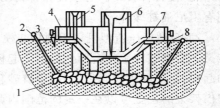

图 2.25 地坑造型

1—焦炭；2—管子；3—型砂；4—上半型；
5—排气道；6—浇口杯；7—型腔；8—定位楔

精度高,质量稳定。机器造型是成批大量生产铸件的主要方法。

　　1）型砂紧实方法

　　根据型砂紧实方式的不同可分为振击紧实、气动微振压实紧实、高压压实、射砂紧实、抛砂紧实、气流冲击紧实等。表 2.10 列出了常用机器造型紧实方法的主要特点和适用范围。

表 2.10　机器造型的紧实方法对比

种　　类	主　要　特　点	适　用　范　围
振实式	靠造型机的振击紧实铸型。机器结构简单,制造成本低。但噪声大,生产率低,对厂房基础要求高。铸型紧实度不均匀,上松下紧,也很少单独使用	用于成批生产的中、小型铸件
压实式	用较低的比压压实铸型。机器结构简单,噪声较小,生产率较高。但铸型紧实度不均匀,上紧下松,容易掉砂,很少单独使用	用于成批生产的小型铸件
振压式	振击后加压紧实铸型。机器制造成本低,结构简单,生产率较高,但噪声大。型砂紧实度较均匀但不高	用于成批生产的中、小型铸件
微振压实式	微振的同时加压紧实铸型。生产率较高,微振机构较易损坏。与振压式的区别是振动频率较高,振幅较小	用于成批生产中、小型铸件
高压造型	用较高的比压来压实铸型。生产率高,噪声小,铸件尺寸精确度高,表面质量好。易于实现自动化生产,但机器结构复杂,制造成本较高,维修保养要求高	用于大批生产中、小型铸件
抛砂造型	用抛砂方法同时完成填砂和紧实铸型。机器结构简单但制造成本较高,生产率较高,能量消耗少,型砂紧实较均匀	用于成批生产的大型铸件
射压式	用射砂填实砂箱,再用高比压实铸型。生产率高,易于实现自动化生产,型砂紧实度高而均匀。机器结构简单,噪声低,不用砂箱(采用活动砂箱)。垂直分型下芯困难	用于大批生产中、小型铸件

　　2）黏土砂造型设备

　　（1）振压式造型机

　　图 2.26 所示为 Z145 型振压式造型机的结构图,它是典型的以振击为主、压实为辅的小型造型机,广泛用于小型机械化铸造车间,最大砂箱尺寸为 400mm×500mm,比压为 0.125MPa,单机生产率为 60 型/h。

　　机架为悬臂单立柱结构,压板架为转臂式,机架和转臂均为箱形结构。为了适应不同高度的砂箱,打开压板机构上的防尘罩,转动手柄,可以调整压板在转臂上的高度。

　　转臂可以绕转臂中心轴 10 旋转。由转臂动力缸 9 推动一齿条,带动转臂中心轴 10 上的齿轮,使转臂转动。为了使转臂转动终了时能平稳停止,避免冲击,动力缸在行程两端利用有阻尼油缸缓冲。

　　Z145 型振压造型机采用顶杆起模。装在机身内的起模液压缸 7 带动起模同步架 3,同步架 3 带动装在工作台两侧的两个起模导向杆 5 在起模的同时向上顶起。起模导向杆 5 带动起模架 14 和顶杆同步上升,顶着砂箱四个角而起模。为了适应不同大小的砂箱,顶杆在起模架上的位置可以在一定的范围内调节。

　　（2）多触头高压微振造型机

　　高压造型机是 20 世纪 60 年代发展起来的黏土砂造型机,它具有生产率高,所得铸件尺寸精度高、表面粗糙度低等一系列优点,目前仍被广泛采用。

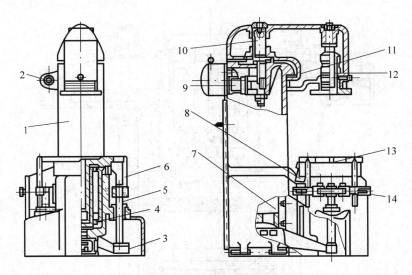

图 2.26　Z145 型振压式造型机的结构图

1—机身；2—按压阀；3—起模同步架；4—振压油缸；5—起模导向杆；6—起模顶杆；7—起模液压缸；
8—振动器；9—转臂动力缸；10—转臂中心轴；11—垫块；12—压板机构；13—工作台；14—起模架

高压造型机通常采用多触头压头,并与气动微振紧实相结合,故称为多触头高压微振造型机。典型的多触头高压微振造型机的结构如图 2.27 所示,通常由机架、微振压实机构、多触头压头、定量加砂斗、进出砂箱辊道等部分组成。

机架为四立柱式。上横梁 10 上装有浮动式多触头压头 13 及漏底式加砂斗 8,它们装在移动小车上,由压头移动缸 9 带动可以来回移动。机体内的紧实缸分为两部分,上部是气动微振缸 17,下部是具有快速举升缸的压实缸 1。模板穿梭机构 4 将模板框连同模板送入造型机。定位后,由工作台 6 上的模板夹紧器 16 夹紧。

造型时,空砂箱由边辊道 15 送入。压实活塞 2 快速上升,同时,高位油箱向压实缸 1 充液。工作台 6 上升,先托住砂箱,然后托住辅助框 14。此时压头小车移位,加砂斗向砂箱填砂,同时开动微振机构进行预振,型砂得到初步紧实。加砂及预振完毕后,压头小车再次移位,加砂斗移出,多触头压头移入。在这个过程中,加砂斗将砂型顶面刮平。然后,微振缸与压实缸同时工作,从压实缸进油孔通入高压油液(同时关闭充液阀)实施高压,高压的同时进行微振,使型砂进一步紧实。紧实后,工作台 6 下降,边辊道托住砂型,实现起模。

（3）垂直分型无箱射压造型机

如果造型时不用砂箱（无箱）或者在造型后能先将砂箱脱去（脱箱）,使砂箱不进入浇注、落砂、回送的循环,就能减少造型生产的工序,节省砂箱,使造型生产线所需辅机减少,布线简单,容易实现自动化。

垂直分型无箱射压造型机的造型原理如图 2.28 所示。造型室由造型框及正、反压板组成,正、反压板上有模样。造型过程为：①正、反压板封住造型室,从上面射砂填砂,再由正、反压板两面加压,紧实成两面有型腔的型块（图 2.28（a））；②反压板退出造型室并向上翻起让出型块通道（图 2.28（b））；③压实板将造好的型块从造型室推出,并推至与前一块型块接触,再将整个型块列向前推过一个型块的厚度（图 2.28（c））；④压实板退回,反压板放下并封闭造型室,进入下一个造型循环。

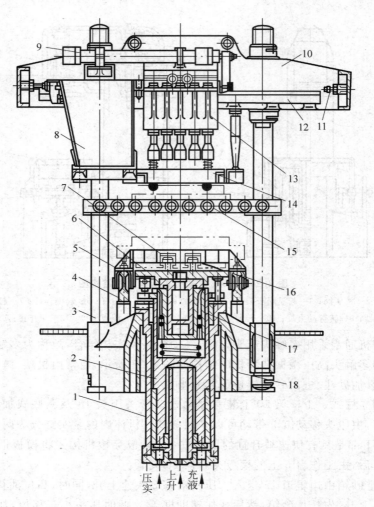

压实　上升　充液

图 2.27　多触头高压微振造型机的结构

1—压实缸；2—压实活塞；3—立柱；4—模板穿梭机构；5—振动器；6—工作台；7—模板框；
8—加砂斗；9—压头移动缸；10—横梁；11—缓冲器；12—导轨；13—多触头压头；
14—辅助框；15—边辊道；16—模板夹紧器；17—气动微振缸；18—机座

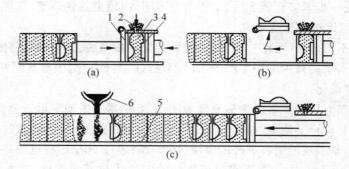

图 2.28　垂直分型无箱射压造型机的造型原理

1—反压板；2—射砂机构；3—造型室；4—压实板；5—浇注台；6—浇包

　　垂直分型无箱射压造型机造型方法的特点：①用射压方法紧实砂型，所得型块紧实度高而均匀。②型块的两面都有型腔，铸型由两个型块间的型腔组成，分型面是垂直的。③连续造出的型块互相推合，形成一个很长的型列。浇注系统设在垂直分型面上，由于型块互相挤紧，在型列的中间浇注时，型块与浇注平台之间的摩擦力可以抵消浇注压力，不需卡紧装置。④一个型块即相当一个铸型，采用射压造型生产效率高，小型铸型的造型生产率可达 300 型/h 以上。

　　（4）水平分型脱箱射压造型机

　　水平分型脱箱射压造型是在分型面呈水平的情况下进行射砂充填、压实、起模、脱箱、合型和浇注的。水平分型脱箱射压造型机类型很多，图 2.29 所示为德国 BMD 公司制造的水平分型脱箱射压造型机的结构图。图中 15 是装在移动小车上的双面模板，其上面是上砂箱及上射压系统，下面是下砂箱及下射压系统。中间是一个转盘机构。

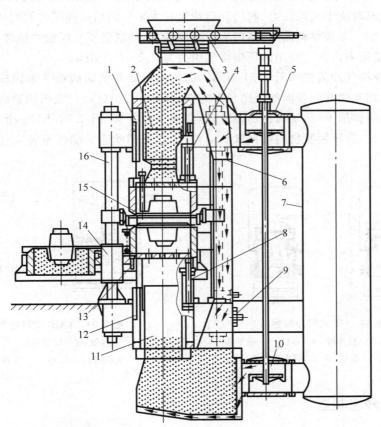

图 2.29　德国 BMD 公司制造的水平分型脱箱射压造型机的结构

1—上环形压实液压缸；2—上射砂筒；3—加料开闭机构；4—上脱箱液压缸；5—上射砂阀；
6—落砂管道；7—储气罐；8—下脱箱液压缸；9—料位器；10—下射砂阀；11—下射砂筒；
12—下环形压实缸；13—辅助框；14—转盘机构；15—模板小车；16—中立柱

　　水平分型脱箱造型与垂直分型相比，有如下优点：①水平分型下芯和下冷铁比较方便；②水平分型时，直浇道与分型面相垂直，模板面积有效利用率高，而垂直分型的浇注系统位于分型面上，模板的面积利用率低；③垂直分型时，如果模样高度比较大，模样下面的射砂阴影处紧实度不高,而水平分型可避免这一缺点;④水平分型时,金属液压力主要取决于上半型的高度,较易保证铸件质量。

但水平分型脱箱造型比垂直分型无箱造型的生产率低;另外,水平分型的生产线上需要配备压铁装备和取放套箱的装置,比垂直分型的生产线复杂。

（5）气冲造型机

气冲装置是气冲造型的核心,它的关键在于快开阀的结构及其开启速度。国内外的气冲装置很多,目前生产中使用较多的气冲装置有两种：一种是 GF 公司的圆盘式气冲装置;另一种是德国 BMD 公司的液控式气冲装置。

圆盘式气冲装置如图 2.30 所示。在充满压缩空气的压缩空气室 1 内有一个快开阀 2,其阀门 3 通常处于受压关闭状态,一旦需要排气时阀门 3 便快速打开(开启时间 0.01s 左右),压缩空气室 1 内的压缩空气迅速进入 a 腔,在 0.01～0.02s 的时间内达到最高压力 0.45～0.5MPa(取决于气源压力、阀门开启快慢和大小),利用这种强大的气压冲击作用,可使型砂得到紧实。该阀结构简单,阀门为一金属圆盘,外层包覆一层塑料或橡胶薄膜。阀门开启速度快,使用寿命长。使用的压缩空气压力为 0.2～0.7MPa。

BMD 式液控气冲装置如图 2.31 所示。固定阀板 2 与活动阀板 3 都做成格栅形,两阀板的月牙通孔相互错开。当两阀板贴紧时完全关闭(图 2.31(a)),液压锁紧机构放开时,在储气室 7 的气压作用下,活动阀板迅速打开,实现气冲紧实(图 2.31(b))。紧实后液压缸 1 使活动阀板复位,液压锁紧机构再锁紧活动板,恢复关闭状态。储气室补充进气,以备下一工作循环。

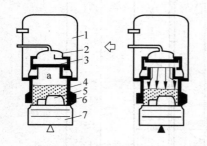

图 2.30　GF 式气冲装置

1—压缩空气室;2—快开阀;3—阀门;4—辅助框;
5—模板;6—砂箱;7—升降夹紧机构

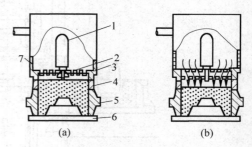

图 2.31　BMD 式液控气冲装置

1—液压缸;2—固定阀板;3—活动阀板;
4—辅助框;5—砂箱;6—模板;7—储气室

2.3.5　砂芯制造

为获得铸件的内腔或局部外形,用芯砂或其他材料制成安放在型腔内部的铸型组元称型芯。型芯的主要作用是形成铸件的内腔,有时也形成铸件外形上妨碍起模的凸台和凹槽。有些复杂铸件,如水轮机转子,其砂型全部由型芯拼装而成(即组芯造型),如图 2.32所示。

1. 芯砂的性能要求

浇注时砂芯(除芯头外)受高温液体金属的冲击和包围,在铸件浇注时的工作条件比铸型更恶劣,故对砂芯的要求比铸型更高。除要求砂芯具有与铸件内腔相应的形状外,还应具

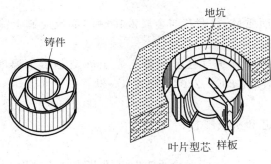

图 2.32　组芯造型

有较好的透气性、耐火性、退让性、强度等性能。形状简单的大、中型型芯,可用黏土砂来制造,选用杂质少的石英砂和用植物油、树脂、水玻璃等黏结剂来配制芯砂,并在砂芯内放入金属芯骨(又称型芯骨)和扎出通气孔以提高强度和透气性。对形状复杂和性能要求很高的型芯,须采用特殊黏结剂来配制,如采用油砂、合脂砂和树脂砂等。另外,型芯砂还应具有一些特殊的性能,如吸湿性要低(以防止合箱后型芯返潮),发气要少(金属浇注后,型芯材料受热而产生的气体应尽量少),出砂性要好(以便于清理时取出型芯)。

2. 型芯制造的工艺措施

型芯一般是用芯盒制成的,芯盒常用的材料有木材、金属和塑料。在单件、小批量生产时广泛采用木质模样和木质芯盒,在大批量生产时多采用金属或塑料模样、芯盒。造芯时,常采取下列工艺措施。

1) 在型芯里放芯骨

芯骨的作用是加强型芯的强度。小型芯的芯骨用铁丝、铁钉制作,大、中型芯的芯骨则用铸铁浇注出与型芯相应的形状。芯骨应伸入型芯头,但不能露出型芯表面,应有20~50mm 的吃砂量,以免铸件收缩。大型芯骨还需做出吊环,以利吊运,如图 2.33(a)所示。

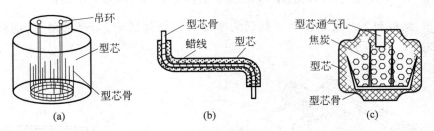

图 2.33　型芯的结构

(a) 型芯骨；(b) 用蜡线通气；(c) 用焦炭通气

2) 开通气道

为提高型芯的透气能力,应在型芯内部制作出气道,并与砂型上的通气孔贯通。形状简单的小型芯可用通气针或工具开设通气道,复杂型芯可在型芯中埋蜡线,待型芯烘烤时,将蜡熔失,形成通气道,如图 2.33(b)所示。大型芯可用焦炭或炉渣填充在型芯内帮助通气,如图 2.33(c)所示。

3）上涂料及烘干

为提高铸件内腔表面质量，在型芯与金属液接触的部位应刷上涂料。铸铁件用石墨涂料，铸钢件用石英粉涂料。

型芯一般需要烘干以增强透气性和强度。黏土砂型芯烘干温度为 250～350℃，保温 3～6h；油砂型芯烘干温度为 200～220℃，保温 1～2h。

3. 制芯方法

制芯方法分手工制芯和机械制芯。

1）手工制芯

（1）用芯盒制芯。如图 2.34 所示为手工对开式芯盒制芯过程。

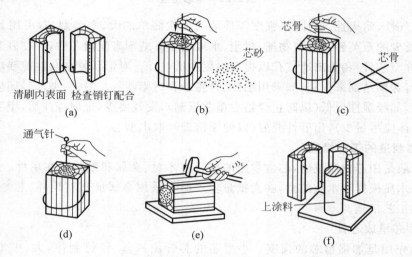

图 2.34　手工对开式芯盒制芯过程

（a）检查芯盒是否配对；（b）夹紧两半芯盒，分次加入芯砂，分层捣紧；

（c）插入刷有泥浆水的芯骨，其位置要适中；（d）继续填砂捣紧，刮平，用通气针扎出通气孔；

（e）松开夹子，轻敲芯盒，使砂芯从芯盒内壁松开；（f）取出砂芯，上涂料

（2）车、刮板制芯。尺寸较大且截面为圆形或回转体的型芯，可采用车、刮板制芯，如图 2.35 和图 2.36 所示。

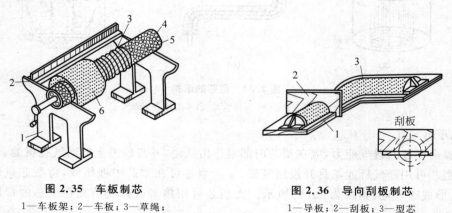

图 2.35　车板制芯

1—车板架；2—车板；3—草绳；

4—铁管；5—通气孔；6—型芯

图 2.36　导向刮板制芯

1—导板；2—刮板；3—型芯

2）机器制芯

大批量生产型芯时，为提高生产率及保证型芯质量，可采用机器制芯。黏土、合脂砂芯多用振击式造型机，水玻璃砂芯用射芯机和壳芯机制芯。图 2.37 所示为射芯机示意图。

2.3.6　造型生产线

造型机主要解决了造型过程中型砂紧实和起模工序的机械化、自动化问题。要浇出一个铸件，除了紧实和起模工序外，对于有箱造型来说，还有很多辅助工序，如翻箱、合箱、压铁、浇注、落砂以及砂箱的运输等。所谓造型生产线，就是根据生产铸件的要求，将主机（造型机）、辅机（翻箱机、合箱机、落箱机、压铁机、分箱机、下芯机等）按稳定的工艺流程，用运输设备（铸型输送机、辊道等）联系起来，并采用一定的控制方法组成的机械化、自动化生产线。

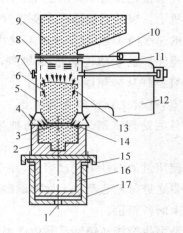

图 2.37　射芯机示意图
1—进气孔；2—芯盒；3—射砂孔；4—射砂头；
5—射腔；6—射砂筒；7—排气阀；8—横向气缝；
9—砂斗；10—闸门；11—射砂阀门；12—气包；
13—纵向气缝；14—排气孔；15—工作台；
16—紧实活塞；17—紧实汽缸

造型线的种类很多，它们的结构、布置形式、控制方法都是根据生产实际情况不同而设计的。但一般都由主机、辅机和运输设备组成。现代化铸造车间已广泛采用机器造型和制芯，并与机械化砂处理、浇注和落砂等工序共同组成流水生产线。图 2.38 所示为黏土砂造型生产线示意图。

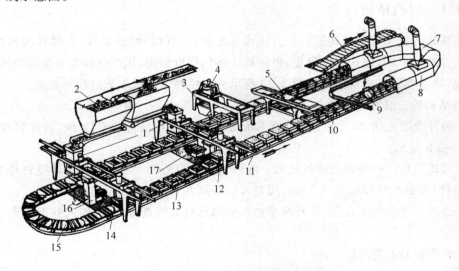

图 2.38　黏土砂造型生产线示意图
1—加砂机；2—型砂；3—落砂；4—捅箱机；5—压铁传送机；6—铸件传送机；7—冷却罩；
8—冷却；9—浇注；10—压铁；11—合箱；12—合箱机；13—下芯；14—下箱翻箱、落箱机；
15—铸型输送机；16—下箱造型机；17—上箱造型机

在机械化铸造车间的造型→浇注→落砂流水线上,各台造型机上制成的砂型都安放在输送机上。当砂型被输送到浇注台前时就进行浇注。浇注台是一条循环转动的履带,与输送机的速度同步,以便浇注时对准浇口。

浇注后的砂型先通过冷却罩,然后被送到落砂机前,并由推杆迅速推到落砂机上。捅箱机推杆从砂箱中顶出冷却后的砂型,砂型被振碎后,型砂就散落到坑道底的型砂输送带上,并被送到型砂处理工部。铸件则跌落到坑道中部的另一条铸件输送带上,被送到铸件的清理工部。空砂箱则被推到砂箱输送带上,被送回到造型机旁,以供继续造型之用。

使用过的旧砂需经过筛选,补充新砂、调整成分混碾,达到一定的性能要求,然后由型砂输送带送进每台造型机上面的储砂斗中。造型时,只要启动开关,型砂就从储砂斗中落入造型机上的砂箱里。

造型生产线使铸件产品生产率显著提高。但在这样的生产流水线上,不能应用干砂型铸造,也不能生产厚壁和大型铸件。在造型机上采用模型板进行两箱造型时,铸件的外形受到一定限制;因砂型铸造的工艺烦琐,许多操作(如安装型芯)仍离不开手工操作,砂型铸造的自动化程度受到一定的限制。

2.4　特种铸造

特种铸造是指与普通砂型铸造不同的其他铸造方法。目前特种铸造方法已发展到几十种,常用的有熔模精密铸造、金属型铸造、压力铸造、低压铸造和离心铸造等。

2.4.1　熔模精密铸造

熔模精密铸造又称失蜡铸造。该方法用易熔材料(石蜡)制成模样,在模样表面涂敷若干层耐火涂料和砂粒,制成型壳硬化,再将模样熔化排出型壳,从而获得无分型面的铸型,经高温焙烧、浇注和落砂获得铸件。图 2.39 所示为熔模精密铸造工艺过程示意图。

熔模精密铸造具有以下特点。

(1) 铸件表面光洁,尺寸精度高。熔模精密铸造铸件精度可达 CT4 级,表面粗糙度 Ra 值为 $12.5 \sim 1.6 \mu m$。

(2) 可铸造难以砂型铸造或机械加工的形状复杂的零件。可铸造各种薄壁铸件及质量很小的铸件,其最小壁厚可达 0.5mm,质量可以小到几克。

(3) 适用于各种铸造合金,尤其在难加工金属材料如铸造刀具、涡轮叶片等生产中应用较广。

(4) 生产批量不受限制。

(5) 由于生产工艺繁多、复杂且周期长,所以成本比较高。

熔模精密铸造的应用:主要用来制作形状复杂、高熔点合金精密铸件,适用于批量生产。目前熔模精密铸造已在汽车、拖拉机、机床、刀具、汽轮机、兵器等制造业中得到广泛应用,成为少无切削加工中最重要的工艺方法之一。

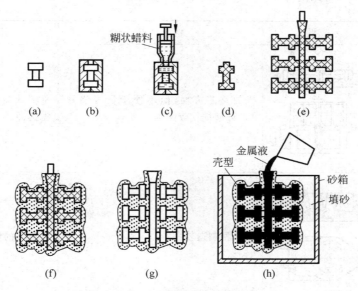

图 2.39　熔模精密铸造工艺过程示意图

(a) 铸件；(b) 压型；(c) 压制蜡模；(d) 蜡模；(e) 蜡模组装；
(f) 制造壳型；(g) 脱蜡、熔烧；(h) 填砂、浇注

2.4.2　金属型铸造

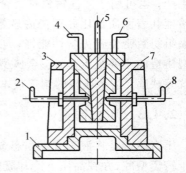

图 2.40　铸造铝活塞金属型

1,2—左、右半型；3—底型；
4~6—分块金属型芯；7,8—销孔金属型芯

　　用铸铁、碳钢或低合金钢等材料制成铸型，在重力作用下，金属液充填金属型腔，冷却成形而获得铸件的工艺方法称为金属型铸造。由于铸型可反复使用，故又可称为永久型铸造。图 2.40 所示为铸造铝活塞垂直分型式金属型。

　　根据铸型结构，金属型可分为整体式、垂直分型式、水平分型式和复合分型式。金属型的种类及特点见表 2.11。

表 2.11　金属型的种类及特点

种类	示意图	特　点	用　途
整体式		结构简单、制造方便，尺寸精确，操作便利	起模斜度较大的简单件
垂直分型式		铸型排气条件好，便于设置浇冒口和采用金属型芯，易于实现机械化作业，但安放型芯较麻烦	铝、镁合金铸件

续表

种类	示意图	特　点	用　途
水平分型式		安放型芯方便，但不便于设置浇冒口，铸型排气较困难	平板状铸件，如盘、板、轮类铸件
综合分型式		金属型制造较困难	较复杂的铸件

金属型铸造主要用于有色金属铸造，如形状不太复杂的铝、镁、铜合金中小铸件的大批量生产；也可用于浇注铸铁件。金属型铸造的优点是：①金属型铸型可反复使用；②铸件的精度和表面质量比砂型铸造显著提高，可以减少机加工余量；③由于金属型冷却快，铸件结晶组织致密使得力学性能好；④生产效率高，适于大批量生产，同时可改善劳动条件。金属型铸造的主要缺点是：①金属型冷却快，铸造工艺要求严格，否则容易出现浇不足、冷隔、裂纹等缺陷；②金属型的制造成本高、生产周期长。

2.4.3　压力铸造

压力铸造是将液态或半固态金属在高压（压力为 5～10MPa）作用下，以较高的速度充填压铸模型腔，并在高压下冷却凝固获得铸件的一种铸造方法，简称压铸。压铸模（模具）是压力铸造生产铸件的主要装备，压铸模主要由定模和动模两大部分组成。压铸工艺过程循环如图 2.41 所示。

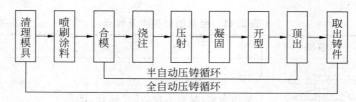

图 2.41　压铸工艺过程循环图

用于压力铸造的机器称为压铸机。压铸机的种类很多，目前应用较多的是冷室卧式压铸机。图 2.42 所示为冷室卧式压铸机(J113 型)的总体结构。

冷室卧式压铸机的工作原理如图 2.43 所示。合模锁紧后，将熔融金属定量浇入压射室（图 2.43(a)），压射冲头以高压、高速把金属液压入型腔中（图 2.43(b)），铸件凝固后开模，推杆将铸件从压铸模型腔中推出（图 2.43(c)）。

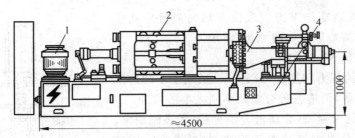

图 2.42　冷室卧式压铸机（J113 型）的总体结构

1—高压泵；2—合型机构；3—压射机构；4—机座

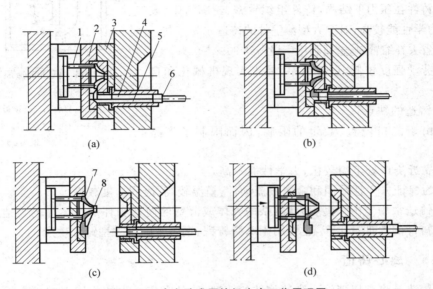

(a)　　　　　　　　(b)

(c)　　　　　　　　(d)

图 2.43　冷室卧式压铸机生产工作原理图

（a）合型——金属液浇入压室；（b）压射；（c）开型；（d）顶出铸件

1—顶杆；2—动型；3—定型；4—定量金属液；5—压射室；6—压射冲头；7—铸件；8—余料

　　压力铸造的优点：铸件的精度及表面质量比其他铸造方法高；可压铸形状很复杂的薄壁件；铸件组织致密、强度较高；生产率高，适于大批量生产。

　　压力铸造的不足：压铸高熔点合金（如铜、钢、铸铁）时，压铸模寿命很低；模具制造成本高；由于压铸速度高，型腔内气体很难排出，厚壁件的收缩也很难补缩，致使铸件内部常有气孔和缩松。

　　压力铸造的应用：压力铸造适用于有色合金的薄壁小件，大批量生产。在汽车、拖拉机、电气和仪表工业中应用广泛。

2.4.4　低压铸造

　　低压铸造是介于一般重力铸造和压力铸造之间的一种铸造方法。低压铸造的铸型一般安置在密封保温炉内的坩埚上方，坩埚中通入压缩空气或惰性气体，在熔融金属的表面上形成低压（0.06~0.15MPa），使金属液由升液管上升填充铸型和控制凝固。由于所用的压力较低，因此叫做低压铸造。金属液从型腔的下部慢慢开始充填，压力和速度可控制，保持一段时间的压力后凝固。凝固从产品上部开始向浇口方向转移，浇口部分凝固的时刻就是加压结束的时间,然后冷却至可以取出产品的强度后从模具中脱离。低压铸造原理如图 2.44 所示。

低压铸造的优点:

(1) 浇注时的压力和速度可以调节,适用于不同铸型(如金属型、砂型等)铸造各种合金及不同大小的铸件。

(2) 采用底注式充型,金属液充型平稳,无飞溅现象,可避免卷入气体及对型壁和型芯的冲刷,可提高铸件的合格率。

(3) 铸件在压力下结晶,铸件组织致密、轮廓清晰、表面光洁,力学性能较高,对于大型薄壁件的铸造尤为有利。

(4) 省去补缩冒口,金属利用率提高到 $90\%\sim98\%$。

(5) 劳动强度较低,设备简单,易于实现机械化和自动化。

低压铸造的缺点:

(1) 由于浇口位置、数量的限制,因而限制了产品形状。

(2) 靠近浇口处组织较粗,力学性能不高。

(3) 为保证方向性凝固和金属液流动性,模温较高,凝固速度较慢。

低压铸造常用于中大型、形状复杂的壳体或薄壁的筒形和环形类零件的铸造。主要用于铝合金铸件的大批量生产,也可用于球墨铸铁、铜合金的中大型铸件生产。

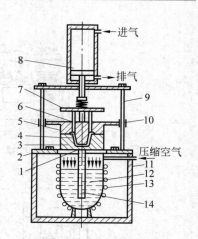

图 2.44　低压铸造原理图

1—浇口;2—密封垫;3—下型;4—型腔;
5—上型;6—顶杆;7—顶板;8—汽缸;
9—导柱;10—滑套;11—保温炉;
12—金属液;13—坩埚;14—升液管

2.4.5　离心铸造

离心铸造是将金属液浇入高速旋转的铸型,使其在离心力的作用下完成充填和凝固成形的铸造方法。离心铸造在离心铸造机上进行,其铸型可以是金属型,也可以是砂型、熔模壳型。根据铸型旋转轴线在空间的位置,可分为卧式离心铸造和立式离心铸造。卧式离心铸造铸型旋转轴与水平线交角很小(小于 15°),如图 2.45 所示,主要用于生产长度大于直径的套筒类或管类铸件。立式离心铸造铸型旋转轴处于垂直状态,如图 2.46 所示,主要用于生产高度小于直径的圆环类铸件。

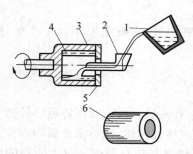

图 2.45　圆筒件卧式离心铸造示意图

1—浇包;2—浇注槽;3—铸型;
4—液体金属;5—端盖;6—铸件

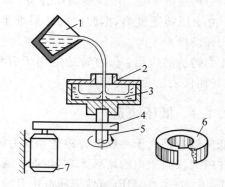

图 2.46　圆环件的立式离心铸造示意图

1—浇包;2—铸型;3—液体金属;4—皮带轮和皮带;
5—旋转轴;6—铸件;7—电动机

铸铁管是离心铸造中产量最大的零件,根据使用要求主要有球墨铸铁管、合金铸铁管以及灰铸铁管三种。目前,铸铁管的离心铸造工艺有砂型离心铸造、水冷金属型离心铸造、涂料金属型离心铸造以及树脂砂型离心铸造 4 种。图 2.47 所示为水冷金属型离心铸管机的结构简图。

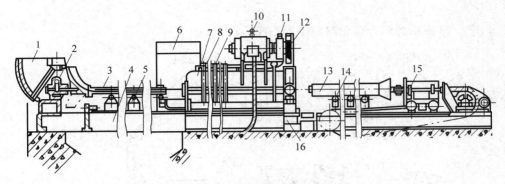

图 2.47　水冷金属型离心铸管机

1—扇形浇包;2—翻包机构;3—浇注槽;4—机座;5—浇注槽支架;6—挡板;7—机壳;
8—进水管;9—排水管;10—电动机;11—变速箱;12—皮带传动装置;
13—铸管件;14—接管辊;15—拔管机;16—液压缸

离心铸造的主要特点:铸件在离心力的作用下结晶凝固,铸件致密度高,气孔、夹渣等缺陷少;综合力学性能好;铸造圆筒形中空的铸件可不必用型芯;便于制造"双金属"件;不需要浇注系统,可提高金属液的利用效率。

离心铸造的不足:靠离心力铸出的铸件内孔尺寸不精确,且非金属夹杂物较多,增加了内孔的机加工余量;铸件易产生成分偏析,不适宜密度偏析大的合金生产;需专用设备,不适宜单件、小批量生产。

离心铸造的应用:离心铸造常用于铸铁管、钢辊管、铜套生产,也可用来铸造成形铸件。

2.5　近代液态成形技术

随着生产和科学技术的发展,液态成形新工艺、新技术不断涌现,特别是计算机、信息技术的广泛应用,使铸造技术有了长足的进步,传统铸造业的面貌正在发生着巨大的变化。工艺的复合化、制品的净形化和强韧化,生产过程的自动化、信息化、敏捷化、柔性化以及绿色化正在逐步成为现实。

2.5.1　半固态成形技术

半固态成形是指利用流变特性的半固态金属浆料和压力加工技术成形零件的铸造方法,是介于铸造和锻造之间的一种工艺过程,是针对固、液态共存的半熔化或半凝固金属进行成形加工工艺方法的总称。20 世纪 70 年代,美国麻省理工学院的 Spencer 在对 Sn-Pb 合金的研究中发现呈球状的初生相。而后,Flemings 等对具有球状初固生相的半固态合金组织形成机制、半固态浆料的力学行为及成形特点进行深入研究,初步创立金属半固态成形技术(semi-solid metaiiurgy,SSM)的概念、理论和技术的架构。半固态金属在成形前已是固液两相共存,易于均质变形,且高黏度的半固态浆料可以在填充时不发生紊流而平稳充型,同时半固态金属坯料的初生相为球状而使变形抗力显著下降,使铸件的加工性能和内在质量都优于常规铸件。该工艺是一种近净成形工艺,与传统成形工艺相比,它有一系列突出的优点:成形温度低,成形件力学性能好,较好地综合了固态金属模锻与液态压铸成形的优点。

如图 2.48 所示为铝合金轮毂的半固态成形过程。

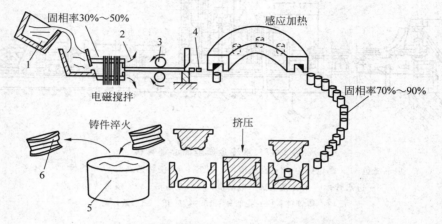

图 2.48　铝合金轮毂的半固态成形过程示意图
1—铝液;2—冷却水;3—辊轮;4—切块;5—水槽;6—铝轮毂毛坯

半固态金属成形技术主要有两种工艺:一种是将经搅拌获得的半固态金属浆料在保持其半固态温度的条件下直接进行半固态加工,即流变成形(rheoforming);另一种是将半固态浆料冷却凝固成坯料后,根据产品尺寸下料,再重新加热到半固态温度,形成半固态浆料再进行成形加工,即触变成形(thixoforming)。目前,应用在工业上的半固态金属触变方法主要有半固态压铸、半固态挤压、半固态模锻和半固态压射成形等。

半固态金属触变注射成形采用了类似注塑的方法和原理,触变注射成形原理示意如图 2.49 所示,该设备系统主要用于镁合金的半固态注射成型。首先将预先加工成粒料、梢料及细块料的镁合金原料从料斗 5 中加入,在螺旋进给器 8 的作用下,镁合金原料被向前推进并加热至半固态,聚集到积累器 3 中;在注射缸的作用下,半固态的浆料从积累器中在注射缸作用下定量被压射入模具内(铸型)加压成型。

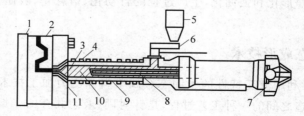

图 2.49　触变注射成形原理图
1—模架;2—铸型(射嘴);3—半固态镁合金积累器;4—加热器;5—料斗;6—给料器;
7—旋转驱动注射系统;8—螺旋进给器;9—筒体;10—单向阀;11—射嘴

　　半固态金属成形能消除气孔、缩孔,偏析小,减少凝固收缩,提高零件尺寸精度、力学性能及模具寿命。半固态金属易于输送,为连续高效的自动化生产创造了条件。由于半固态金属成形技术具有高效、优质、节能和近净成形等优点,可以满足现代汽车制造业对有色合金铸件高致密度、高强度、高可靠性、高生产率和低成本等要求,因此备受汽车制造厂商以及零部件配套生产厂商的重视。

2.5.2　电磁铸造

　　电磁铸造利用电磁感应线圈取代了传统的结晶器,靠电磁力与金属熔体的表面张力形成铸型支撑熔体,液态金属的形状由电磁力约束,然后直接水冷形成铸锭。其工作原理如图 2.50 所示。当感应线圈通以中频电流 J_0 时,在金属液流形成感应磁场 H,同时与电磁线圈反向的涡流 J 流过液体金属表层,J 与 H 相互作用产生向内的电磁力 F 压迫液体金属形成半悬浮柱体。冷却水在感应装置下方,喷向金属使其凝固成铸锭,通过动力装置拖动铸锭向下运动,形成连续铸造。由于线圈 2 所产生的电磁力难以使液态金属获得稳定的铸锭液面和精确尺寸,因此设计有磁场屏蔽体 3(通常为环状结构的不锈钢体),以便使液态金属受力均匀,且保持垂直稳定。

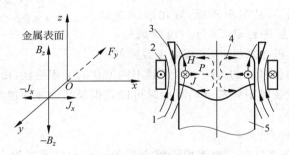

图 2.50　电磁铸造的工作原理图
1—磁感应线;2—线圈;3—磁场屏蔽体;4—熔体流动方向;5—固相

　　电磁铸造的优点:不用成形模,金属熔体不与铸型接触,而以电磁场的推力来限制铸锭外形,熔体在不与结晶器接触的情况下凝固,不存在黏结等缺陷,铸锭的表面光洁程度很高,铸件表面质量好;在外部直接水冷、内部电磁搅动熔体的条件下,冷却速度大,使铸锭晶粒和晶内结构都变得更细小,提高了铸锭的致密度;化学成分均匀,偏析度减少,力学性能提高,尤其是铸锭表层的力学性能提高更为显著;提高了成品率并减少了重熔烧损,可铸造形状复杂的铸件。

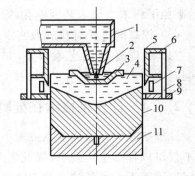

图 2.51　无模电磁铸造装置
1—流盘;2—节流阀;3—浮标漏斗;
4—液态金属柱;5—屏蔽罩;6—冷却水杯;
7—感应线圈;8—调距螺栓;9—盖板;
10—铸锭;11—底模

　　电磁铸造的缺点:设备投资较大,电能消耗较多,变换规格时工艺装备更换较复杂,操作较为困难。

　　电磁铸造的主要工艺方法有无模电磁铸造、软接触电磁铸造、电磁约束成型等。无模电磁铸造装置如图 2.51 所示。

2.5.3　喷射铸造

喷射铸造,又称喷射成形、喷射沉积。金属喷射铸造包括金属熔化、雾化和沉积三个过程,即将融化后的液态金属直接雾化为熔滴颗粒,喷射沉积在具有一定形状的收集器上,从而获得大块整体致密度达到理论密度的99%的金属实体,整个过程在密闭炉内进行。

喷射铸造工艺一般可分为单喷嘴雾化工艺、双喷嘴雾化工艺、反应喷嘴及多层喷射沉积技术等。喷射成形原理如图2.52所示,金属喷射铸造工艺装备主体由熔化室(熔化坩埚)、雾化室和沉积基板构成。熔化室位于雾化室的上方,其主要作用是熔化金属,根据不同的熔炼要求,熔化过程用氮气或其他惰性气体及真空保护。液体金属经过塞杆或中间漏斗注入坩埚底部导流管内进入雾化室,雾化室的上部有喷嘴,高压高速的惰性气体(氮气、氩气)经雾化喷嘴冲击熔融的金属或合金液流,将液流雾化成弥散细小的液态颗粒,雾化室下部是沉积基板,雾化液滴在高压高速气流的带动下加速运动,飞行一段距离后(一般为300~400mm)沉积在基板上,形成高度致密的沉

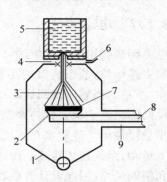

图2.52　喷射成形原理图
1—雾化室;2—收集基板;3—液滴雾化区;
4—气体雾化器;5—熔体;6—雾化气体;
7—雾化沉积物;8—传送机构;9—排气管(室)

积坯料,通过控制和调整基板的运动可以得到不同形状的沉积毛坯,由于液滴与雾化气流进行强烈的对流换热,金属喷射铸造材料凝固时可以获得很高的冷却速度,一般冷却速度可达到 10^3 K/s 以上。

喷射成形技术的特点:

(1) 具有成本和经济优势。喷射成形将金属的雾化和成形过程合二为一,生产工序大大简化。

(2) 固溶度增大,氧化程度小。在雾化过程中,颗粒冷却速度非常快,致使沉积材料的固溶度明显提高,原始颗粒与急冷边界基本消除。喷射成形是在保护性气氛中瞬间一次成形,避免了粉末冶金工艺因储存、筛分和运输等工序带来的氧化污染问题。

(3) 较高的沉积材料的致密度。

(4) 过程复杂,工艺参数多,如何准确地选择合适的工艺参数仍是目前该技术必须解决的问题之一。

2.5.4　计算机技术在金属液态成形中的应用

计算机技术在金属液态成形中的应用,极大地推动着铸造业的发展和铸造技术的变革,它不仅可以提高生产效率、降低生产成本,而且使过去许多不可能的事情变成了现实,同时又促进了新工艺和新技术的不断涌现。计算机技术在金属液态成形领域的应用主要体现在以下三个方面。

1. 凝固过程数值模拟技术

凝固过程数值模拟技术经40多年的发展,现已达到实用化程度,是公认的可提高铸造业竞争力的关键技术之一。它是利用数值计算方法求解凝固成形的物理过程所对应的数学

离散方程,并用计算机显示其计算结果的技术。不仅可以形象地显示液态金属在铸型型腔中的冷却凝固进程,并可预测可能产生的缺陷,还用于模拟液态金属充填型腔的过程和铸件热应力的发展过程,预测因填充不当造成的缺陷和铸件中的裂纹。利用这些技术,人们可以在现场实施铸造计划前,以获得优质铸件为目标,优化工艺方案和参数,取代或减少现场试制。这对于大型复杂形状或贵重材料的凝固成形铸件的生产,其优越性和经济性显得尤为突出。由于凝固过程的数值模拟可以揭示许多物理本质和过程,所以也促进了凝固理论的发展,特别是近年来研究和发展的微观组织模拟,可用于预测晶粒大小和力学性能,可望在实际生产中应用。

2. 快速样件制造技术

3D 打印技术是近年来高速发展的一项高新技术,它是将 CAD 模型变成实物的过程,集成了 CAD/CAM 技术、现代数控技术、激光技术和新材料技术,无须图纸,无须进行传统的模具设计制造,极大地提高了生产效率。目前,该技术已进入铸造业,在砂型铸造、熔模铸造和实型铸造中可以快速制出形状复杂的模样。在熔模铸造中,可以直接制出精细复杂的熔模,以取代压制熔模过程;也可以制出熔模压型,甚至用激光束直接将覆膜砂制成铸型,以供浇注铸件。

3. 成形过程的计算机控制

计算机作为生产过程和凝固成形的一种控制手段已得到了广泛应用。对于金属液态成形这样一个工序繁多、劳动条件相对恶劣、影响因素复杂的行业来说,用计算机控制生产过程可带来诸多好处。目前,新一代的造型生产线已采用计算机控制,以计算机为基础的自控系统已用于其他铸造工序和设备中,如熔化、浇注、砂处理、质量检验等工序和压铸机、定向凝固设备等,对提高生产效率和获得质量均一性良好的铸件都发挥了重要作用。此外,利用互联网+技术,可以实现铸件的智能制造。

习题与思考题

1. 试述铸造成形的实质及优缺点。
2. 何谓合金的铸造性能?铸造性能有哪些?
3. 合金的流动性取决于合金的哪些固有性质?提高金属液态流动性的主要工艺措施有哪些?
4. 铸件的凝固方式分为哪几种?影响铸件凝固方式的主要因素是什么?
5. 金属从液态冷却到室温要经历哪几个收缩阶段?影响铸件收缩的主要因素有哪些?
6. 根据气体来源,铸件气孔可分为哪三类?
7. 常用的铸造金属材料有哪几类?
8. 简述铸铁的性能特点。
9. 简述碳钢铸件的铸造性能特点。
10. 简述冲天炉和中频感应电炉的构造及其熔炼原理。
11. 试述金属液态成形工艺的种类。
12. 砂型铸造生产包括哪些工艺流程?
13. 简述湿型铸造的特点。

14. 良好的型(芯)砂应具备哪些性能?

15. 造型方法可分为几大类? 手工造型有哪些方法?

16. 为什么熔模铸造是最有代表性的精密铸造? 有何优越性?

17. 金属型铸造有哪些优点? 为什么金属型铸造未能广泛取代砂型铸造?

18. 何谓半固态成形? 半固态金属成形技术主要有哪几种工艺?

19. 简述电磁铸造的优缺点。

第3章 金属塑性成形

金属材料的塑性成形又称为金属压力加工,它是利用金属材料的塑性变形能力,在外力的作用下使金属材料产生预期的塑性变形来获得所需形状、尺寸和力学性能的零件或毛坯的一种加工方法。金属塑性成形工艺通常包括锻造、冲压、轧制、挤压和拉拔等。

3.1 金属塑性成形基础

金属塑性变形时,由外力引起的金属内部应力超过了该金属的屈服点,其内部的原子排列位置将发生不可逆的变化。滑移变形和孪生变形是金属晶内塑性变形的两种基本形式,滑移是在切应力的作用下晶体的一部分相对另一部分沿一定的晶面和晶向发生相对的移动,如图 3.1 所示;孪生变形是晶体在切应力的作用下,晶格的一部分相对另一部分沿晶面发生相对转动的结果,如图 3.2 所示。滑移变形是金属最主要的塑性变形方式。此外,金属的塑性变形还包括晶界变形,分为晶界滑动和晶界迁移两种形式,其由各晶粒间的相对位移和转动引起。

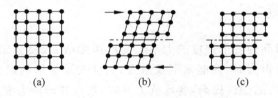

图 3.1 滑移变形

(a) 变形前;(b) 受力后产生滑移;(c) 滑移变形后

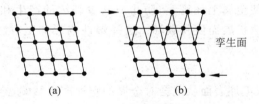

图 3.2 孪生变形

(a) 变形前;(b) 孪生变形后

3.1.1 金属的塑性成形性能

塑性成形性能是用来衡量金属压力加工工艺性好坏的主要性能指标。某金属的塑性成形性能好,表明该金属适宜压力加工。金属的塑性成形性能常用金属材料的塑性和变形抗力两个指标来衡量,材料的塑性越好、变形抗力越小,其塑性成形性能越好,越适合压力加工。在实际生产中,往往优先考虑材料的塑性。

影响金属塑性变形的内在因素为化学成分和金属组织,外在因素是加工条件。

1. 化学成分

一般来说,纯金属的塑性成形性能好于合金。钢的含碳量对钢的塑性成形性能影响很大,低碳钢的塑性优于高碳钢。对于碳质量分数小于 0.15% 的低碳钢,主要以铁素体为主(含珠光体量很少),其塑性较好。随着碳质量分数的增加,钢中的珠光体量逐渐增多,甚至出现硬而脆的网状渗碳体,使钢的塑性下降,塑性成形性能随之下降。

合金元素会形成合金碳化物和硬化相,使钢的塑性变形抗力增大,塑性下降。通常合金元素含量越高,钢的塑性成形性能越差。

2. 金属组织

纯金属及单相固溶体合金的塑性成形性能较好;钢中有碳化物和多组织时,塑性成形性能变差;具有均匀细小等轴晶粒的金属,其塑性成形性能比晶粒粗大的柱状晶粒好;当工具钢中有网状二次渗碳体存在时,其塑性将大大下降。

3. 加工条件

1)变形温度

随温度升高,金属塑性提高,塑性成形性能得到改善。变形温度升高到再结晶温度以上时,加工硬化不断被再结晶软化消除,金属的塑性成形性能进一步提高。但加热温度过高,会使晶粒急剧长大,导致金属塑性减小,塑性成形性能下降,这种现象称为"过热"。如果加热温度接近熔点,会使晶界氧化甚至熔化,导致金属塑性变形能力完全消失,这种现象称为"过烧",坯料如果过烧将报废。

2)变形速度

变形速度指单位时间内变形程度的大小。变形速度增大,使金属在冷变形时的冷变形强化增加;当变形速度很大时,热能来不及散发,会使变形金属的温度升高,这种现象称为"热效应",它有利于金属的塑性提高,变形抗力下降,塑性变形能力变好。

3)应力状态

在三向应力状态下,压应力成分越多,则其塑性越好;而拉应力成分越多,则其塑性越差。这是因为压应力可使金属毛坯密实,防止或减少裂纹的产生和扩展;而拉应力会促使金属毛坯内部的缺陷迅速扩展而使其破坏。选择塑性成形加工方法时,应考虑应力状态对金属塑性变形的影响。

4)其他因素

(1)毛坯表面状况。毛坯表面状况会对金属的塑性产生影响,冷变形时尤为明显。毛坯表面粗糙或有划痕、裂纹等缺陷,会在变形过程中引起应力集中,增大开裂倾向,降低塑性。

(2)模具和工具。锻模的模腔内应有圆角,以减小金属成形时的流动阻力,避免锻件被撕裂或纤维组织被拉断而出现裂纹。板料弯曲时,成形模具也应有相应的圆角,才能保证顺利成形。

(3)润滑状态。在材料表面涂覆润滑剂可以减小金属流动时的摩擦阻力,有利于塑性成形加工。

综上所述,金属的塑性成形性能既取决于金属的本质,又取决于变形条件。在塑性成形加工中,要根据具体情况,尽量创造有利的变形条件,充分发挥金属的塑性,降低其变形抗力,以达到塑性成形加工的目的。

3.1.2　金属的塑性变形规律

1. 最小阻力定律

金属在塑性变形过程中,其质点都将沿着阻力最小的方向移动,称为最小阻力定律。一般来说,金属内某一质点塑性变形时移动的最小阻力方向就是该质点向金属变形部分的周边所作的最短法线方向。因为质点沿这个方向移动时路径最短而阻力最小,所需做功也最小。

应用最小阻力定律可以分析塑性成形时金属的流动。例如,镦粗圆形截面毛坯时,金属质点沿半径方向移动,镦粗后仍为圆形截面,如图 3.3(a)所示;镦粗正方形截面毛坯时,以对角线划分的各区域里的金属质点都垂直周边向外移动,如图 3.3(b)所示,正方形截面逐渐向圆形截面变化;镦粗长方形截面毛坯时,金属质点的移动方向如图 3.3(c)所示,镦粗后的截面逐渐向椭圆形截面变化。

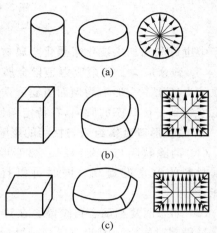

图 3.3　金属镦粗时的金属流向及外形变化
(a) 圆形截面毛坯; (b) 正方形截面毛坯;
(c) 长方形截面毛坯

2. 体积不变定理

金属塑性成形加工中,金属变形前后的体积保持不变的规律称为体积不变定理(或称为质量恒定定理)。实际上,金属在塑性变形过程中总有微小体积变化,如锻造钢锭时,由于气孔、疏松的锻合,密度略有提高;加热过程中因氧化生成氧化皮产生耗损。然而,这些变化对比整个金属坯件是相当微小的,一般可忽略不计。因此,在塑性成形中,坯料一个方向尺寸减小,必然在其他方向有尺寸增加。在金属塑性成形加工中,根据体积不变定理可以确定金属塑性成形的毛坯尺寸和各工序之间尺寸的变化。

3.1.3　塑性变形对金属组织与性能的影响

根据金属材料塑性变形时的温度不同,可分为冷变形和热变形。金属在再结晶温度以下进行的塑性变形称为冷变形,金属在再结晶温度以上进行的塑性变形称为热变形。变形温度不同,对金属组织与性能的影响也不相同。

1. 冷变形对金属组织与性能的影响

(1) 冷变形后的金属显微组织。冷变形会使金属的显微组织发生明显改变,最初的等轴晶粒沿主变形方向被拉长,变形量越大,晶粒的伸长程度越明显。当变形量很大时,晶界被破坏,金属内部的大部分晶粒沿主变形方向排列,形成纤维组织,使金属的力学性能产生各向异性,如图 3.4 所示。

(2) 加工硬化。金属冷变形时,随着变形量的增加,金属的强度和硬度提高,塑性和韧性下降,这一现象称为加工硬化。不同金属材料在相同的塑性变形下的加工硬化程度会有所不同。金属材料的硬化使其变形抗力增加,塑性下降,并影响后续变形。在实际生产中,常采用中间退火工艺来消除加工硬化,降低变形抗力,使塑性变形能够继续进行。当然,在

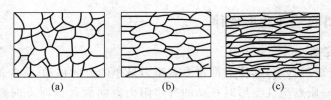

图 3.4　纤维组织的形成

(a) 变形前；(b) 变形中；(c) 变形后

生产中也可利用加工硬化来强化金属材料,特别是那些不能用热处理强化的材料。

(3) 残余应力。残余应力是指金属材料除去变形外力后残余在内部的应力,主要因金属在外力作用下变形不均匀而引起。残余应力使金属内部的原子处于一种高能状态,具有自发恢复到平衡状态的倾向,在特定条件下,残余应力会释放出来。

2. 热变形对金属组织与性能的影响

(1) 消除缺陷与细化组织。热变形可以焊合铸锭中未被氧化的气孔、疏松等缺陷,使金属材料的致密度提高。同时可以打碎粗大的铸态组织,使其细化,从而提高其力学性能。

(2) 动态回复和动态再结晶。在热变形中,金属材料的加工硬化过程与回复和再结晶软化过程同时发生。因此,在热变形后的金属材料中不会产生硬化,这种现象称为动态回复和动态再结晶。

(3) 锻造比及锻造流线。锻造塑性变形程度常用锻造前后金属坯料的横截面积比值或长度(高度)比值来表示,称为锻造比。铸态组织在锻造时其晶粒形状和沿晶界分布的杂质形状都发生了变形,沿变形方向被拉长,呈纤维形状,这种结构称为锻造流线。锻造比的选择直接关系到锻件的质量,也影响锻造流线。锻造比越大,锻造流线越明显。锻造流线使锻件的性能具有方向性,在平行于流线方向上的塑性、韧性明显提高,强度有所提高。因此,在零件中应使锻造流线合理分布。例如,图 3.5(a)所示为棒料经切削加工成形的螺钉,其头部的部分流线被切断,使用时承载能力较差;图 3.5(b)所示为锻造成形的螺钉,流线分布合理,承载能力强,质量好。

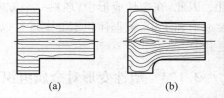

图 3.5　螺钉内锻造流线分布

(a) 棒料切削成形；(b) 锻造成形

3.2　冲压成形

板料冲压成形(简称冲压)是在室温下,利用安装在压力机上的模具对板料施加压力,使其产生分离或塑性变形,从而获得所需零件的一种压力加工方法。它广泛应用于汽车、电器、仪器仪表、航天航空等行业,是现代工业生产的重要手段。

3.2.1　概述

1. 冲压成形的特点

板料冲压成形具有下列特点。

（1）冲压成形生产率和材料利用率高，容易实现机械化和自动化。自动送料高速冲压可达到 1500～2000 次/min。

（2）冲压件精度较高、互换性好，可直接装配使用，如图 3.6 所示的电机定子、转子零件。

图 3.6　电机定子、转子零件

（3）冲压成形须有相应的模具，模具制造属单件小批量生产，其技术要求和生产成本较高。图 3.7 所示为电机转子复合模。

图 3.7　电机转子复合模

2. 冲压工序的分类

根据材料的变形特点，可将冲压工序分为分离和成形两大类。分离工序是指坯料在冲压力作用下，变形部分的应力达到强度极限后，使坯料沿一定轮廓发生断裂而产生分离的压力加工工序；成形工序是指坯料在冲压力作用下，变形部分的应力达到屈服极限，但未达到强度极限，使坯料产生塑性变形，成为具有一定形状、尺寸与精度制件的压力加工工序。成形工序主要有弯曲、拉伸、翻边和旋压等。

3. 冲压模具

冲压零件的生产包括三个要素，即合理的冲压成形工艺、先进的模具和高效的冲压设备。冲压模具是冲压生产必不可少的工艺装备，模具设计与制造技术水平的高低，是衡量一个国家产品制造水平高低的重要标志之一，在很大程度上决定着产品的质量、效益和新产品的开发能力。冲压模具的形式很多，一般可按以下两个主要特征分类。

1）根据工艺性质分类

按工艺性质，冲压模具可分为冲裁模、弯曲模、拉伸模和成形模。

（1）冲裁模：沿一定的轮廓线使板料产生分离的模具。如落料模、冲孔模、切断模、切口模、切边模和剖切模等。

（2）弯曲模：使材料毛坯沿某一直线（或曲线）产生一定角度变形的模具。

（3）拉伸模：将板料毛坯制成开口空心件，或使空心件进一步改变形状和尺寸的模具。

（4）成形模：将毛坯或半成品工件按凸、凹模的形状直接复制成形，而材料本身仅产生局部塑性变形的模具。如胀形模、缩口模、扩口模、起伏成形模、翻边模和整形模等。

2）根据工序组合分类

按工序组合，冲压模具可分为单工序模、复合模和级进模。

（1）单工序模：在压力机的一次行程中，只完成一道冲压工序的模具。

（2）复合模：只有一个工位，在压力机的一次行程中，在同一工位上同时完成两道或两道以上冲压工序的模具。

（3）级进模：在毛坯的送进方向上，具有两个或两个以上的工位，在压力机的一次行程中，在不同的工位上，同时完成两道或两道以上冲压工序的模具（也称连续模）。

通常，模具由工艺零件和结构零件组成，如表 3.1 所列。工艺零件是直接参与工艺过程的零件，并和坯料有直接接触，包括工作零件、定位零件和卸料与压料零件等。结构零件不直接参与完成工艺过程，也不和坯料直接接触，只对模具完成工艺过程起保证作用，或对模具功能起完善作用，包括导向零件、紧固零件、标准件及其他零件。

表 3.1　冲模零件的分类及作用

零 件 种 类		零 件 名 称	零 件 作 用
工艺零件	工作零件	凸模、凹模	直接对坯料进行加工，完成板料的分离或成形
		凸凹模	
		刃口镶块	
	定位零件	定位销、定位板	确定被冲压加工材料或工序件在冲模中的正确位置
		挡料销、挡料板	
		导料销、导料板	
		侧压板、承料板	
		定距侧刃	
	压料、卸料及顶件零件	卸料板	使冲压件和废料得以出模，保证顺利实现冲压生产
		压料板	
		顶件块	
		推件块	
		废料切刀	
结构零件	导向零件	导套	正确保证上、下模的相对位置，以保证冲压精度
		导柱	
		导板	
		导筒	
	支承、固定零件	上、下模座	承装模具零件或将模具紧固在压力机上，并与之发生直接联系作用
		模柄	
		凸、凹模固定板	
		垫板	
		限位器	
	紧固零件及其他通用零件	螺钉	实现模具零件之间的相互连接或定位
		销钉	
		键	
		弹簧等其他零件	

3.2.2　冲裁工艺

冲裁是利用模具使板料的一部分沿一定的轮廓形状与另一部分产生分离以获得制件的工序,分为冲孔与落料。从板料上冲下所需形状的工件或毛坯称为落料,在工件上冲出所需形状的孔(冲去的为废料)称为冲孔。落料和冲孔的变形性质完全相同,但模具工作零件的设计基准不同。图 3.8 所示的垫圈即由外圆落料和内圆冲孔两道工序完成。

1. 冲裁变形原理

根据冲裁变形机理的不同,冲裁工艺可分为普通冲裁和精密冲裁。普通冲裁是在凸、凹模刃口之间产生剪裂纹的形式实现板料的分离;而精密冲裁是以变形的形式实现板料分离的(详见 3.4.3 节)。普通冲裁变形过程大致可分为三个阶段:弹性变形阶段(翘曲)、塑性变形阶段(微小裂纹的产生)和分离阶段(裂纹扩展),如图 3.9 所示。

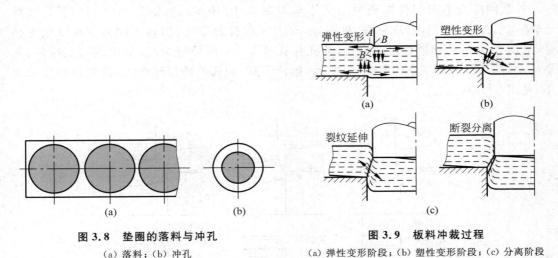

图 3.8　垫圈的落料与冲孔
(a) 落料;(b) 冲孔

图 3.9　板料冲裁过程
(a) 弹性变形阶段;(b) 塑性变形阶段;(c) 分离阶段

1) 弹性变形阶段

当凸模开始接触板料并下压时,凸模与凹模刃口周围的板料产生应力集中现象,使材料产生弹性压缩、弯曲、拉伸等复杂的变形,板料略有挤入凹模孔口的现象。此时,凸模下的材料略有弯曲,凹模上的材料则向上翘,间隙越大,弯曲和上翘越严重。凸模继续压入,直到材料内的应力达到弹性极限,弹性变形阶段结束。

2) 塑性变形阶段

当凸模继续压入,板料内的应力达到屈服点,板料与凸模和凹模的接触处产生塑性剪切变形。凸模切入板料,板料挤入凹模孔口。在板料剪切面的边缘由于弯曲、拉伸等作用形成塌角,同时由于塑性剪切变形,在板料切断面上形成一小段光亮且与板面垂直的断面,使纤维组织产生更多的弯曲和拉伸变形。随着凸模的下压,应力不断加大,直到分离变形区的应力达到剪切强度,塑性变形阶段结束。

3) 分离阶段

当板料的应力达到剪切强度后,凸模再往下压,则在板料与凸模和凹模的刃口接触处分别产生裂纹。随着凸模下压,裂纹逐渐扩大并向材料内延伸,当上、下裂纹重合时,板料便被分离。凸模再下压,将已分离的材料克服摩擦阻力从板料中推出,完成冲裁过程。

2. 冲裁件的质量

冲裁件的质量用尺寸精度、冲裁件断面质量、冲裁件毛刺和冲裁件的形状误差等指标衡量。尺寸精度与模具的制造精度、冲裁模间隙、材料的性质、冲裁件的形状有关;冲裁件断面质量与模具间隙、材料力学性能、模具刃口状态等有关,断面质量好则平直、光滑,无裂纹、撕裂、夹层或毛刺;冲裁件毛刺与冲裁模具间隙、模具刃口锋利程度有关;冲裁件的形状误差指翘曲、扭曲变形等缺陷。

冲裁间隙是凸模刃口和凹模刃口之间的尺寸之差,单边间隙用 C 表示,双边间隙用 Z 表示。冲裁间隙值的大小对冲裁件质量、模具寿命、冲裁力和卸料力的影响很大,是冲裁模设计的一个重要参数。

1) 冲裁间隙对制件质量的影响

冲裁间隙大小对制件断面质量的影响如图 3.10 所示。间隙适当时,上、下裂纹重合,断面斜度小,毛刺小,质量好,见图 3.10(b);间隙过小时,出现二次剪切和二次光亮带,见图 3.10(a),落料件尺寸增大,冲孔件孔径变小;间隙过大时,则出现二次拉裂、光亮带窄,圆角带与断裂带斜度大,毛刺大,质量下降,冲孔件的尺寸增大,落料件的尺寸变小,见图 3.10(c)。

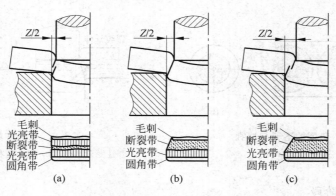

图 3.10　冲裁间隙大小对制件断面质量的影响

(a) 间隙过小;(b) 间隙合适;(c) 间隙过大

2) 冲裁间隙对冲裁力的影响

冲裁时,作用于模具刃口处的冲裁力如图 3.11 所示。适当增大间隙,冲裁力可得到一定程度的降低,卸料、推料省力;间隙减小,冲裁力增大。

3) 冲裁间隙对模具寿命的影响

间隙过小,冲裁力、侧压力、摩擦力、卸料力、推件力增大,会加剧刃口磨损;间隙适当增大,可使冲裁力、卸料力等减小,刃口磨损减小,模具寿命延长。

3. 冲裁工艺设计

冲裁工艺设计主要包括冲裁件的工艺分析和冲裁工艺方案确定。冲裁工艺设计的目标是用最少的材料

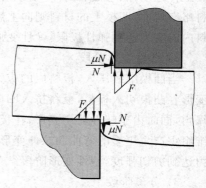

图 3.11　冲裁时模具刃口处的
作用力

消耗、最少的工序数量和工时,稳定地获得符合要求的冲裁件,并使模具结构简单,模具寿命长,减少劳动量和生产成本。

1)冲裁件的工艺性

冲裁件的工艺性是指冲裁件对冲裁工艺的适应性,主要包括冲裁件结构尺寸、形状的工艺性和精度、粗糙度要求等。

(1)冲裁件结构工艺性

① 冲裁件的形状应尽可能简单、对称,避免复杂形状的曲线,在许可的情况下,将冲裁件设计成少、无废料排样的形状,以减少废料;冲裁件各直线或曲线连接处,尽量避免锐角,严禁尖角;除在少、无废料排样时,或采用镶拼模结构外,都应有适当的圆角过渡,以利于模具制造和提高模具寿命。

② 冲裁件凸出或凹入部分宽度不能太窄,尽量避免过长的悬臂和狭槽。

③ 冲裁件的孔径因受到凸模强度和刚度的限制,冲孔孔径不宜过小,否则容易使凸模折断或压弯。冲孔的最小尺寸取决于冲压材料的力学性能、凸模强度和模具结构。如果采用带保护套的凸模,则稳定性高,凸模不易折损,最小冲孔尺寸可以减小。

④ 冲孔件上孔与孔之间、孔与边之间、边与边之间的距离不能太小,以避免工件变形、模壁过薄或因材料易被拉入凹模而影响模具寿命。

⑤ 在弯曲或拉伸件上冲孔时,为避免凸模受水平推力而折断,孔壁与工件直壁之间应保持一定距离,避开弯曲或拉伸圆角区。

(2)冲裁件的尺寸精度和表面粗糙度

冲裁件的精度要求,应在经济精度范围内。对于普通冲裁件,一般要求落料件精度最好低于 IT10 级,冲孔件最好低于 IT9 级。冲裁件表面(剪断面)粗糙度 Ra 一般在 $1.25\mu m$ 以上。如果工件精度高于上述要求,则需在冲裁后整修或采用精密冲裁。

2)冲裁工艺方案的制定

制定冲裁工艺方案即要确定冲裁件的工艺路线,主要包括确定工序数、工序的组合和工序顺序的安排等,应在工艺分析的基础上制订几种可能的方案,再根据工件的批量、形状、尺寸等多方面的因素,全面考虑、综合分析,选取一个较为合理的冲裁工艺方案。

(1)冲裁工序的组合

冲裁工序按工序的组合程度分为单工序冲裁、复合冲裁和级进冲裁。单工序冲裁是指在压力机的一次行程中,在一副模具中只能完成一道冲压工序;复合冲裁是在压力机的一次行程中,在模具的同一位置同时完成两个或两个以上的工序;级进冲裁是把一个冲裁件的几个工序排列成一定顺序,组成级进模,在压力机的一次行程中,在模具的不同位置同时完成两个或两个以上的工序,除最初几次行程外,其后每次行程都可以完成一个冲裁件。

冲裁工序组合方式的选择主要考虑冲裁件的生产批量、尺寸精度、形状复杂程度、模具成本和操作等因素。

① 生产批量。由于模具费用在制件成本中占有一定比例,所以冲裁件的生产批量在很大程度上决定了冲裁工序的组合程度,即决定所用的模具结构。一般来说,新产品试制与小批量生产,模具结构简单,力求制造快,成本低,采用单工序冲裁;对于中、大批量生产,模具结构力求完善,要求效率高、寿命长,采用复合冲裁或级进冲裁。

② 冲裁件尺寸精度。复合冲裁得到工件的公差等级高,避免了多次冲压的定位误差,

并且在冲裁过程中可以进行压料,工件平整、不翘曲,内、外形同轴度一般可达±(0.02~0.04)mm。级进冲裁所得到工件的尺寸公差等级较复合模低,工件有拱弯,不够平整;单工序冲裁的工件精度最低。

③ 冲裁件尺寸、形状的复杂程度。复合模可用于各种尺寸的工件,材料厚度一般在3mm 以下。但工件上孔与孔之间、孔与边缘之间的距离不能过小,孔边距小于最小合理值时,若采用复合冲裁,则该部位的凸凹模的壁厚因小于最小极限值,易因强度不足而破裂。此时,也不宜采用单工序冲裁,因孔边距过小,落料后冲孔时,这些部位会发生外胀和歪扭变形,得不到合格的产品,这时宜采用级进模冲裁。级进冲裁可以加工形状复杂、宽度很小的异形零件,且可冲裁材料的厚度比复合冲裁要大,但级进冲裁受到压力机台面尺寸与工序数的限制,冲裁件一般为中、小型件。

④ 模具制造、安装调试和成本。对复杂形状工件,采用复合冲裁与连续冲裁相比,模具制造、安装调整较易、成本较低。对尺寸中等的工件,由于制造多副单工序模具的费用比复合模高,宜采用复合模。级进冲裁模具结构较之复合模简单,易于制造。

⑤ 操作方便与安全。复合冲裁出件或清除废料较困难,安全性较差,级进冲裁较安全。

(2) 冲裁顺序的安排

级进冲裁和多工序冲裁时的工序安排可参考以下原则。

① 级进冲裁的顺序安排

先冲孔(缺口或工件的结构废料),最后落料或切断,将工件与条料分离。首先冲出的孔一般作后续工序定位用。若定位要求较高,则要冲出专供定位用的工艺孔,如图 3.12 所示。

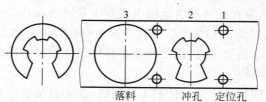

图 3.12　级进冲裁

采用定距侧刃时,侧刃切边工序一般安排在前,与首次冲孔同时进行,以便控制送料步距,如图 3.13 所示。

套料级进冲裁(见图 3.14)按由里向外的顺序,先冲内轮廓,后冲外轮廓。

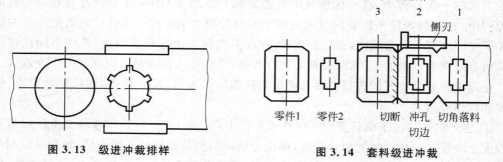

图 3.13　级进冲裁排样　　　　　图 3.14　套料级进冲裁

② 多工序工件用单工序冲裁时的顺序安排

先落料使毛坯与条料分离,然后以外轮廓定位进行其他冲裁。后续各冲裁工序的定位基准要一致,以避免定位误差和尺寸链换算。

冲裁大小不同、相距较近的孔时,为减小孔的变形,先冲大孔,后冲小孔。

4. 冲裁模具设计原则与实例

1）普通冲裁模设计的基本原则

普通冲裁模设计的基本原则是:模具与制件的尺寸精度及生产批量适应;模具与压力机适应;模具与工艺适应;尽量选用标准模架和模具标准零件;保证模具工作与存放安全。

2）冲裁模设计实例

（1）单工序模。图 3.15 所示为单工序落料模的典型结构,其由上模和下模两部分组成。上模包括上模座 7 及装在其上的全部零件,下模包括下模座 16 及装在其上的所有零件。模具在压力机上安装时,通过模柄 9 夹紧在压力机滑块的模柄孔中,上模和滑块一起上下运动;下模则通过下模座用螺钉、压板固定在压力机工作台面上。工作原理如下:

冲裁前,将条料靠着导料板（导尺）15 送进,前方由固定挡料销 3 限位。冲裁时,凸模 12 切入材料进行冲裁。冲下来的工件从凹模 2 的孔漏下;上模回升时,依靠刚性卸料板 4 将废料从凸模 12 上卸下。第二次及后续各次送料依然由挡料销 3 定位,送料时须将条料抬起。

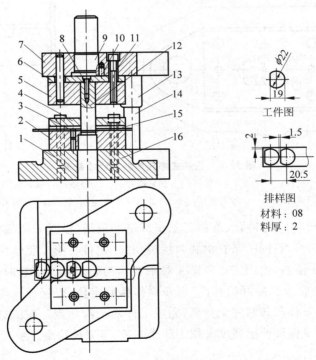

工件图

排样图
材料:08
料厚:2

图 3.15　单工序落料模

1,8,11—螺钉；2—凹模；3—挡料销；4—卸料板；5—固定板；6—垫板；7—上模座；
9—模柄；10—圆柱销；12—凸模；13—导套；14—导柱；15—导料板；16—下模座

（2）复合模。图 3.16 所示为正装式复合模（落料凹模布置在下模）,一次行程完成冲孔和落料两个工序。工作时,条料靠导料销和挡料销定位。落下的制件卡在落料凹模内,由顶

件装置顶出。顶件装置由带肩顶杆和顶件板及装在下模座底下的弹顶器组成。冲孔废料卡
在凸凹模孔内,当上模回程到上止点时,由上模中的刚性顶件装置(打件棒、打板、顶杆组成)
顶出。每冲裁一次,冲孔废料被顶出一次,凸凹模孔内不积存废料,但冲孔废料落在下模工
作面上,清除麻烦。

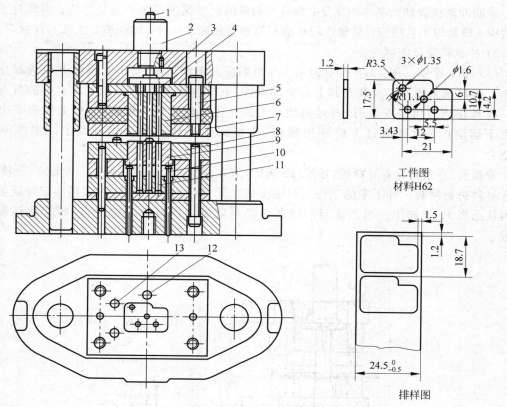

图 3.16　正装式冲孔落料复合冲裁模

1—打件棒;2—模柄;3—打板;4—顶杆;5—卸料螺钉;6—凸凹模;7—卸料板;8—落料凹模;
9—顶件板;10—带尖顶杆;11—冲孔凸模;12—挡料销;13—导料销

（3）级进模。图 3.17 为冲孔、落料三工步级进冲裁模,模具采用固定挡料销和导正销
的定位结构。第一工步为冲孔,条料由临时挡料销 22 定位。第二工步为空工位,条料送进
两个步距至第三工步落料,由固定挡料销 4 对条料作初始定位。落料时,用装于凸模 10 端
面上的导正销 11 先插入已冲好的孔内,对条料作精确定位,以保证孔与外缘的位置精度。
在最后的落料工位,工件与条料完全分离,完成工件的全部冲裁。在级进模设计时,若工件
内外型壁厚较小,为了保证凹模强度及便于凸模安装,可以设置空工步。

3.2.3　弯曲工艺

弯曲是将金属板料、棒料、管料或型材等弯成一定的形状、角度和曲率,从而获得所需形
状工件的冲压工艺。弯曲方法可分为压弯、折弯、滚弯和拉弯等,如图 3.18 所示。表 3.2 所
列为弯曲件的基本类型。

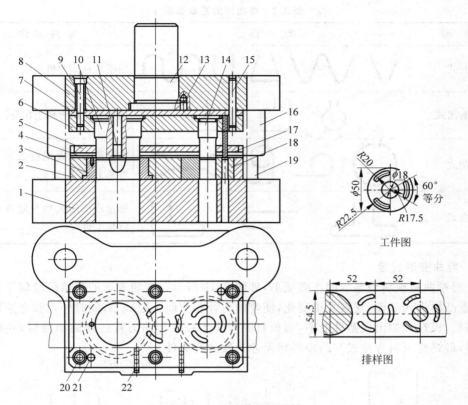

图 3.17　冲孔落料级进模

1—下模座；2—凹模固定板；3—落料凹模；4—固定挡料销；5—卸料板；6—凸模固定板；7—垫板；
8—上模座；9,20—螺钉；10—落料凸模；11—导正销；12—模柄；13,15,21—圆柱销；14,17—冲孔凸模；
16—导套；18—冲孔凹模；19—导柱；22—临时挡料销

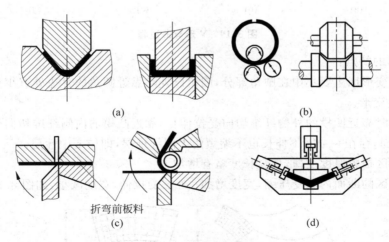

(a)　　　　　　　　　　　　　　　　　　(b)

折弯前板料
(c)　　　　　　　　　　　　　　　　　　(d)

图 3.18　弯曲加工方法

(a) 模具压弯；(b) 滚弯；(c) 折弯；(d) 拉弯

表 3.2　弯曲件的基本类型

类　型	简　图	弯曲方法
敞开式	V V W Λ U ∩	用模具在压力机上压弯
半封闭式		用模具在压力机上压弯
封闭式		批量较小的大型弯曲件可在折弯机上折弯
重叠式		批量较小的大型弯曲件可在折弯机上折弯

1. 弯曲变形过程

V 形弯曲是板料最基本的弯曲变形,如图 3.19 所示。弯曲变形的开始阶段属于弹性弯曲,随着凸模进入凹模,支点发生变化,使弯曲力臂和弯曲半径减小,同时外力和弯矩增大到一定值后,板料开始出现塑性变形,当板料的弯曲半径及弯曲力臂达到最小值时,坯料与凸模紧靠,最终将板料弯曲成与凸模形状尺寸一致的弯曲件。

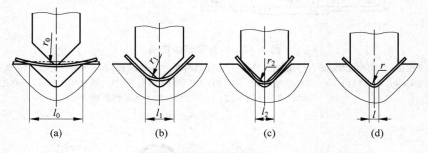

(a)　　　　(b)　　　　(c)　　　　(d)

图 3.19　V 形弯曲过程

弯曲变形的特点:

(1) 弯曲变形区主要集中在圆角部分,圆角以外除靠近圆角的直边处有少量变形外,其余部分不发生变形。

(2) 弯曲时靠近凹模的外侧纤维切向受拉伸长,靠近凸模的内侧纤维切向受压缩短,在拉伸与压缩之间存在一个既不伸长也不缩短的中间纤维层,即应变中性层。

(3) 变形区板料厚度变薄,板料长度略有增加。

(4) 变形区的断面内层受压缩,宽度增加;外层受拉伸,宽度减小,如图 3.20 所示。

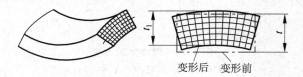

变形后　变形前

图 3.20　窄板弯曲后的断面变化

2. 弯曲件质量分析

1）弯曲裂纹与最小相对弯曲半径

板料弯曲时外层受拉,当拉伸应力超过材料的强度极限时,板料外层将出现弯曲裂纹。对于同一种材质的板料而言,是否会出现裂纹取决于相对弯曲半径 r/t（其中 r 为弯曲件内表面的弯曲半径,t 为材料厚度）的大小。

在保证毛坯最外层纤维不发生破裂的前提下,所能达到的内表面最小圆角半径与厚度的比值 r_{min}/t 称为最小相对弯曲半径。对于一定厚度的材料,弯曲半径越小,外层金属的相对伸长量越大。

影响最小相对弯曲半径的因素有:弯曲带中心角、材料的力学性能、板料的热处理状态、板料的边缘及表面状况和板料的弯曲方向等。

2）弯曲回弹

板料在常温下弯曲卸载后,塑性变形保留,弹性变形消失,使弯曲件的弯曲半径与弯曲角发生变化,称为弯曲回弹,又称回复、回跳,如图 3.21 所示。弯曲回弹是弯曲成形不可避免的现象,它将直接影响弯曲件的精度。

影响弯曲回弹的因素有:材料的力学性能、相对弯曲半径 r/t、弯曲工件的形状、模具间隙和弯曲力等。

减少回弹量的措施:

（1）改善弯曲件的结构,提高材料塑性,如图 3.22 所示。

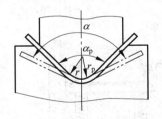 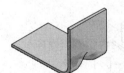 

图 3.21　弯曲时的回弹　　　　**图 3.22　压制加强筋减少回弹**

（2）采用正确的弯曲工艺,改善变形区应力状态。图 3.23(a)所示为在弯曲终了时对板料施加一定的校正力,迫使弯曲处的内层金属产生切向拉应变,卸载后,内、外层都要缩短,使它们的回弹趋势相反,从而减小回弹量;图 3.23(b)所示为板料在拉力作用下进行弯曲,使整个板料剖面上都作用有拉力,卸载后,因内、外层纤维的回弹趋势相互抵消,从而减小回弹。

（3）改善模具结构,补偿回弹。根据弯曲件的回弹趋势和回弹量的大小,修正凸模或凹模工作部分的形状和尺寸,使零件的回弹量得到补偿。图 3.24(a)为 V 形件弯曲凸模上减去回弹角的补偿情况;图 3.24(b)为 U 形件弯曲凸模上减去回弹角和凹模底部设计成弧形的补偿情况;图 3.24(c)为采用软凹模弯曲的情况,弯曲时金属板料随着凸模逐渐进入聚氨酯凹模,激增的弯曲力将会改变圆角变形区材料的应力应变状态,达到类似校正弯曲的效果,从而减少回弹;图 3.24(d)为采用活动式凹模使 U 形件弯曲凸模减小回弹角而补偿弯曲回弹的情况。

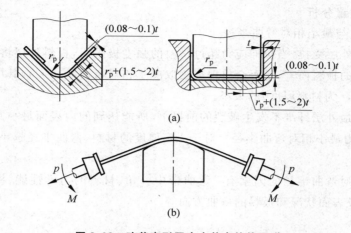

图 3.23　改善变形区应力状态补偿回弹
（a）用局部校正减少回弹；（b）拉弯法

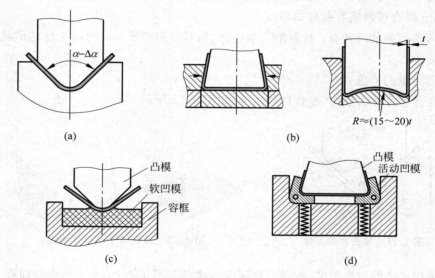

图 3.24　改善模具结构补偿回弹

（a）V形弯曲件回弹补偿；（b）U形弯曲件回弹补偿；（c）橡胶或聚氨酯软凹模弯曲；（d）活动式凹模

3. 弯曲模实例

1）弯曲角小于 90°的 U 形弯曲模

图 3.25 所示为弯曲角小于 90°的 U 形弯曲模。压弯时凸模首先将坯料弯成 U 形,当凸模继续下压时,两侧的转动凹模使坯料最后压弯成弯曲角小于 90°的 U 形件。凸模上升,弹簧使转动凹模复位,U 形件则由垂直于图面方向从凸模上卸下。

2）两次成形弯曲模

图 3.26 所示为两次弯曲复合的四角形件弯曲模。凸凹模下行时,先将坯料通过凹模压弯成 U 形件,凸凹模继续下行与活动凸模作用,最后压弯成四角形弯曲件。

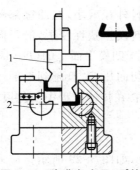

图 3.25　弯曲角小于 90°的
U 形弯曲模

1—弯曲凸模；2—转动凹模

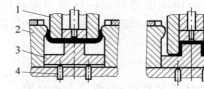

图 3.26　二次弯曲复合的四角形件弯曲模

1—凸凹模；2—凹模；3—活动凸模；4—顶杆

3.2.4　拉伸工艺

　　拉伸是将平面毛坯或半成品在模具上加工成为开口空心件的冲压工序，又称为拉延、引伸、延伸等。拉伸件包括：直壁回转体件（如易拉罐、电池壳、金属药瓶等）、曲线回转体件（如汽车灯壳等）、直壁非回转体件（如饭盒等）、曲面非回转体件（如汽车覆盖件等），如图 3.27 所示。

图 3.27　拉伸件

1. 拉伸变形过程

　　下面以圆筒形件拉伸为例，说明拉伸变形过程。如图 3.28 所示，拉伸开始时，凸模对毛坯中心部分施加压力，使板料产生弯曲，随着凸模下行，凸、凹模对板料所施加的作用力将沿

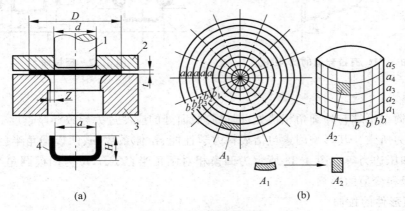

（a）　　　　　　　　　（b）

图 3.28　拉伸变形过程

（a）拉伸过程；（b）拉伸变形

1—凸模；2—压边圈；3—凹模；4—工件

径向移动,形成的力矩在凸缘部分引起径向拉应力,由于板料外径减小,在凸缘部分的切线方向产生压应力,在拉应力和压应力的联合作用下,凸缘材料发生塑性变形,沿径向不断被拉入凹模孔口,形成筒形空心件。拉伸过程的主要变形区位于凹模平面上的 $(D-d)$ 圆环部分,该处金属在切向压应力和径向拉应力的共同作用下沿切向压缩,且越到口部压缩得越多;沿径向伸长,且越到口部伸长越多。处于凸模底部的材料在拉伸过程中变化很小。

2. 拉伸件质量分析

1) 起皱与防止措施

由于切向压应力的存在,凸缘变形区可能产生起皱现象,如图 3.29 所示。应采取相应措施防止起皱的产生。

(1) 压边。如果拉伸件可能起皱,则应当采用带压边圈的拉伸模。

(2) 采用锥形凹模,如图 3.30 所示。

图 3.29　拉伸起皱

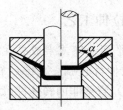

图 3.30　锥形凹模

(3) 采用拉伸筋,如图 3.31 所示。

(4) 采用反拉伸,如图 3.32 所示。

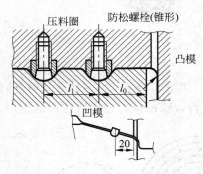

图 3.31　有拉伸筋的凸、凹模

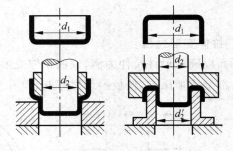

图 3.32　反拉伸

2) 拉裂

拉裂是筒壁下端与外圆角相接处,即危险截面处的应变过大导致壁厚过度变薄,无法承受最大拉应力所致。其影响因素包括板料力学性能、拉伸系数 m、凹模圆角半径、凸模圆角半径、摩擦和压边力等。图 3.33 所示为凹模相对圆角半径 R/t(R 为凹模圆角半径,t 为板料厚度)对板料变薄的影响。

3. 圆筒形件的拉伸

1) 拉伸系数

拉伸系数的定义如图 3.34 所示。圆筒形件首次拉伸时,拉伸系数 m 定义为 $m_1 = d_1/D$,

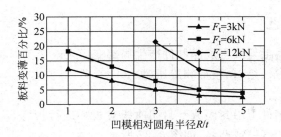

图 3.33　凹模相对圆角半径对板料变薄的影响

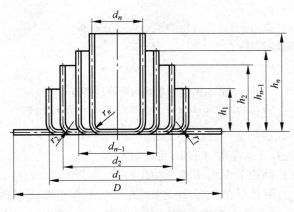

图 3.34　多次拉伸变形情况

以后各次拉伸时,拉伸系数 m_i 定义为 $m_i = d_i/d_{i-1}$,总拉伸系数 m 为

$$m = \frac{d}{D} = \frac{d_1}{D} \times \frac{d_2}{d_1} \times \cdots \times \frac{d_{n-1}}{d_{n-2}} \times \frac{d_n}{d_{n-1}} = m_1 m_2 \cdots m_{n-1} m_{n-2}$$

式中:D 为坯料直径;d 为拉伸件直径。

注意:拉伸系数总小于 1,其值越小,变形程度越大。

2) 带凸缘圆筒形件的拉伸

图 3.35 和图 3.36 分别是窄凸缘圆筒形件拉伸示意图和某宽凸缘圆筒形件的拉伸工序图。

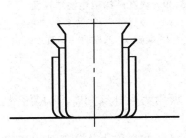

图 3.35　窄凸缘圆筒形件拉伸

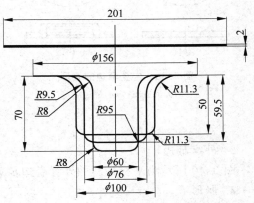

图 3.36　宽凸缘圆筒形件拉伸工序图

3.2.5　成形工艺

成形工艺是使板料毛坯或半成品制件产生局部变形来改变其形状的冲压工艺。常见的成形工艺包括翻边、胀形、缩口、校形和旋压(见 3.4.6 节)等。

1. 翻边

翻边是在板料或制件上沿封闭或不封闭曲线对板料进行折弯,使折弯的部分与未变形部分形成有一定角度的直壁或凸缘,如图 3.37 所示。

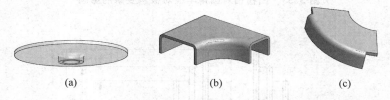

图 3.37　内孔翻边和外缘翻边

(a) 内孔翻边;(b) 内凹外缘翻边;(c) 外凸外缘翻边

1) 内孔翻边

内孔翻边是把预先在平面上加工的圆孔周边翻起扩大,使之成为具有一定高度的直壁孔部,也称为翻孔。内孔翻边的变形机理为切向拉伸,厚度变薄,如图 3.38 所示。

翻边前的孔径 d_0 与翻边后的孔径 D 之比,即 d_0/D,称为翻边系数。翻边系数越小,变形程度越大。翻边时孔边不破裂所能达到的最小翻边系数,称为极限翻边系数。

图 3.39 所示为某内孔外缘翻边模的结构图。

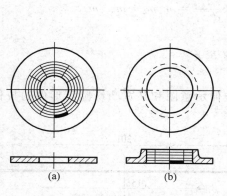

图 3.38　内孔翻边的变形

(a) 翻边前;(b) 翻边后

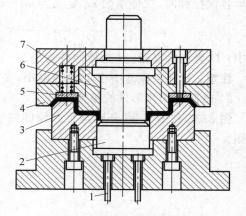

图 3.39　内孔外缘翻边模结构图

1—顶杆;2—顶块;3—凸凹模;4—凹模;
5—压料板;6—凸模;7—弹簧

2) 外缘翻边

图 3.40 所示为平板坯料的外缘翻边示意图,图 3.41 所示为内外缘同时翻边复合模。

2. 胀形

胀形是在板料或制件的局部施加压力,使变形区内的材料在拉应力作用下厚度变薄,表面积增大,以获得具有凸起或者凹进曲面几何形状制件的成形工艺。如压窝、压加强肋、凸

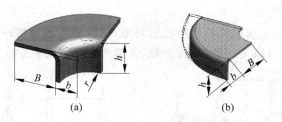

图 3.40　平板坯料的外缘翻边

（a）内凹外缘翻边；（b）外凸外缘翻边

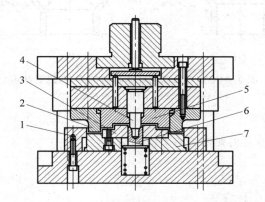

图 3.41　内外缘同时翻边复合模结构图

1,3—凹模；2,4—凸模；5—推件块；6—顶件块；7—压料板

起、起伏和凸肚等。图 3.42 为胀形件实例。

图 3.42　胀形件示例

1）起伏

起伏是在板料毛坯的平面或曲面上形成局部凸起或凹进的胀形，如图 3.43 所示。

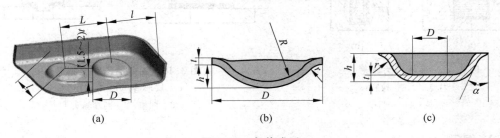

图 3.43　起伏成形

（a）局部凹进；（b）压肋；（c）压凸

2) 空心板料毛坯胀形

空心板料毛坯胀形是利用模具使空心板料毛坯(拉伸件或管料)径向局部扩张从而成为曲面零件的成形工艺,可以生产波纹管、带轮、壶嘴等零件,如图3.44所示。

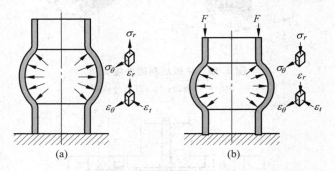

图3.44　空心板状毛坯胀形时的应力、应变状态

(a) 自然胀形;(b) 轴向压缩胀形

3) 胀形方法和模具

图3.45~图3.48所示为常用胀形方法和模具。

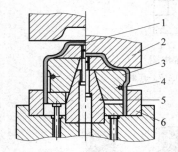

图3.45　刚性凸模胀形

1—毛坯;2—上凹模;3—分块凸模;
4—复位弹簧;5—锥形芯块;6—下凹模

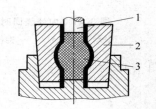

图3.46　软质凸模胀形

1—柱塞;2—凹模;3,5—软质凸模;
4—上凹模;6—下凹模

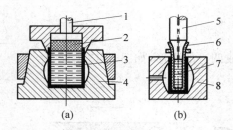

图3.47　液压压力胀形

1,5—柱塞;2,6—橡胶;
3,7—液体;4,8—凹模

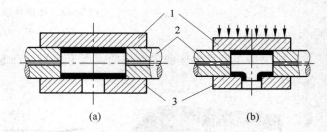

图3.48　轴向加压液压胀形

(a) 胀形前;(b) 胀形中
1,3—凹模;2—两端轴头

3. 缩口

缩口是将管坯或预先拉伸好的圆筒形件通过缩口模将其口部直径缩小的一种成形方法。缩口的变形如图3.49所示,直径因切向受压而缩小,而高度和厚度相应有所增加。

图 3.50 所示为缩口模实例。

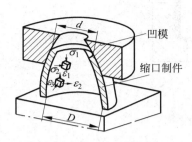

图 3.49　缩口的变形特点和
应力应变

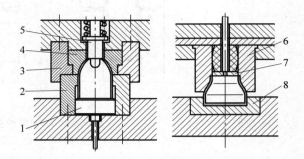

图 3.50　无支承衬套缩口模
1—顶件板；2—外支撑板；3—固定圈；4—缩口凹模；
5—导正销；6—凹模；7—推件板；8—定位板

4. 校形

校形包括校平和整形,属于整修性成形工艺,大都是在冲裁、弯曲、拉伸等冲压工艺之后,作为进一步提高制件质量的弥补措施,使其达到零件形状和尺寸精度要求。

1）校平

对于平面度要求较高的零件,就需要进行校平。校平是指把不平整的制件放入模具内施加压力,使之平整。图 3.51 所示为平面和齿面校平模。

2）整形

整形是指对立体制件进行形状和尺寸的修正。图 3.52 和图 3.53 所示为弯曲件整形模,图 3.54 所示为拉伸件整形模。

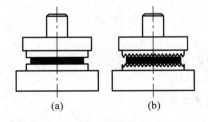

图 3.51　平面和齿面校平模
（a）平面校平模；（b）齿面校平模

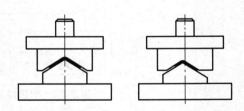

图 3.52　对称或不对称 V 形弯曲件的压校

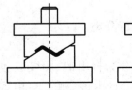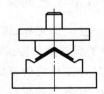

图 3.53　弯曲件的镦校

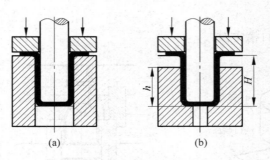

图 3.54　拉伸件的整形
（a）高度不变的整形；（b）高度减小的整形

3.3　锻造成形

锻造成形是利用材料的塑性，在相应的压力、特定的温度范围内对金属材料进行锻打或挤压使其产生塑性变形，以改变金属材料的几何形状、尺寸以及内部组织性能的一种成形工艺。锻造成形所用原材料一般多为棒料或块料，其变形时处于三向应力状态，变形方式为体积成形，所以锻造成形也称为体积成形，成形的零件称为锻件。图 3.55 所示为锻造成形过程的基本环节。

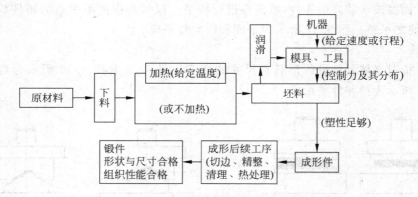

图 3.55　锻造成形过程的基本环节

从图 3.55 可见，由原材料成为合格的锻件所涉及的内容包含有材料、设备、模具、工艺等，这些是锻造成形需要解决的主要问题。

3.3.1　锻造成形工艺的分类

锻造成形工艺形式灵活多样，可按以下方法进行分类。

1. 按锻造所用工具与模具安装不同分

按锻造所用工具与模具安装不同，锻造工艺可分为自由锻、胎模锻和模锻。

（1）自由锻。按锻造力的提供方式又分为手工自由锻、锤上自由锻和液压机自由锻，主要依靠固定的平砧或型砧以及简单的工具，由人工或设备提供的锻造力对材料进行锤击成形。

（2）胎模锻。它是在自由锻的基础上，使用简单工具或可移动的简单模具进行成形的锻造方法。

（3）模锻。模锻是以固定的模具在专用锻造设备上进行的锻造工艺。按其使用的设备不同可分为模锻锤模锻、热模锻压力机模锻、螺旋压力机模锻、平锻机模锻等，主要以使用的设备进行命名。

2. 按锻造成形温度分

按锻造成形温度的不同，锻造分为热锻、等温锻造、常温锻造和温锻。

（1）热锻。终锻温度高于再结晶温度、工件温度高于模具温度，是最常用的锻造方法。

（2）等温锻造。锻造使用的模具须加热，并有相应的保温装置，以控制工件与模具之间的温差。

（3）常温锻造。室温下的锻造，可以提高锻件的精度。

（4）温锻。介于热锻和常温锻造温度间的锻造工艺，塑性、精度介于两者之间。

3. 按锻造工具与工件的相对运动方式分

按锻造工具与工件相对运动方式的不同，可分为普通模锻、辊锻、横轧、斜轧、摆辗、径向锻造等。

（1）普通模锻。如图 3.56（a）所示，其工作方式是将上、下模分别固定在设备的上、下砧（或上、下工作台）上，下模不动，上模在设备上砧的带动下作上下往复运动对工件进行锻击，使材料产生塑性变形进而充填型腔。这是模锻从制坯、预锻到终锻常用的锻造工艺之一。

（2）辊锻、横轧、斜轧、斜横轧。详见 3.4.5 节。

（3）摆辗。详见 3.4.7 节。

（4）径向锻造。坯料径向进给并旋转，利用锻件周围多锤头对锻件进行高频率同步锻击，如图 3.56（b）所示。

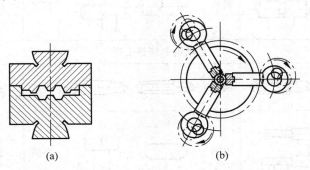

（a）　　　　　　　　　　　　（b）

图 3.56　锻造工具与工件相对运动方式不同的锻造

（a）普通模锻；（b）径向锻造

3.3.2　自由锻

自由锻是将坯料加热到锻造温度后，使用简单的通用工具或使用锻造设备的上、下砧对坯料施加外力，使坯料变形以获得所需形状、尺寸和内部质量锻件的一种锻造方法。

1. 自由锻的特点

（1）使用工具简单，通用性强，灵活性大，适合单件和小批量锻件生产。

（2）工具与毛坯部分接触灵活，毛坯可多次锻打逐步变形，所需设备功率小。可锻造大型锻件,也可锻造变形程度相差很大的锻件。

（3）靠人工操作控制锻件的形状和尺寸,精度差、效率低、劳动强度大,对操作人员技术水平要求较高。

2. 自由锻工序

1）自由锻工序的分类

手工自由锻、锤上自由锻和液压机自由锻适应的锻件大小不同。手工与锤上自由锻因能量原因主要用于中小锻件,而液压机自由锻则用于大型锻件。但不管使用何种方式,其工序是一样的。根据在锻件成形过程中的作用,自由锻工序可分为基本工序、辅助工序和修整工序。常见自由锻工序如表 3.3 所列。

表 3.3　自由锻工序的分类

基 本 工 序					
镦粗	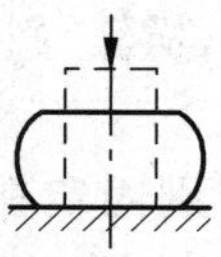	拔长	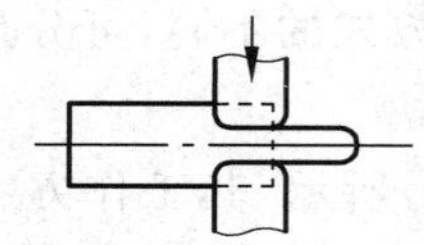	冲孔	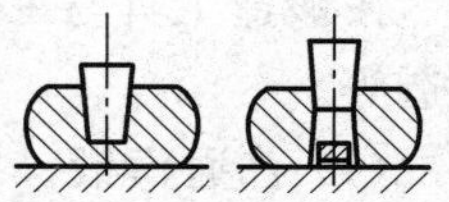
芯轴扩孔	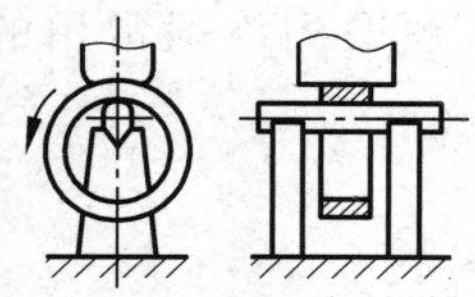	芯轴拔长	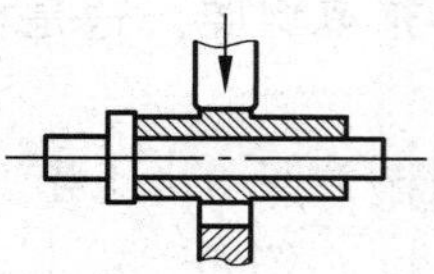	弯曲	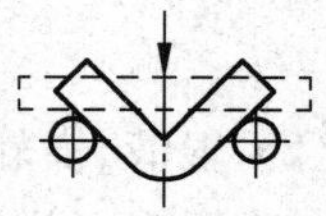
切割	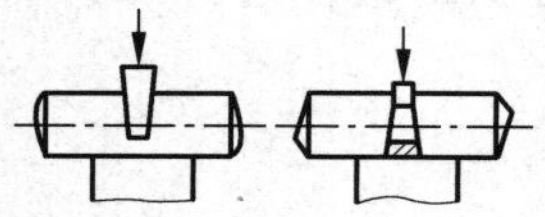	错移	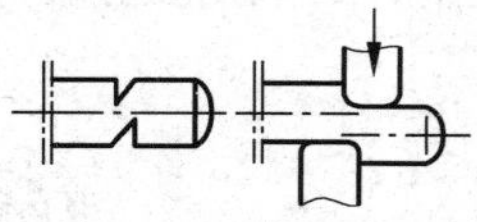	扭转	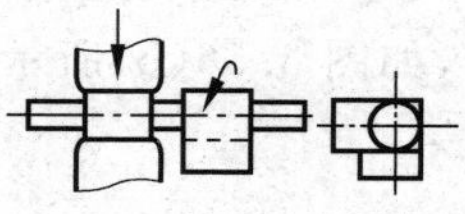
辅助和修整工序					
压钳把	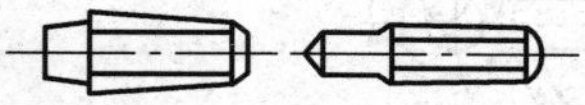	倒棱	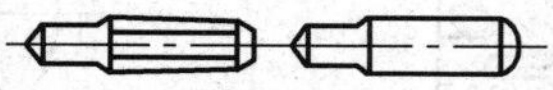	压痕	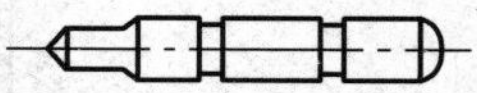
校正	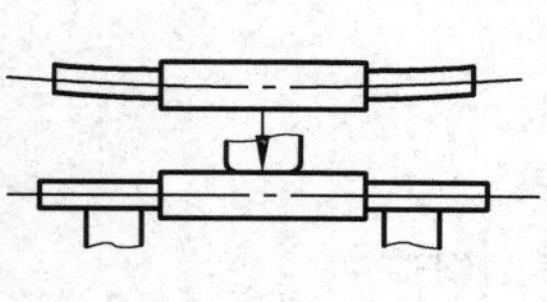	滚圆	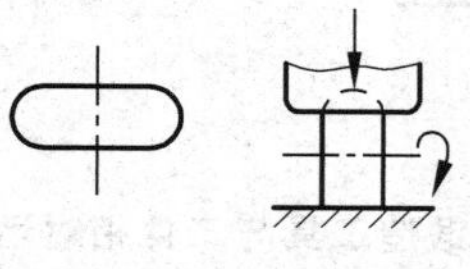	平整	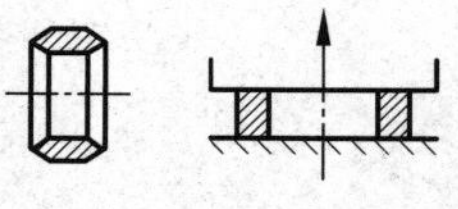

（1）基本工序:是锻造过程中能够较大幅度地改变坯料内部质量、毛坯形状和尺寸的工序,即决定锻件形状和内部组织的工序。如镦粗、拔长、冲孔、芯轴扩孔、芯轴拔长、弯曲、切割、错移、扭转、锻接等。

（2）辅助工序:对基本工序起辅助作用的变形工序。如钢锭倒棱、阶梯轴分段压痕等,以保证基本工序的正常进行。

（3）修整工序:用来修整锻件尺寸和形状,使其完全达到锻件图要求的工序。如镦粗后的鼓形滚圆和截面滚圆、端面平整、拔长后校正和弯曲校直等。

2) 自由锻基本工序

（1）镦粗工序。使坯料高度减小而横截面增大的锻造工序称为镦粗工序,而在坯料局部进行的镦粗称为局部镦粗。镦粗工序主要用于:①将高径（宽）比大的毛坯锻成高径（宽）比小的饼（块）锻件;②锻造空心锻件时,在冲孔前使毛坯横截面增大、端面平整;③反复镦粗、拔长,提高后续拔长工序的锻造比,同时破碎金属中的碳化物,使其均匀分布;④提高锻件的横向力学性能,减小力学性能的异向性。

镦粗一般可分为平砧镦粗、垫环镦粗和局部镦粗。坯料完全在上、下平砧间或镦粗平板间进行的镦粗称为平砧镦粗,如图 3.57 所示。平砧镦粗工序主要用于饼类、齿轮毛坯锻件的生产。

坯料在单个垫环上或两个垫环间镦粗称为垫环镦粗,如图 3.58 所示。垫环镦粗变形的实质是镦挤,可用于锻造带有单边（图 3.58(a)）或双边凸肩（图 3.58(b)）的饼类及齿轮锻件。锻件凸肩直径和高度较小,采用的坯料直径要大于凸肩环孔直径。

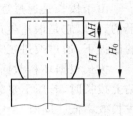

图 3.57 平砧镦粗

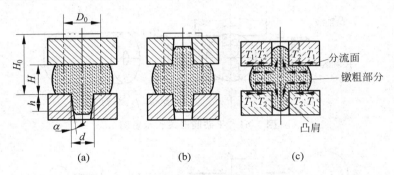

图 3.58 垫环镦粗

（a）单边凸肩镦粗;（b）双边凸肩镦粗;（c）双边凸肩镦粗的金属流动

坯料只是在局部（端部或中间）进行镦粗,称为局部镦粗。可以锻造凸肩直径和高度较大的饼类锻件或带有较大法兰的轴杆类锻件,如图 3.59 所示。

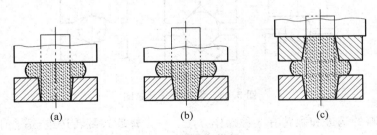

图 3.59 局部镦粗

（a）端部局部镦粗;（b）一端伸长一端局部镦粗;（c）中间局部镦粗

局部镦粗时的金属变形（流动）特征与平砧镦粗相似,但受不变形部分（刚端）的影响。局部镦粗成形时的坯料尺寸,应按杆部直径选取。为了避免镦粗时产生纵向弯曲,坯料变形部分高径比应小于 2.5~3,而且要求端面平整。对于头部较大而杆部较细的锻件,只能采用大于杆部直径的坯料。锻造时先拔长杆部,然后镦粗头部;或者先局部镦粗头部,然后再拔长杆部。

（2）拔长工序。使坯料的横截面减小而长度增加的锻
造工序称为拔长工序，如图 3.60 所示。

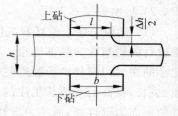

图 3.60　拔长

拔长工序主要用于：①将横截面积较大的坯料锻成横
截面积较小而轴向伸长的锻件；②经反复拔长与镦粗提高
锻造比，使合金钢中碳化物破碎而均匀分布，改善金属材料
的内部组织性能。

由于拔长是通过逐次送进和反复转动坯料进行压缩变
形的，所以它是锻造生产中效率较低的锻造工序。因此，制定工艺参数时应在保证锻件质量
的前提下，通过改进工艺参数以尽可能提高拔长效率。

拔长根据坯料截面形状，有矩形截面拔长、圆形截面拔长、空心件拔长等。圆形截面平
砧上拔长时，若压下量较小则接触面较窄而又长（图 3.61），金属横向流动大，轴向流动小，
拔长效率低。同时，由于变形区集中在上下表层，心部产生拉应力，容易引起裂纹。因此，对
圆形截面先进行矩形截面拔长后，再进行整圆工艺或使用型砧进行拔长（图 3.62、图 3.63）。

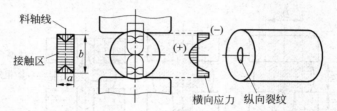

图 3.61　平砧圆形拔长示意图

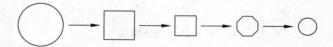

图 3.62　平砧拔长圆形截面坯料时的截面变化过程

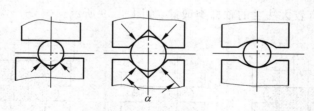

图 3.63　型砧拔长示意图

拔长时坯料的送进和翻转有 3 种操作方法。一是螺旋式翻转送进，适合于锻造台阶轴，
如图 3.64（a）所示；二是往复翻转送进，常用于手工操作拔长，如图 3.64（b）所示；三是单面
压缩，即沿整个坯料长度方向压缩一面，再翻转 90°压缩另一面，常用于大锻件锻造，如
图 3.64（c）所示。

（3）其他基本工序

空心件拔长：减小空心毛坯外径（壁厚）而增加长度的锻造工序。其在芯轴上操作，也
称芯轴拔长，如图 3.65 所示。空心件拔长用于锻造各种长筒形锻件。

冲孔：采用冲子将坯料冲出通孔或盲孔的锻造工序。冲孔工序常用于以下情况：①锻件

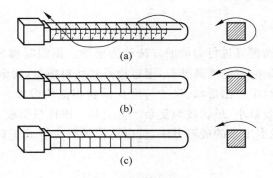

图 3.64　拔长操作方法

（a）螺旋式翻转送进；（b）往复翻转送进；（c）单面压缩

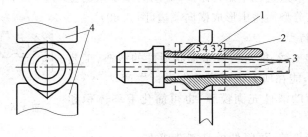

图 3.65　芯轴拔长

1—毛坯；2—锻件；3—芯轴；4—上、下砧

带有孔径大于 30mm 的通孔或盲孔；②为扩孔锻件冲出通孔；③为拔长空心件冲出通孔。

　　冲孔一般分为开式冲孔和闭式冲孔。在生产实际中，使用最多的是开式冲孔。开式冲孔常用的方法有实心冲子冲孔、空心冲子冲孔和在垫环上冲孔 3 种。具体操作方法分别如图 3.66、图 3.67 和图 3.68 所示。

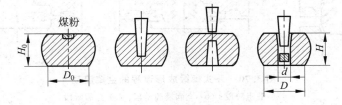

图 3.66　实心冲子双面冲孔

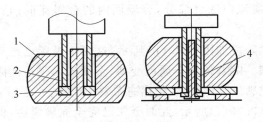

图 3.67　空心冲子冲孔

1—毛坯；2—冲子；3—冲垫；4—芯料

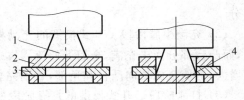

图 3.68　垫环上冲孔

1—冲子；2—坯料；3—垫环；4—芯料

3.3.3　模锻

利用锻造设备,借助模具进行锻造的方法称为模锻。模锻时模具固定在锻造设备的滑块和工作台上,设备运动时带动模具开合,通过模具对坯料施压,使金属材料产生塑性变形,继而充满整个模具模膛,生产出形状、尺寸与模具模膛相似的锻件。与自由锻相比,模锻生产的锻件精度高,加工余量小,形状较为复杂。但模具一次性投资较大,适用于大批量生产。

按照模锻中最后成形工步的成形方法,可以将模锻分为开式模锻、闭式模锻、挤压和顶镦4类。

1. 开式模锻

开式模锻也称有飞边模锻。开式模锻模具在锻造毛坯最大外廓处有分型面,分型面垂直于打击方向且四周在锻造过程中始终敞开,流动的或多余的金属在锻打过程中能从分型面溢出形成横向飞边(图3.69)。

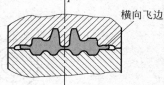

图3.69　开式模锻示意图

1) 开式模锻的特点

(1) 通过制坯和预锻,能进行复杂形状锻件的锻造,工艺适应性强,应用广泛,能在所有锻造设备上进行生产;

(2) 飞边既能帮助锻件充满模膛,也可简化毛坯体积和工艺参数的设计;

(3) 模具结构较简单,可降低模具制造成本;

(4) 锻件尺寸精度不高,有一定的工艺废料,需增加了切边工序。

2) 开式模锻的成形过程

开式模锻的成形过程大体可分为锻粗、充满模膛和打靠3个阶段,如图3.70所示。

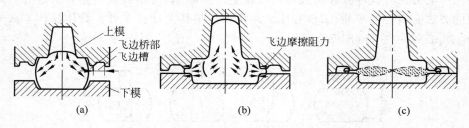

图3.70　开式模锻成形过程的金属流动

(a) 锻粗阶段;(b) 充满模膛阶段;(c) 打靠阶段

(1) 锻粗阶段。开式模锻的锻粗阶段如图3.70(a)所示,此时整个坯料都产生变形,在坯料内部存在分流面。分流面外的坯料金属流向法兰部分,分流面内的金属流向凸台部分。

(2) 充满模膛阶段。开式模锻的充满模膛阶段如图3.70(b)所示,这时下模膛已经充满,而凸台部分尚未充满,金属开始流入飞边槽。随着桥部金属的变薄,金属流入飞边的阻力增大,迫使金属流向凸台和角部,直到完全充满模膛,变形区仍然遍布整个坯料。

(3) 打靠阶段。开式模锻的打靠阶段如图3.70(c)所示,此时金属已完全充满模膛,但上、下模尚未打靠(模锻结束时才打靠)。此时,多余金属挤入飞边槽,锻造变形力急剧上升。此时变形区已经缩小为模锻件中心部分的区域。

2. 闭式模锻

闭式模锻也称无飞边模锻(图 3.71)。其模具结合面平行于打击方向,在锻造过程中,上模和下模的间隙不变,坯料在四周封闭的模膛中成形,无横向飞边,少量的多余材料会形成纵向飞刺,飞刺在后续工序中除去。

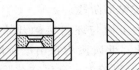

1) 闭式模锻的特点

与开式模锻比较,闭式模锻有如下特点:

(1) 锻件的几何形状、尺寸精度和表面质量最大限度地接近产品,精度较高;

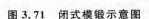

图 3.71　闭式模锻示意图

(2) 锻件无飞边,可以大大提高金属材料的利用率;

(3) 金属处于三向压应力状态下成形,有利于金属的塑性流动,充填性较好,可以对塑性较低的材料进行塑性成形;

(4) 锻件毛坯下料体积精度要求较高,且有一定的形位公差要求,并能在模膛内准确定位;

(5) 对锻件形状有一定的要求,不适合复杂形状的锻件生产;

(6) 要求设备的打击能量或打击力可以控制,并有相应的附加装置。

表 3.4 所示为不同载荷和打击能量对闭式模锻成形的影响。由表 3.4 可见,闭式模锻在模锻锤和热模锻压力机上的应用受到一定的限制,而摩擦压力机、液压机和平锻机则较适合进行闭式模锻。

表 3.4　不同载荷和打击能量对闭式模锻成形的影响

载荷性质	载荷情况	坯料体积情况	成形情况	
			无限程装置	有限程装置
冲击性载荷	打击能量过大	大	产生飞刺	产生飞刺
		合适		成形良好
		小		充不满
	打击能量合适	大	成形良好,但锻件偏高	
		合适	成形良好,锻件高度符合要求	
		小	成形良好,但锻件偏低	充不满
	打击能量过小	大	充不满	
		合适		
		小		
可控制的静载荷(如液压机)	模锻力过大	大	产生飞刺	产生飞刺
		合适		成形良好
		小		充不满
	模锻力合适	大	成形良好,但锻件偏高	
		合适	成形良好,锻件高度符合要求	
		小	成形良好,但锻件偏低	充不满
	模锻力过小	大	充不满	
		合适		
		小		
不可控制的静载荷(如热模锻压力机、平锻机)	模锻力过大	大	产生飞刺	
	模锻力合适	合适	成形良好,锻件高度符合要求	
	模锻力过小	小	充不满	

2) 闭式模锻的成形过程

闭式模锻的成形过程可分为 3 个阶段(图 3.72)：第一阶段为压入镦粗阶段，第二阶段是充填阶段，第三阶段是压实整形阶段。

第一阶段由上模与坯料接触开始到坯料与模膛侧壁接触为止。此阶段为自由锻阶段，变形力较小且增加较慢，行程较大。金属在此阶段的变形流动为镦粗成形、压挤成形、镦粗兼压挤成形等。

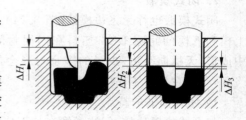

图 3.72　闭式模锻示意图

第二阶段由第一阶段结束到金属充满模膛为止。此阶段为材料充分塑性变形阶段，变形力较大，是第一阶段的 2～3 倍，但压挤行程很小。第二阶段的变形情况与第一阶段类似。

第三阶段坯料难以产生塑性变形，只有在极大的模锻力的作用下才能使多余金属在端部产生变形，形成纵向飞刺，对锻件整形。

3. 常用模锻设备及工艺特征

模锻设备种类较多，都提供坯料在锻模模膛内成形的作用力，但其特性各异，适用范围不同。了解各种模锻设备及其相应的工艺特征，是合理选用模锻设备的基本条件。目前锻压车间使用较多的模锻设备有模锻锤、热模锻压力机、螺旋压力机和平锻机。

1) 模锻锤模锻

(1) 设备结构与工艺特征

模锻锤主要通过蒸汽-空气活塞带动锤头，利用锤头落下的能量提供打击力进行模锻，图 3.73 所示为模锻锤的结构示意图。模锻锤的主要特点是：①设备结构简单，价格较低；②工艺适应性能好，应用范围广；③打击能量可调整，可对毛坯进行多次锤击，能实现轻重缓急打击，生产效率高，适合于多膛模锻。但模锻锤设备振动大、噪声大、工人劳动强度大，工作环境较差。

(2) 适用范围

模锻锤模锻广泛应用于汽车、拖拉机、机车车辆等锻件的生产，如连杆、曲轴、齿轮毛坯等的锻造。既能进行开式模锻、闭式模锻，也能进行单模膛、多模膛模锻，镦粗、打扁、拔长、滚挤、弯曲、制坯、预锻和终锻等几乎所有工序均能在模锻锤上进行。

2) 热模锻压力机模锻

(1) 设备结构与工艺特征

热模锻压力机主要有连杆式和楔式两种，属专用模锻设备。图 3.74 所示为连杆式热模

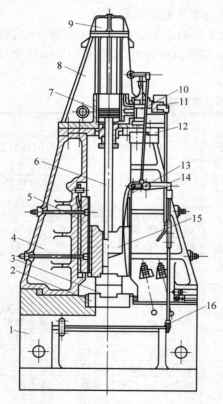

图 3.73　模锻锤结构示意图

1—砧座；2—模座；3—下模；4—立柱；5—导轨；
6—锤杆；7—活塞；8—汽缸；9—保险缸；10—滑阀；
11—节气阀；12—汽缸底板；13—曲杆；14—杠杆；
15—锤头；16—踏板

锻压力机原理示意图,它依靠曲柄连杆机构直接带动滑块作上下往复运动,并通过安装在滑块下底面和斜楔工作台上的模具进行模锻。电动机能量通过飞轮储存释放。其特点是:
①热模锻压力机上模锻和锤上模锻相比,振动小、噪声小、劳动条件好、操作安全,对操作人员技术要求低,对厂房要求低;②较好的刚性和导向精度,模锻时能承受较大的偏载,提高了锻件精度,还能一模多腔模锻,生产效率提高;③滑块行程和工作节拍(行程次数)固定,便于实现机械化和自动化。但热模锻压力机模锻设备投入成本较高,锻模结构复杂,模具制造难度和制造成本较高。

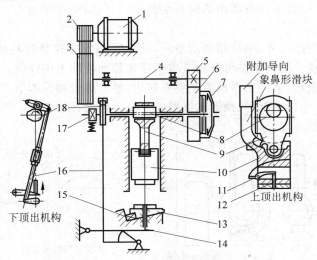

图 3.74　连杆式热模锻压力机原理图
1—电动机;2—小皮带轮;3—大皮带轮(飞轮);4—传动轴;5—小齿轮;6—大齿轮;
7—离合器;8—曲柄;9—连杆;10—象鼻形滑块;11—上顶出机构;12—上顶杆;
13—斜楔工作台;14—下顶杆;15—斜楔;16—下顶出机构;17—带式制动器;18—凸轮

(2) 适用范围

热模锻压力机模锻一般适用于:①精度和生产率要求较高的大批量模锻件生产;②形状复杂,需多工位、多工步、多模腔生产,且机械化、自动化要求较高的锻件;③能同时进行制坯、预锻、终锻、切边等工步,对复杂形状锻件的制坯必须配备模锻锤、辊锻机等其他制坯设备;④热模锻压力机模锻毛坯表面氧化皮不易去除,最好使用电加热或其他少无氧化加热方法,或者在毛坯送进压力机前有效清除氧化皮。

3) 螺旋压力机模锻

(1) 设备结构与工艺特征

螺旋压力机的结构见 3.5.3 节。螺旋压力机兼有锻锤和热模锻压力机双重结构特性:
①它靠预先积蓄于飞轮的能量进行工作,与锻锤的工作特性相同,可通过多次打击改善设备打击能量(实际上有效打击次数为 2~3 次);②它有与热模锻压力机相近的滑块及模具导向机构、上下顶出机构,能较好地改善锻件的工艺性;③工艺适应性强,可以完成热模锻、冲压和切边等各种工艺过程,又适宜完成挤压、顶镦、无飞边模锻等;④其滑块行程没有固定的下止点,特别适用于精整、精压、校正、校平等工序;⑤设备制造成本低,模具结构简单、安装调整方便,操作、维修简便,劳动条件优于锻锤模锻,材料利用率高,容易实现机械化。螺旋压力机模锻的缺点是生产率不高、传动效率较低、抗偏载能力差。

（2）适用范围

螺旋压力机是目前我国使用较为普遍的一种锻压设备。它的速度比模锻锤低，但高于热模锻压力机。可进行模锻成形工序和模锻辅助工序，包括制坯、镦粗、聚料、弯曲、成形、压扁、预锻、终锻、精压、压印、校正、校平、精整、切边、冲连皮、弯曲等工序。

3.3.4　锻模

锻模是金属在热态或冷态下进行体积成形时所用模具的统称。锻模须安装在模锻设备上才能工作，虽然不同模锻设备所用的模具结构不同，但锻模模膛的形式、功能类似。

1. 模膛

模膛是一种与产品尺寸、形状相似的空间，其功能是既要控制材料的塑性流动，又要控制产品的尺寸和形状。锻模模膛可分为基本工序模膛和辅助工序模膛。基本工序模膛主要有制坯、预锻、终锻模膛，辅助工序模膛主要有切边、整形等模膛。本节主要介绍基本工序模膛。如图3.75所示为包括制坯、预锻和终锻的一模多膛模具示意图。

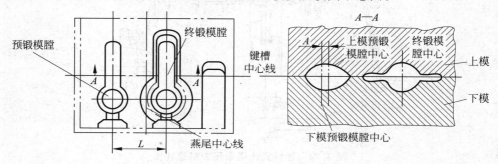

图 3.75　一模多膛模具示意图

1）制坯模膛

制坯的作用是初步改变坯料的形状，合理地分配坯料，以适应锻件横截面积和形状的要求，使金属能较好地充满模膛。制坯可在专用设备上进行，也可在模具上开设制坯模膛制坯。不同形状的锻件所采用的制坯模膛也不相同，制坯模膛主要有拔长模膛、滚压模膛、弯曲模膛、成形模膛、镦粗台等。表3.5列出了不同制坯模膛及其功能。

表 3.5　各类制坯模膛

序号	模膛名称	示意简图	功　能
1	拔长模膛		减少坯料的截面积，增加坯料长度
2	滚压模膛		改变坯料形状，起分配金属，使坯料某一部分截面积减小、另一部分截面积稍稍增大（聚料）的作用

序号	模膛名称	示意简图	功　能
3	弯曲模膛		将坯料在膛内压弯,使其符合终锻模膛在分模面上的形状要求
4	成形模膛		与滚压模膛相似,进一步改善截面积的分布
5	镦粗台		适用于圆饼类件,用来镦粗坯料,减小坯料的高度,增大直径

2) 预锻模膛

并不是所有锻件都需要预锻及预锻模膛,对于形状复杂的锻件预锻模膛是用来对制坯后的坯料进一步变形,合理地分配坯料各部位的金属体积,使其接近锻件外形;改善金属在终锻模膛内的流动条件,保证终锻时成形饱满;避免折叠、裂纹或其他缺陷,减少终锻模膛的磨损,提高模具寿命。

由图 3.75 可以看出,预锻模膛与终锻模膛的形状非常相似,但没有飞边槽。预锻模膛除上面的功能要求外,其锻后的毛坯还要保证能容易地放入终锻模膛,所以分型面上的投影尺寸要比终锻模膛单边小 1～2mm;为了保证终锻时毛坯的体积,模膛深度要比终锻模膛深。

3) 终锻模膛

终锻模膛是锻件最终成形的模膛(图 3.75),用来完成锻件最终成形,保证锻件的尺寸精度及形状精度。通过终锻模膛锻打后,可以获得尺寸精度、形状精度满足图纸要求带飞边(开式)或飞刺(闭式)的锻件。

开式终锻模膛通常由模膛本体、飞边槽和钳口 3 部分组成。模膛本体是保证金属塑性流动,控制锻件尺寸和形状的主体,其形状、尺寸是根据产品的工艺性设计的。飞边槽(图 3.76)一般由桥部与仓部组成,桥部的主要作用是增加金属溢出模膛的阻力,迫使金属充满模膛。锻造时还能起缓冲作用,减弱上模对下模的打击,提高模具寿命。

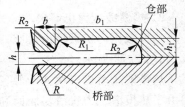

图 3.76　飞边槽

另外,此处厚度较薄,便于后续飞边的切除。仓部主要容纳锻造时多余溢出的金属。钳口的主要用途是在模锻时用夹钳夹持锻件,便于毛坯放置及夹持锻件出模。

2. 锻模结构

锻模由模膛、模架、导向、顶出等部分组成。但锻模由于使用的设备不同,设备所提供的附加装置不同,所以其结构形式有一定的差异。下面仅介绍两类有代表性的锻造设备用模具——模锻锤用锻模和热模锻压力机用锻模。

1) 模锻锤锻模

模锻锤锻模主要由模架、模块、导向机构、顶出机构等组成。模架由上、下模板组成,用于模具与设备的安装固定、模块连接、上下模板导向。由于模锻锤使用燕尾固定,所以模具上、下模板均有相对应的燕尾,用楔块与设备连接固定。但模锻锤锻模也有不采用模架的结构,如图 3.77 所示。

模锻锤导向精度较差,加之打击速度高,一般不使用导柱导套导向,而用锁扣导向,锁扣在上、下模架相应的位置直接加工出来,如图 3.78 所示。

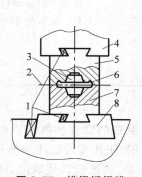

图 3.77　模锻锤锻模

1—楔块;2—分型面;3—模膛;4—锤头;

5—上模;6—飞边槽;7—下模;8—模垫

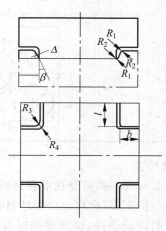

图 3.78　锁扣示意图

模块是模具上开设模膛的部件,用模具钢加工成形后用连接件与模架连接,但也有直接在模架上开设模膛的,主要根据模具的成本以及使用寿命确定。

模锻锤没有专门的顶出装置,一般会在模膛内设计较大的脱模斜度,利用打击时的反作用力弹出锻件。对闭式模锻或难以脱模的模具,一般在模具上设计一些专用的顶出装置脱模。

2) 热模锻压力机锻模

热模锻压力机锻模由模座、垫板、模膛镶块、紧固件、导向装置、上下顶出装置等零件组成,如图 3.79 所示。

热模锻压力机滑块速度低、工作平稳,设有顶出装置。其模具结构有别于模锻锤锻模:①由于热模锻压力机滑块底面和工作台面加工有安装模具的 T 形槽,所以上、下模座与滑块底及工作台面直接接触,用 T 形螺栓固定即可;②为了节约材料以及便于模具加工,模膛

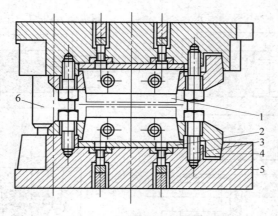

图 3.79　热模锻压力机锻模
1—模膛镶块；2—垫板；3,4—紧固件；5—模架；6—导柱、导套

一般用一块或多块镶块用紧固件或楔块与模架连接；③压力机工作速度较慢，滑块导向精度高，所以此类模具都用导柱、导套作为导向机构；④压力机有较完整的顶出机构，模具都设计有上下模顶出装置，以保证锻件的顺利脱模。

3.4　其他塑性成形技术

3.4.1　挤压成形

挤压成形是利用成形设备的简单往复运动，使金属通过模具内具有一定形状和尺寸的孔发生塑性变形而得到所需工件的一种塑性成形方法。

1. 零件的挤压成形方式

根据挤压时金属的流动方向与凸模运动方向的关系，挤压成形可分为 4 种基本方式，如图 3.80 所示。

(1) 正挤压：挤压时金属的流动方向与凸模的运动方向一致，如图 3.80(a)所示。正挤压适用于制造横截面为圆形、椭圆形、扇形、矩形等的零件，也可制造等截面的不对称零件。

(2) 反挤压：挤压时金属的流动方向与凸模的运动方向相反，如图 3.80(b)所示。反挤压适用于制造横截面为圆形、正方形、长方形、多层圆形、多层盒形的空心件。

(3) 复合挤压：挤压时坯料的一部分金属流动方向与凸模运动方向一致，而另一部分金属流动方向与凸模运动方向相反，如图 3.80(c)所示。复合挤压适用于制造截面为圆形、正方形、六角形、齿形、花瓣形的双杯类、杯-杆类零件。

(4) 径向挤压：挤压时金属的流动方向与凸模的运动方向垂直，如图 3.80(d)所示。此类成形过程可制造十字轴类零件，也可制造花键轴、齿轮的齿形部分等。

常用的挤压成形设备为机械压力机或液压机，特殊的挤压件采用专用挤压机生产。

2. 挤压成形的特点及应用

根据挤压金属温度的不同，挤压成形可分为冷挤压、温挤压和热挤压 3 种。

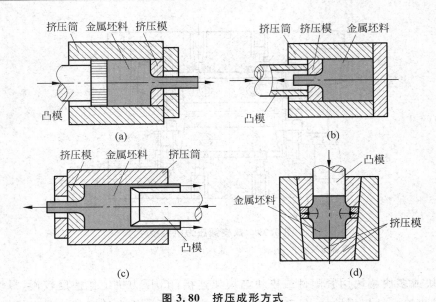

图 3.80 挤压成形方式

(a) 正挤压；(b) 反挤压；(c) 复合挤压；(d) 径向挤压

1) 冷挤压的特点及应用

金属材料在再结晶温度以下进行的挤压称为冷挤压。对于大多数金属而言，其在室温下的挤压即为冷挤压。冷挤压在机械、仪表、电器、轻工、宇航、军工等部门得到广泛应用。冷挤压的主要优点如下：

(1) 冷挤压过程中金属材料受到三向压应力作用，挤压变形后材料的晶粒组织更加致密；金属流线沿挤压轮廓连续分布；挤压变形的加工硬化特性，使挤压件的强度、硬度及耐疲劳性能显著提高。

(2) 冷挤压件的精度和表面质量较高。一般尺寸精度可达 IT7～IT6，表面粗糙度 $Ra=1.6～0.2\mu m$。冷挤压是一种净形或近净形的成形方法，且能挤出薄壁、深孔、异型截面等一些较难进行机械加工的零件。

(3) 冷挤压生产的材料利用率高，生产率也高。

2) 热挤压的特点及应用

热挤压时，由于坯料加热至锻造温度，材料的变形抗力大为降低，使其容易变形。但由于加热温度高、氧化脱碳严重及热胀冷缩等的影响，降低了产品的尺寸精度和表面品质。热挤压一般用于高强(硬)度金属材料(如高碳钢、高强度结构钢、高速钢、耐热钢)的毛坯成形，如挤压成形发动机气阀毛坯、汽轮机叶片毛坯和机床花键轴毛坯等。

3) 温挤压的特点及应用

将坯料加热到强度较低、氧化较轻的温度范围进行挤压称为温挤压。温挤压兼有冷、热挤压的优点，又克服了冷、热挤压的某些不足。对于一些冷挤压难以成形的材料，如不锈钢、中高碳钢、耐热合金、镁合金、钛合金等均可用温挤压成形。坯料可不进行预先软化处理和中间退火，也可不进行表面的特殊润滑处理，有利于机械化、自动化生产。另外，温挤压的变形量较冷挤压大，可减少工序、降低模具费用，且不必使用大吨位的专用挤压机，但温挤压件的精度和表面品质不如冷挤压。

3.4.2　超塑性成形

工程上一般用延伸率来判断金属塑性的高低。在室温下,黑色金属的延伸率一般不超过 40%,有色金属的延伸率不超过 60%,即使在高温时也很难超过 100%。但在特定的条件下,即在低的应变速率($\varepsilon = 10^{-2} \sim 10^{-4}/s$)、一定的变形温度(约为热力学熔化温度的 1/2)和稳定而细小的晶粒度($0.5 \sim 5\mu m$)的条件下,某些金属或合金呈现低强度和大延伸率的特性,即超塑性。如钢的延伸率超过 500%、纯钛超过 300%、铝锌合金超过 1000%。常用超塑性成形材料有铝合金、镁合金、低碳钢、不锈钢及高温合金等。

1. 超塑性成形工艺

超塑性成形既是一门科学,又是一种工艺技术。利用它可以在小吨位设备上实现形状复杂、其他塑性成形工艺难以或不能进行的零件的精密成形。超塑性成形工艺主要包括气胀成形和体积成形两类。

超塑性气胀成形用气体的压力使板坯料(也有管坯料或其他形状坯料)成形为壳型件,如仪表壳、抛物面天线、球形容器等。气胀成形包括 Female 和 Male 两种方式,如图 3.81 所示。Female 成形方式的特点是简单易行,但其零件的先贴模和最后贴模部分有较大的壁厚差。Male 成形方式可以得到均匀壁厚的壳型件,对形状复杂零件成形更具优越性。

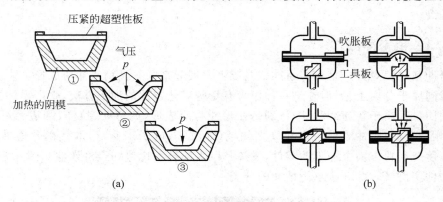

图 3.81　超塑性气胀成形

(a) Female 超塑性气压成形;(b) Male 超塑性气压成形

超塑性体积成形包括模锻、挤压等方式,其主要是利用了材料在超塑性条件下流变抗力低、流动性好等的特点。一般情况下,超塑性体积成形中模具与成形件处于相同的温度,因此它属于等温成形范畴,只是超塑性成形中对材料、应变速率及温度有更严格的要求。

超塑性体积成形工艺特点如下:

(1) 金属在超塑性状态下有良好的流动性,可成形形状复杂、尺寸精度高的锻件;

(2) 金属的塑性高、变形抗力小,扩大了可锻金属的种类;

(3) 使锻件获得均匀、细小的晶粒组织,零件的力学性能均匀一致。

利用金属的超塑性,为制造少、无切削加工的零件开辟了新的途径。但超塑性成形一般生产率较低。

2. 超塑性成形应用

（1）板料冲压。当零件直径较小、高度较高时，选用超塑性材料可以一次拉伸成形，拉伸件品质良好，性能无方向性。

（2）板料气压成形。板料气压成形将超塑性金属板料放于模具中，板料与模具一起加热到规定温度，向模具内吹入压缩空气或抽出模具内的空气形成负压，板料将紧紧贴在凹模或凸模上，获得所需形状的成形件。该法可加工厚度为 0.4～4mm 的零件。

（3）模锻。高温合金及钛合金在常态下塑性很差，变形抗力大，不均匀变形引起各向异性的敏感性强，用常规工艺难以成形，材料损耗大。如采用普通热模锻毛坯再进行机械加工的方法，金属损耗达 80％左右，致使产品成本过高。如果在超塑性状态下进行模锻，可完全克服上述缺点。

（4）挤压。锌铝合金超塑性挤压成形最早在仪表、电子通信、工艺美术等方面得到应用。例如，录音机飞轮，原为压铸加工，废品率高达 30％～50％，而且气孔等铸造缺陷影响飞轮的动平衡性能，降低录音机的音响效果。超塑挤压成形的飞轮材质致密、无气孔、动平衡性能好，合格率达 99％以上，而且在挤压的同时可将铜轴芯镶在飞轮上。又如，电传打字机手轮（上部为内伞齿轮状，下部为直齿轮，外部为梅花状手轮），原来由两件组合而成，上部为粉末冶金件，下部为粉末锻造件，采用超塑挤压可一次成形，模具结构简化、成本降低、制件质量提高。

3.4.3　精密冲裁

精密冲裁（简称精冲）是在普通冲裁基础上发展起来的一种精密冲压成形工艺。虽然与普通冲裁同属于分离工艺，但它是一种包含有特殊工艺参数的加工方法，生产零件的尺寸精度和断面质量远高于普通冲裁件，特别是在精冲与冷成形（如弯曲、拉伸、翻边、镦挤和挤压等）工艺相结合后，精冲零件可以在许多领域（如汽车、电子工业等）取代由普通冲裁、机加工、锻造、铸造和粉末冶金加工的零件，发挥其巨大的技术优势和经济效益。图 3.82 所示为部分精冲件实例，图 3.83 所示为精冲的分类。

图 3.82　精冲零件

我们常说的精冲不是一般意义上的精冲（如整修、光洁冲裁和高速冲裁等），而是强力压板精冲，如图 3.84 所示。强力压板精冲是在专用压力机上进行的，借助特殊结构模具，在强力作用下，使材料产生塑性剪切变形，从而得到优质精冲件。冲裁开始前，通过作用在齿圈上的力 P_R，使 V 形齿圈 3 压入材料并压紧在凹模 5 上，从而在 V 形齿圈的内面产生横向侧

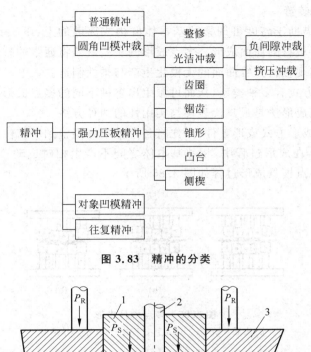

图 3.83　精冲的分类

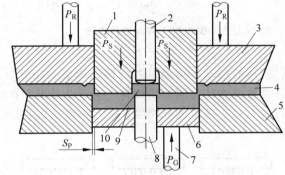

图 3.84　精冲模的工作原理

1—凸凹模；2,7—顶杆；3—齿圈；4—精冲材料；5—凹模；6—顶件器；
8—内形凸模；9—精冲零件；10—内形废料

压力,以阻止材料在剪切区内撕裂和在剪切区外金属的横向流动,同时反压力 P_G 又在剪切线内由顶件器 6 将材料压紧在凸凹模 1 上;然后,在冲裁力 P_S 作用下进行冲裁。剪切区内的金属处于三向压应力状态,从而提高了材料的塑性,材料沿凹模刃口形状呈纯剪切的形式冲裁零件。冲裁结束后, P_R 和 P_G 压力释放,模具开启,由退料力和顶件力分别将零件和废料顶出,并用压缩空气将其吹出,以进行下一次精冲。

精冲工艺具有产品质量好、生产效率高、生产成本较低、可精化零件结构从而减轻零件重量等许多优点,其在汽车工业生产中得到了广泛的应用。据统计,一辆轿车上有 40～100 种精冲零件。

3.4.4　无模多点成形

无模多点成形的设想是为实现板材曲面造型的无模化生产提出的。其原始思想是利用相对位置可以互相错动的"钢丝束集"对板材实行压制与成形。

1. 成形原理与装置

　　无模多点成形借助于高度可调整的基本体群构成离散的上、下工具表面,替代传统的上、下整体模具进行板材的曲面成形。多点成形的实质就是将通常的整体模具离散化,并结合现代控制技术,实现板材三维曲面的无模化生产与柔性制造。

　　基本体的调整方式有多种类型,从而可派生出多种不同的多点成形方法。其中,多点模具成形法、多点压机成形法是最具代表性与实用性的两种方法。

　　采用多点模具成形方式成形工件时,先将各个基本体调整到所需位置,使基本体群成为成形曲面的包络面,在成形过程中,相邻基本体之间不产生相对运动,上、下基本体群起着上、下模的作用。多点模具成形过程如图 3.85 所示。

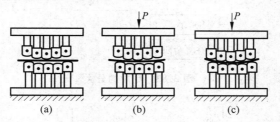

图 3.85　多点模具成形

(a) 成形开始时;(b) 成形过程中;(c) 成形结束时

　　多点压机成形开始前,所有的基本体都不进行预先调整。在成形过程中,由上、下基本体群夹着被成形板材,在调整基本体的同时使板材产生塑性变形。在这种成形方法中,相邻基本体之间要产生相对运动,每个基本体都相当于一台小型压机,都可根据需要进行分别控制,如图 3.86 所示。

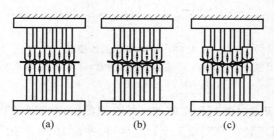

图 3.86　多点压机成形

(a) 成形开始时;(b) 成形过程中;(c) 成形结束时

　　无模多点成形装置由多点成形主机、计算机控制系统及 CAD 软件系统构成,如图 3.87 所示。多点成形主机是实现无模多点成形的主要执行部分,上、下基本体群各由若干基本体组成,以行、列的方式排列;各基本体的调整利用螺杆机构实现,驱动采用步进电机;基本体群的外侧四周都有固定侧板,保证基本体受侧向力时不产生侧向位移,同时还在基本体调整时起导向作用;上基本体群直接固定于机架上,调整每个基本体的高度可改变其包络面的形状;下基本体群除了可调整形状外,还可产生整体的移动,下基本体群的整体移动由液压机构实现,采用导柱导向;计算机控制系统根据所提供的信息调整主机的上、下基本体群,实现不同工艺、不同效果的成形控制;CAD 软件系统根据目标件的几何形状与材料要求产生多点成形所需要的各种信息,还可进行多点成形过程的仿真、显示并检验成形效果和可能产生的缺陷,制定最佳成形工艺方案。

$$\boxed{\text{CAD软件系统}} \longleftrightarrow \boxed{\text{计算机控制系统}} \longleftrightarrow \boxed{\text{多点成形主机}}$$

图 3.87　无模多点成形系统的构成

2. 应用实例

无模多点成形技术在我国最著名的应用莫过于"鸟巢"的钢结构成形。在 2008 年北京奥运会国家体育馆——鸟巢建筑工程中,采用了大量由弯扭形钢板组成的箱形构件,其各部件的弯扭形状与尺寸不同,而且所用高强度钢板的厚度从 10mm 变化到 60mm,回弹量的变化也很大。如果采用模具成形,将花费巨额的模具制造费用;若采用水火弯板等手工方法成形,又很难实现连续的圆滑成形,不易保证成形质量。采用多点成形技术后,不仅实现了与模具成形类似的成形效果,而且节约了巨额的模具费用,成形效率提高了数十倍。该技术实现了中厚板类件从设计到成形过程的数字化,圆满解决了鸟巢建筑工程中钢构件成形的世界难题,最终成形效果如图 3.88 所示。

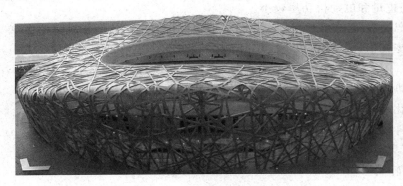

图 3.88　鸟巢钢结构效果图

3. 技术特点及优势

(1) 实现板类件的无模成形,节省模具材料及设计、制造费用,缩短新产品的开发周期。单件、小批零件可通过多点成形技术实现规范成形,提高成形质量。

(2) 在同一台设备上可进行多种不同形状零件的加工。多点成形是通过基本体包络面构成的成形面来成形板类件,而成形面的形状可通过对各基本体的控制自由地构造出来,成形面具有可重构性。

(3) 实现板类件变路径成形。通过调整基本体高度控制成形曲面,可以随意改变板材的变形路径和受力状态,提高材料变形程度,实现难加工材料的塑性变形,扩大加工范围。

3.4.5　轧制成形

轧制成形通常是对板带材、线棒材和钢管等轧制材料再次以轧制的方式进行深度加工。轧制作为一种少(无)切削、高质量、高效率的生产方式,广泛用于大批量的机械零件生产,也可作为各种高效能钢材的生产手段,对现有钢材进行二次或三次加工,生产尺寸精密、形状特殊、性能优异的板、管、型、线 4 大类钢材。

1. 纵轧

纵轧是轧辊轴线与坯料轴线互相垂直的轧制方法,如辊锻轧制、辗环轧制等。

1) 辊锻轧制

辊锻轧制采用轧辊作为工具,用轧制方法来生产锻件。辊锻的工作原理如图 3.89 所示,它由一对装有弧形模具的轧辊连续轧制,使毛坯在轴线方向产生连续周期性的塑性变形,形成所要求形状的工件。辊锻工艺主要适用于棒料的拔长、板坯的辗片以及杆件轴向变截面成形,有些连续变截面的零件,如变截面弹簧扁钢只能采用辊锻工艺生产。

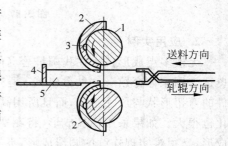

图 3.89　辊锻的工作原理
1—轧辊;2—扇形模;3—定位键;
4—挡板;5—坯料

与锻造过程相比,辊锻轧制工艺有以下优点:

(1) 设备重量轻,驱动功率小。由于变形是连续的局部接触变形,虽然变形量很大,但变形力较小。因此,设备的重量和电动机功率较小。

(2) 生产效率高,产品质量好。多槽成形辊锻机的生产效率与锻锤相当,单槽成形辊锻机的生产效率比锻锤高 2 倍以上。辊锻变形过程连续,残余变形和附加应力小,产品的力学性能均匀。

(3) 劳动强度低,工作环境较好。生产过程中设备冲击、振动和噪声较小,易于实现机械化和自动化。

(4) 材料和工具消耗少,工件尺寸稳定。轧辊与工件之间的摩擦系数较小,工具磨损较轻,既降低了工具消耗,又保证了工件尺寸的稳定。

2) 辗环轧制

辗环轧制是用来扩大环形坯料的外径和内径,从而获得各种无缝环状零件的轧制成形方法,如图 3.90 所示。图 3.90(a)中辗压轮由电动机及传动系统带动旋转,利用摩擦力使坯料在辗压轮和芯辊之间受压变形。辗压轮还可由油缸推动作上下移动,改变它与芯辊之间的距离,使坯料厚度减小、直径增大。导向辊用以保障坯料正确运转,信号辊用来控制环坯直径。若在环坯端面安装端面辊,则可进行径向-轴向辗环成形,如图 3.90(b)所示。

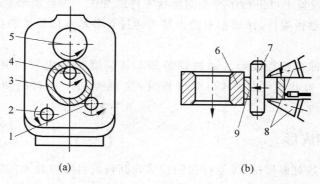

(a)　　　　　　　　　　　　(b)

图 3.90　辗环轧制

(a) 径向辗环;(b) 径向-轴向辗环

1—导向辊;2—信号辊;3,9—环坯;4,7—芯辊;5,6—辗压轮;8—端面辊

2. 横轧

横轧是轧辊轴线与坯料轴线互相平行的轧制成形工艺，如齿轮轧制等。齿轮轧制是一种少、无切削加工齿轮的新工艺。直齿轮和斜齿轮均可采用热轧制造，如图 3.91 所示。轧制前将毛坯外缘加热，然后将带齿形的轧辊作径向进给，迫使轧辊与毛坯对辗。在对辗过程中，坯料上一部分金属受压形成齿谷，相邻部分的金属被轧辊齿部"反挤"而上升，形成齿顶。

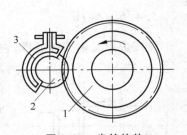

图 3.91　齿轮热轧

1—轧辊；2—坯料；3—感应加热器

3. 斜轧

斜轧又称螺旋斜轧，它是轧辊轴线与坯料轴线相交成一定角度的轧制成形工艺，如周期轧制（图 3.92(a)）、钢球轧制（图 3.92(b)）和丝杠冷轧等。

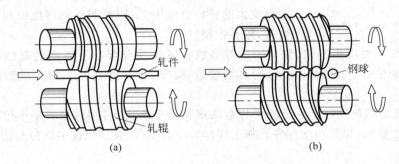

(a)　　　　　　　　　　　　　　　　(b)

图 3.92　斜轧

(a) 周期轧制；(b) 钢球轧制

螺旋斜轧采用的轧辊带有螺旋型槽，两轧辊轴线相交成一定角度，并作同方向旋转，坯料在轧辊间既绕自身轴线转动，又向前进，与此同时受压变形获得所需产品。螺旋斜轧钢球使棒料在轧辊间螺旋型槽里受到轧制并分离成单个球，轧辊每转一周即可轧制出一个钢球，轧制过程是连续的。

4. 楔横轧

楔横轧制简称楔横轧，是生产回转体类零件的有效方法。楔横轧制技术可用于热轧和冷轧。楔横轧工艺的成形原理如图 3.93 所示。将两个楔形模安装在两个同向旋转的轧辊上，在楔形模具的楔形凸起的作用下带动轧件旋转，并使毛坯产生连续局部小变形。楔横轧的变形主要是径向压缩，轴向延伸。楔横轧适合于轧制各种实心和空心台阶轴，如汽车、摩托车、电动机上的各种台阶轴、凸轮轴等。

楔横轧工艺的特点：

(1) 具有高的生产效率。生产效率可达 10 件/min。

(2) 材料利用率高，可达 90% 以上。

(3) 模具寿命高。是模锻工艺模具寿命的 10 倍以上。

(4) 产品质量好。产品精度可达钢质模锻件国家标准中的精密级，直径方向可达 ±0.3mm，长度方向可达 ±0.5mm。

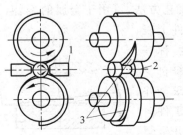

图 3.93　楔横轧制工作原理

1—导板；2—轧件；3—带楔形模的轧辊

3.4.6　旋压

旋压成形又称回转成形,它是将板料或空心毛坯夹紧在模芯上,由旋压机带动模芯和毛

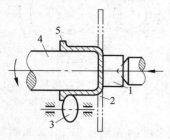

图 3.94　旋压成形原理
1—顶板;2—毛坯;3—旋轮;
4—模芯;5—加工中的毛坯

坯一起高速旋转,同时利用旋轮的压力和沿芯模的进给运动使毛坯产生局部塑形变形并使之逐步扩展,最后获得轴对称壳体零件,其成形原理如图 3.94 所示。

金属旋压一般可以分为普通旋压和强力旋压。在旋压过程中,改变形状而基本不改变壁厚者称为普通旋压;在旋压过程中,既改变形状又改变壁厚者称为强力旋压。普通旋压局限于加工塑性较好和较薄的材料,尺寸精度不易控制,要求操作者具有较高的技术水平。强力旋压机床功率较大,对厚度大的材料也能加工,同时制件的厚度沿母线有规律地变薄,较易控制。

旋压成形主要应用于铝、镁、钛、铜等有色金属及其合金与不锈钢的复杂中空回转体零件或产品的生产,如水壶、杯子、厨具与餐具、灯罩、子弹外壳等。旋压成形的主要优点如下:

(1) 金属变形条件好。由于旋轮与金属接触近乎线或点接触,能够集中很大的单位压力使金属发生变形,得到薄壁制件。加工同样大小的制件,旋压机床的吨位只需压力机吨位的 1/20。

(2) 制品范围广。可以制作大直径薄壁管材、特殊管材及变截面管材、球形、半球形、椭圆形以及带有阶梯和变化壁厚的几乎所有回转体制件。

(3) 材料利用率高,生产成本低。旋压与机加工相比,可节约材料 20%~50%,成本降低 30%~70%。

(4) 制品性能显著提高。旋压后,材料的组织结构与力学性能均发生变化,屈服强度、硬度提高,延伸率降低。

(5) 制品表面光洁,尺寸公差小。旋压加工制品的表面粗糙度 Ra 一般可达到 $3.2\sim1.6\mu m$,经过多次旋压可达 $1.0\mu m$。壁厚公差,直径小于 300mm 时达到 0.05mm,直径 300~1600mm 时达到 0.12mm。

3.4.7　摆动辗压

摆动辗压(简称摆辗)是加工轴对称零件的一种先进工艺方法,可用于金属的冷、温、热成形。摆辗的工作原理如图 3.95 所示,上模(摆头)与工件上表面型线一致,但摆头的轴线与机床的轴线成一定的角度,称其为摆角,用 γ 表示(一般 $0°<\gamma<6°$,常用 $2°\sim3°$),摆头在绕自身轴线旋转的同时绕机床轴线回转,随着摆头在工件上不断滚动并局部、顺序地对工件施加压力,同时摆头向下(或下模带动工件向上)不断进给,使工件在一个不大的接触面积内产生变形,并呈螺旋面逐渐扩展,积累起来而最终按下模型腔成形,即得到最终成形的工件。

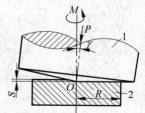

图 3.95　摆辗成形原理
1—摆头(上模);2—工件

与普通锻造技术相比,摆辗技术具有以下优点:

(1) 省力。由于摆辗过程是连续局部变形,接触面积比常规锻造过程小得多,从而降低了成形压力,轧制力仅为普通锻造力的 1/5～1/20。

(2) 轧件精度高。由于轧制力小,平均单位压力低,可用于冷态加工,提高了轧件的精度。

(3) 可生产薄轧件。由于接触面积小,平均单位压力低,产生的弹性变形小,可以辗轧薄和超薄的轧件,还适用于生产变壁厚的轧件。

(4) 劳动环境好。摆辗属于静压力加工,加工过程中冲击振动小,噪声低。

3.4.8　粉末成形

粉末冶金属于净成形工艺,是制取金属或用金属粉末作为原料,经过成形和烧结,制造金属材料、复合材料以及各种类型制品的工艺技术。

1. 等静压成形

等静压成形按其特性可分为冷等静压和热等静压成形。前者常用水或油作压力介质,故有液静压、水静压或油静压之称;后者常用气体(如氩气)作压力介质,故有气体热等静压之称。

等静压成形是借助于高压泵的作用把流体介质(气体或液体)压入耐高压的钢质密封容器内,使高压介质的静压力直接作用在弹性模套内的粉末上,粉末体同时在各个方向上均衡地受压而获得密度分布均匀和强度较高的压坯。图 3.96 所示为等静压成形原理示意图,在包套内部充填粉末,然后抽真空并密封好包套,再施加热等静压,即可获得所需的粉末压坯或者零件。

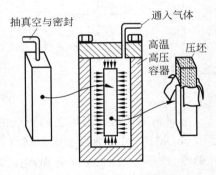

图 3.96　等静压成形原理图

与一般的钢模压制法相比,等静压成形具有下列特点:

(1) 能够压制具有凹形、空心等复杂形状的制件。

(2) 压制时,粉末体与弹性模具的相对移动很小,摩擦损耗小。

(3) 能够压制各种金属粉末和非金属粉末,压制坯件密度分布均匀,对难熔金属粉末及其化合物尤为有效。

(4) 能在较低的温度下制得接近完全致密的材料。

(5) 压坯尺寸精度和表面光洁度比钢模压制低。

2. 粉末锻造

粉末锻造是粉末冶金成形和锻造相结合的一种金属成形工艺。普通粉末冶金件的尺寸精度高,但塑性与冲击韧性差;锻件的力学性能好,但精度低。两者取长补短,就形成了粉末锻造。粉末锻造的工艺过程如图 3.97 所示,首先将粉末预压成形,然后在充满保护气体的炉子中烧结制坯,最后将坯料加热至锻造温度后进行模锻,即可得到高质量的粉末锻件。

3. 粉末注射成形

粉末注射成形是将现代塑料注射成形技术引入粉末冶金领域而形成的一门近净成形新技术。其原理为:首先,将固体粉末与有机黏结剂均匀混合并制成粒状喂料,在加热状态下

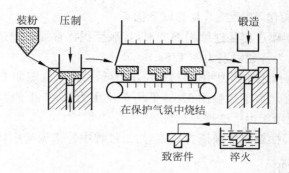

图 3.97　粉末锻造

用注射成形机将其注入模腔内冷凝成形；然后，用化学溶解或热分解的方法将成形坯中的黏结剂脱除；最后，经烧结致密化得到最终产品。图 3.98 所示为金属粉末注射成形(metal powder injection molding，MIM)的工艺流程。

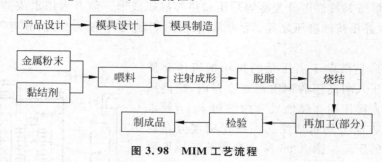

图 3.98　MIM 工艺流程

金属粉末注射成形工艺的特点主要体现在以下几个方面：

（1）MIM 可以成形三维形状复杂的各种金属材料零件，特别是在制造各种外部切槽、外螺纹、锥形外表面、交叉孔和盲孔、凹台和键槽、加强筋板、表面滚花等形状复杂的零部件方面优势明显。

（2）MIM 工艺制造的零部件，各部位的密度和性能一致，即各向同性。

（3）MIM 能最大限度制得接近最终形状的零件，尺寸精度较高。

（4）材料利用率高，适合大批量生产。

3.4.9　高速高能成形

1. 爆炸成形

爆炸成形是利用炸药爆炸产生巨大能量使金属材料高速成形的加工方法。炸药爆炸会在 5～10s 之内产生上百万兆帕的高压冲击波，使金属坯料在极短的时间内成形。图 3.99 所示为爆炸成形示意图。

爆炸成形可用于板料的胀形、拉伸、弯曲、冲孔等成形工艺，如球形罐体、封头等零件的成形。

2. 电磁成形

电磁成形是利用电磁力对金属坯料加压成形的工艺

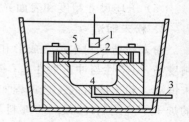

图 3.99　爆炸成形示意图
1—炸药；2—金属板料；3—排气口；
4—凹模型腔；5—压紧环

方法。电磁成形要求被成形坯料具有良好的导电性,如钢、铜、铝等材料。其原理是:利用电容高压放电,使放电回路中产生很强的脉冲电流,由于放电回路阻抗很低,所以成形线圈中的脉冲电流在极短的时间内迅速变化,并形成磁场。在这强大的变化磁场作用下,坯料内部产生感应电流,感应电流形成的磁场与成形线圈形成的磁场相互作用,电磁力使金属坯料产生塑性变形。

图 3.100 所示为管状金属毛坯采用电磁成形的示意图,成形线圈放在管坯的外面可以使管坯产生颈缩;成形线圈放在管坯的内部可以使管坯产生胀形。

3. 电液成形

电液成形是利用在液体中的两电极之间放电产生的冲击波使液体流动冲击金属而成形的工艺方法。图 3.101 所示为电液成形示意图,高压直流电向电容器充电,电容器高压放电,在放电回路中形成冲击电流,使电极周围形成冲击波及液流波,迫使金属板料成形。

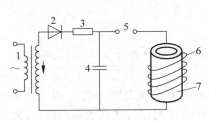

图 3.100 电磁成形示意图

1—变压器;2—整流器;3—限流电阻;4—电容器;
5—辅助间隙;6—成形线圈;7—金属管坯

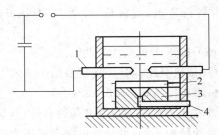

图 3.101 电液成形示意图

1—电极;2—金属板料;3—凹模;4—排气口

电液成形速度接近爆炸成形的速度。它适合于形状简单的中、小型零件的成形,特别适合于细金属管胀形加工。

3.5 塑性成形设备

塑性成形设备是指各类材料成形工艺中,为其提供运动、能量、作用力和各种控制的设备。塑性成形生产所涉及的领域很宽,成形设备的种类也很多,总体可归纳为金属成形设备和非金属成形设备两大类。金属成形设备的加工对象为金属材料(碳素钢、合金钢,铝、镁、钛、铜、镍及其合金等),主要设备包括锻压设备、轧制设备、铸造设备和焊接设备等。非金属成形设备的加工对象为非金属材料(塑料、陶瓷及玻璃等),主要设备包括塑料成形设备、橡胶成形设备、玻璃成形设备等。本节介绍常用金属塑性成形设备的工作原理、结构、用途和技术参数。

3.5.1 机械压力机

机械压力机全称为机械传动压力机,主要指由曲柄、偏心轮、肘杆、连杆、凸轮等机构驱动滑块运动做功的压力机。

1. 曲柄压力机

1) 曲柄压力机的用途和分类

曲柄压力机以曲柄滑块机构作为工作机构,依靠机械传动将电动机的运动和能量传递给工作机构,并通过滑块施加压力,从而使毛坯在模具的作用下产生塑性变形,完成板料冲压、模锻、挤压、精压和粉末冶金等成形工艺,直接生产出半成品或制品。曲柄压力机广泛应用于汽车、机械、电器、仪表、电子、国防、航空航天以及日用品等工业部门,是冲压成形、体积成形等工艺的主要塑性成形设备。

成形生产中,为适应不同零件的工艺要求,需要采用不同类型的曲柄压力机,因此,曲柄压力机的类型较多。通常可根据曲柄压力机的工艺用途及结构特点进行分类。

（1）按工艺用途分类

按工艺用途,曲柄压力机可分为通用压力机和专用压力机两大类。通用压力机适用于多种工艺用途,如冲裁、弯曲、成形、浅拉伸等;专用压力机用途比较单一,如拉伸压力机、板料折弯机、剪板机、冷墩自动机、高速压力机、精压机、热模锻压力机等都属于专用压力机。

（2）按压力机结构分类

① 按机身结构分。按机身结构形式不同,曲柄压力机可分为开式压力机(图 3.102(a)～(c))和闭式压力机(图 3.102(d))。

开式压力机按机身背部是否有开口,又可分为单柱和双柱压力机。此外,开式压力机按照工作台的结构不同,可分为可倾台式压力机(图 3.102(a))、固定台式压力机(图 3.102(b))和升降台式压力机(图 3.102(c))。开式压力机机身三面敞开,操作比较方便,但其刚度、精度较差,一般用在小型曲柄压力机上。

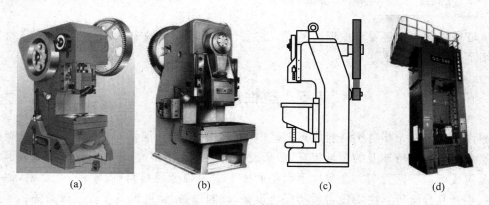

　　(a)　　　　　　　　(b)　　　　　　　　(c)　　　　　　　　(d)

图 3.102　曲柄压力机按机身结构分类

(a) 开式可倾压力机;(b) 单柱固定台压力机;(c) 开式升降台压力机;(d) 闭式压力机

闭式压力机机身两侧是封闭的,形成龙门结构,如图 3.102(d)所示。机身封闭组成一个框架,刚度好,压力机精度高;但操作空间较小,操作不太方便。公称力超过 2500kN 的大、中型压力机,大多都采用此结构。

② 按滑块数量分。按运动滑块的数量,曲柄压力机可分为单动、双动和三动压力机 3 种,如图 3.103 所示。

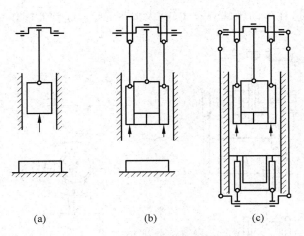

图 3.103　曲柄压力机按滑块数量分类

(a) 单动压力机；(b) 双动压力机；(c) 三动压力机

③ 按连杆数量分。按连接曲柄和滑块的连杆数量,曲柄压力机可分为单点、双点和四点压力机,如图 3.104 所示。点数多(曲柄连杆数量多),则滑块承受偏心负荷能力强。曲柄连杆数主要由滑块面积和压力机吨位决定,中小设备一般使用单点式结构,大中型设备上单、双、四点均有使用。

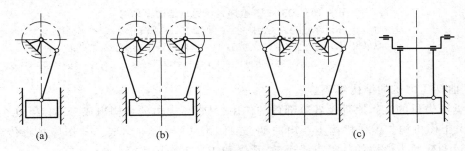

图 3.104　曲柄压力机按连杆数量分类

(a) 单点；(b) 双点；(c) 四点

④ 按传动系统安装位置分。按传动系统安装位置,曲柄压力机可分为上传动压力机和下传动压力机。上传动压力机的传动系统安装在工作台上方。现有通用压力机一般采用上传动。

2) 曲柄压力机的工作原理

尽管曲柄压力机类型众多,但其工作原理和基本组成是相同的。图 3.105 所示为 J31-315 型闭式单点压力机的运动原理图。电动机 1 的能量和运动通过带传动传递给大皮带轮 3,再由齿轮 6、7 和 8 传递给偏心齿轮 9,经连杆 11 带动滑块 12 作上、下直线运动。电机的旋转运动通过偏心轮、连杆变为滑块的往复直线运动。将上模 13 固定于滑块上,下模 14 固定于工作台垫板 15 上,压力机便能对置于上、下模间的材料加压,依靠模具将其制成工件,实现压力加工。采用 3 级传动(一级皮带传动、两级齿轮传动),降低滑块的运动频率(滑块行程次数),满足工艺需要。安装离合器 5 和制动器 4,实现滑块的点动、单动或连动。压力机在整个工作周期内有负荷的工作时间很短,大部分时间为空程运动。为了使电动机负荷均匀和有效地利用能量,在传动轴端装有飞轮(大皮带轮3),起到储能作用。

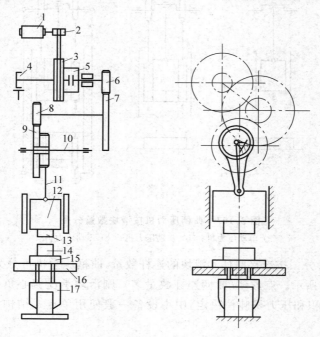

图 3.105　J31-315 型闭式压力机运动原理图

1—电动机；2—小皮带轮；3—大皮带轮；4—制动器；5—离合器；6,8—小齿轮；

7—大齿轮；9—偏心齿轮；10—芯轴；11—连杆；12—滑块；13—上模；

14—下模；15—垫板；16—工作台；17—气垫

3) 曲柄压力机的结构组成

根据压力机的工作原理及各零部件的作用,可将压力机的结构组成分为以下几个部分。

(1) 工作机构。工作机构主要由曲柄、连杆、滑块、导轨等组成。其作用是将传动系统的旋转运动变换为滑块的往复直线运动,承受和传递工作压力。

(2) 传动系统。包括带传动和齿轮传动等。将电动机的能量和运动传递给工作机构,并对电动机的转速进行逐级减速获得所需的行程次数。

(3) 操纵系统。包括离合器、制动器及其控制装置,用来控制压力机的运转状态。

(4) 能源系统。由电动机和飞轮等组成。压力机不工作时,电动机驱动飞轮旋转储存能量,工作时主要由飞轮释放能量。

(5) 支承部件。由机身、工作台等组成,承受全部工作变形力和其他部件的重力,并保证整机所要求的精度和强度。

此外,还有各种辅助系统和附属装置,如润滑系统、顶件装置、保护装置、滑块平衡装置、安全装置等。

4) 压力机的主要技术参数

曲柄压力机的技术参数是反映压力机工作性能的技术指标。

(1) 公称力 P_g(kN)及公称力行程 S_g

曲柄压力机的公称力 P_g 是指滑块到达下止点前某一特定距离之内滑块上允许承受的最大作用力(单位为 kN),这一特定距离称为公称力行程 S_g,公称力行程所对应的曲柄转角

称为公称压力角 α_g。公称力是曲柄压力机的主参数。

公称力已系列化,优先系列为 63、100、160、200、250、315、400、500、630、800、1000、1600、2500 等。

(2)滑块行程 S

滑块行程是指滑块从上止点到下止点所经过的距离,等于曲柄半径(或偏心轮偏心量)的 2 倍。它的大小反映压力机的工作范围,但滑块行程并非越大越好,应根据设备规格大小综合选取。为满足生产实际需要,有些压力机的滑块行程是可调的。

(3)滑块行程次数 n

滑块行程次数是指连续工作时,滑块每分钟从上止点到下止点然后又回到上止点所往返的次数。行程次数越多,连续工作的生产率就越高。行程次数超过一定数值后,需要配备自动送料装置,才能充分利用压力机的效率。

(4)最大装模高度 H 及装模高度调节量 ΔH

装模高度是指滑块在下止点时,滑块下表面到工作台垫板上表面的距离。当装模高度调节装置将滑块调整到最高位置时,装模高度达最大值,称为最大装模高度 H。滑块调整到最低位置时,装模高度最小。最大装模高度与最小装模高度之差称为装模高度调节量 ΔH。

与装模高度并行的参数还有封闭高度。所谓封闭高度是指滑块在下止点时,滑块下表面到工作台上表面的距离,它和装模高度之差等于工作台垫板的厚度。封闭高度也有最大封闭高度和最小封闭高度,模具的闭合高度应在压力机的最大封闭高度和最小封闭高度之间。

除上述主要技术指标外,还有工作台板尺寸、立柱间距离、喉深、模柄孔尺寸等。我国生产的部分通用压力机的技术参数见表 3.6 和表 3.7。

表 3.6　部分开式压力机的基本参数(GB/T 14347—2009)

基本参数名称			基本参数值															
			I	II	III	I	II	III	I	II	III	I	II	III	I	II	III
公称力(P_g)/kN			40			63			100			160			250		
公称力行程 (S_g)/mm	直接传动		1.5	—		2	—		2	—		2	—		2	—	
	齿轮传动		—	—		—	—		—	—		—	—		3	1.6	3
滑块行程 (S)/mm	可调	最大	50			56			63			71			80		
		最小	6			8			10			12			12		
	固定		50			56			63			71			80	40	100
滑块行程次数 (n)/(次/min)	可调	最大	250			180			150			120			130	180	100
		最小	100			80			70			60			70	95	55
	固定		200			160			135			115			100		100
最大装模高度(H)/mm			125			140			160			180			230		
装模高度调节量(ΔH)/mm			32			35			40			45			50		
滑块中心线至机身距离 (喉深 C)/mm			135			150			165			190			210		
工作台板尺寸/mm	左右(L)		350			400			450			500			700		
	前后(B)		250			280			315			335			400		
工作台板厚度(h)/mm			50	—		60	—		65	—		70	—		80	90	80

续表

基本参数名称		基本参数值				
		I　II　III	I　II　III	I　II　III	I　II　III	I　II　III
工作台孔尺寸/mm	左右(L_1)	130	150	180	220	250
	前后(B_1)	90	100	115	140	170
	直径(D)	100	120	150	180	210
立柱间距离(A)/mm		110	130	160	200	250
滑块底面尺寸/mm	左右(E)	100	140	170	200	250
	前后(F)	90	120	150	180	220
滑块模柄孔直径/mm		$\phi30$	$\phi30$	$\phi30$	$\phi40$	$\phi40$
最大倾斜角 α/(°)		30	30	30	30	30

表 3.7　闭式单点压力机的基本参数（JB/T 1647.1—2012）

公称力 P_g/kN	公称力行程 S_p/mm	滑块行程 S/mm		滑块行程次数 n/(次/min)		最大装模高度 H_1/mm		装模高度调节量 ΔH_1/mm		导轨间最小距离 A/mm	滑块底面尺寸 B_1/mm	工作台板尺寸/mm	
		I	II	I	II	I	II	I	II			L	B
1600	10	200	160	20	32	450	380	200	140	890	700	800	800
2000	10	250	160	20	32	450	380	200	140	990	800	900	900
2500	10	315	200	20	28	500	460	200	160	1090	800	1000	900
3150	10	315	250	20	28	500	460	200	160	1190	900	1100	1000
4000	13	400	250	20	25	550	500	250	160	1360	1100	1250	1200
5000	13	400	315	12	18	600	500	250	200	1610	1300	1500	1400
6300	13	400	315	12	16	700	600	315	250	1710	1400	1600	1500
8000	13	500	400	10	14	750	700	315	250	1830	1500	1700	1600
10000	13	500	400	10	14	850	800	400	350	1930	1500	1800	1600
12500	13	500	—	10	—	850	—	400	—	1930	1500	1800	1600
16000	13	500	—	8	—	950	—	400	—	2150	1700	2000	1800
20000	13	500	—	8	—	950	—	400	—	2150	1700	2000	1800

5）曲柄压力机的型号

按照 GB/T 28761—2012 锻压机械型号编制方法的规定，通用锻压机械型号表示方法如图 3.106 所示。

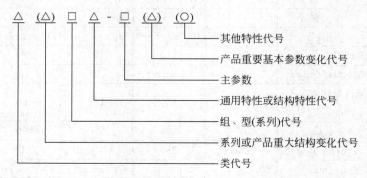

图 3.106　通用机械压力机型号表示方法

图 3.106 中,有"()"的代号,如无内容时则不表示,有内容时则无括号;有"△"符号的,为大写汉语拼音字母;有"□"符号的,为阿拉伯数字;有"○"符号的,为大写汉语拼音字母或/和阿拉伯数字。

锻压机械的分类及字母代号见表 3.8;部分机械压力机名称及组、型(系列)的划分见表 3.9。

表 3.8　锻压机械分类代号

序号	类 别 名 称	汉语简称及拼音	拼音代码
1	机械压力机	机 Ji	J
2	液压机	液 Ye	Y
3	自动锻压机	自 Zi	Z
4	锤	锤 Chui	C
5	锻机	锻 Duan	D
6	剪切机	剪 Jian	J
7	弯曲校正机	弯 Wan	W
8	其他	他 Ta	T

表 3.9　部分机械压力机名称及组、型(系列)的划分

组	型	名　称	主 参 数
开式压力机	20		
	21	开式固定台压力机	公称力/kN
	22	开式活动台压力机	公称力/kN
	23	开式可倾压力机	公称力/kN
	24		
	25	开式双点压力机	公称力/kN
	26		
	27	半闭式压力机	公称力/kN
	28		
	29	开式底传动压力机	公称力/kN
闭式压力机	30		
	31	闭式单点压力机	公称力/kN
	32	闭式单点切边压力机	公称力/kN
	33	闭式侧滑块压力机	主滑块公称力/kN
	34		
	35		
	36	闭式双点压力机	公称力/kN
	37	闭式双点切边压力机	公称力/kN
	38		
	39	闭式四点压力机	公称力/kN

型号示例或标记示例如下:

1600kN 闭式单点高速精密压力机的型号表示为:J75GM—160;经第三次重大改进,行程可调的,带自动送料装置的 2000kN 开式固定台压力机的型号表示为:JC21Z—200D。

2. 高速压力机

高速压力机是机械压力机中的专用压力机,是应大批量冲压件生产需要而发展起来的

一种高效成形设备。

1) 高速压力机的工作特点

高速压力机由电动机通过飞轮直接驱动曲柄,因而滑块的行程次数很高。为充分发挥高速压力机的作用,主机配备有整套全自动的附属机构,包括开卷、校平和送料等装置,并使用高精度、高寿命的级进模,从而使冲压成形实现高速化、自动化的生产,并且获得高精度的冲压件。因此,高速压力机又被称为自动高速压力机。图 3.107 所示为高速压力机及辅助装置示意图。

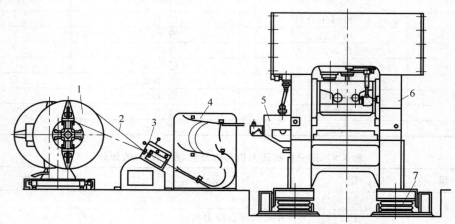

图 3.107　高速压力机及辅助装置示意图

1—开卷机;2—卷料;3—校平机构;4—供料缓冲机构;
5—送料机构;6—高速压力机;7—弹性支承

高速压力机具有以下特点:

(1) 滑块行程次数高。传动系统一般为电动机通过单级带传动直接带动曲轴工作,高速压力机的滑块行程次数一般为普通压力机的 5～10 倍,超高速压力机可达 1000～3000 次/min。

(2) 滑块的惯性大。曲柄的高速旋转及滑块和上模的高速往复运动会产生很大的惯性力(与行程次数的平方成正比)。为减轻往复运动部件的重量,有的高速压力机采用轻质合金制造滑块,以减小惯性力。同时,高速压力机都设有滑块动平衡装置。

(3) 精度高。反映在:①设备精度高。具有高的导向精度、高的运动精度、高的设备制造精度。②模具精度高。高速压力机所用模具一般为多工位级进模,其工位较多,误差是累积误差,要求模具制造精度高。③辅助装置精度高。高速压力机往往是以机组或生产线的方式工作的,生产是在全自动情况下进行的,特别是要求送料机构的送料精度高。

(4) 具有稳定可靠的监测装置,并配置强有力的制动器。在出现送料不到位、冲压区夹带废料等事故发生前能报警,并使压力机滑块在瞬间紧急停车,以保证设备、模具和人身安全。

(5) 设有减振和消声装置。高速压力机的高速运转会产生强烈的振动和噪声,对安全生产和工作环境不利。因此,高速压力机底座与基础间增设了减振垫,机床电器与床身、各重要零件与床身连接处也设有减振缓冲垫,以减小振动对这些零件和电器的影响。对于较大吨位或行程次数高的压力机还采取隔声防护措施,在冲压空间的前后方加隔声板,可以使噪声降低 5～15dB。如果采用隔声室把压力机与外界隔离,可使外界噪声降低 20～25dB。

2) 高速压力机的分类与技术参数

高速压力机按机身结构可分为开式高速压力机、闭式高速压力机和四柱式高速压力机;按连杆数目可分为单点和双点;按传动系统的布置形式可分为上传动和下传动。闭式双点是高速压力机普遍使用的结构形式。

表 3.10 列出了几种高速压力机的技术参数。

表 3.10　几种高速压力机的技术参数

压力机型号	J75G-30	J75G-60	SA9580	HR-15	A2-50	U25L	PDA6	PULS AR60
公称力/kN	300	600	800	150	500	250	600	600
滑块行程/mm	10～40	10～50	25	10～30	25～50	20	15	25.4
滑块行程次数/(次/min)	150～750	120～400	90～900	200～2000	～600	1200	200～800	100～1100
装模高度/mm	260	350	330	275	300	240	280	292.1
装模高度调节量/mm	50	50	60	50	60	30	40	44.45
工作台板尺寸/(mm×mm)	—	830×830	—	—	840×560	550×450	650×600	—
连杆长度/mm	6～80	5～150	220	3～50	—	—	—	—
送料宽度/mm	5～80	5～150	250	5～50	—	—	—	—
送料厚度/mm	0.1～2	0.2～2.5	1		—	—	—	—
主电机功率/kW	7.5	38				15	15	
机床总重/t					3.0	7.0		
国别	中国			德国		日本		美国

3. 精冲压力机

精冲压力机属于专用压力机,是精冲的专用设备。

1) 精冲工艺对压力机的要求

精冲的工艺过程可分为 3 个阶段:首先由齿圈压板、凹模、凸模和反压顶板压紧板料;接着凸模施加冲裁力进行冲裁,使被冲材料剪切区达到塑性剪切变形条件,此时压料力和反压力应保持不变,继续夹紧板料;冲裁结束滑块回程时,提供卸料力和顶件力实现卸料和顶件。为满足精冲工艺的要求,精冲压力机应具有以下特点:

(1) 能实现精冲工艺过程中 3 个阶段的动作要求,能提供冲裁力、压边力、反压力、卸料力、顶料力 5 方面作用力,压料力和反压力能够根据具体零件精冲工艺的需要在一定范围内单独调节。

(2) 冲裁速度可调。为了防止冲裁速度过高使模具温度升高而降低模具寿命和剪切面质量,一方面需改善润滑条件,同时要求限制冲裁速度(但降低冲裁速度将影响生产率)。因此,精冲压力机的冲裁速度在额定范围内可无级调节,以适应冲裁不同厚度和材质零件的需要。目前精冲的速度范围为 5～50mm/s。

(3) 为适应生产需要,精冲压力机一般采取提高空程速度来提高滑块的行程次数。精冲压力机滑块理想的行程曲线如图 3.108 所示。

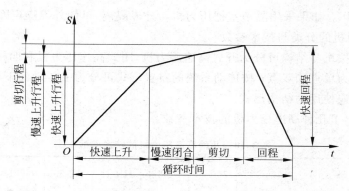

图 3.108　精冲压力机理想行程曲线

（4）导向精度高。精冲模的冲裁间隙很小，一般单边间隙为料厚的 0.5%，为了确保精冲时模具的精确定位，精冲压力机的滑块有精确的导向，同时，导轨有足够的接触刚度，滑块在偏心负荷作用下，仍能保持原来的精度，不致产生偏载。

（5）滑块的行程位置准确。精冲模间隙很小，精冲凹模多为小圆角刃口，精冲时凸模不允许进入凹模的直壁段，为保证既能将工件从板料上冲断又不使凸模进入凹模，要求冲裁结束时凸模要准确处于凹模圆弧刃口的切点，以保证冲模有较长的寿命。滑块行程的位置精度为 ±0.01mm。

（6）床身刚性好。床身有足够的刚度去吸收反作用力、冲击力和所有的振动，在满载时能保持结构精度。

（7）有可靠的模具保护装置及其他辅助装置。精冲压力机均已实现单机自动化，因此，需要完善的辅助装置，如材料的矫直、检测、自动送料、工件或废料的收集、模具的安全保护等装置。

2）精冲压力机的结构类型

精冲压力机按主传动的结构分为机械式和液压式两类。无论哪种类型，其压边系统和反压系统均采用液压结构，容易实现压料力和反压力可调、稳定的要求。为叙述方便，将液压式精冲压力机在此一并介绍。

按主传动和滑块的位置分为上传动和下传动。下传动设备重心低，设备运行中稳定性较好，有利于提高精度，是现有精冲压力机的主流结构。

按滑块运动方向分为立式与卧式两种。但卧式缺点较多，很少使用。

（1）机械式精冲压力机

图 3.109 所示为瑞士生产的 GKP-F25/40 型精冲压力机的结构示意图，是机械式精冲压力机的典型结构，它采用双肘杆底传动。为保证滑块的运动精度，所有轴承都采用过盈配合的滚针轴承，滑块采用过盈配合的滚动导轨，以保证无间隙传动和导向。

主传动系统包括电动机 1、变速箱 14、带传动 13、飞轮 12、离合器 11、蜗轮 7、双边传动齿轮 10、曲轴 9 和双肘杆机构 2。经变速箱、带传动、蜗杆蜗轮传动和双边斜齿轮传动进行减速。因变速箱为无级变速，压力机可在额定范围内获得不同的冲裁速度和相应的每分钟行程次数。

双肘杆机构的传动原理如图 3.110 所示。蜗轮轴经双边齿轮将运动和能量传递给曲轴

A 和 B,并保证曲轴 A 与曲轴 B 的速度相同、方向相反,连杆 1 和肘杆 2 将曲轴 A 和 B 的力传至肘销 C,肘杆 2、3 周期性地伸直和回复到原位。当肘杆伸直时,通过肘杆 3 把力传递给肘杆 4,肘杆 4 通过轴 E 与床身铰接,在连杆 3 的作用下,绕 E 轴摆动,使肘杆 4、5 伸直,肘杆 5 便推动滑块 6 沿滚柱导轨向上运动。同理,当 2、3 肘杆曲臂回收时,带动肘杆 4、5 曲臂回收,主滑块便沿滚柱导轨向下运动。

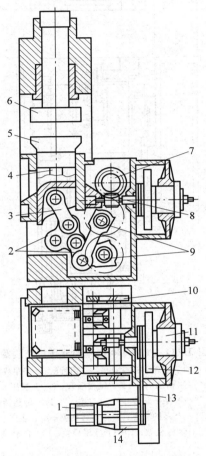

图 3.109　GKP-F25/40 型精冲压力机
结构简图

1—电动机;2—双肘杆机构;3—连杆;
4—反向顶杆;5—主滑块;6—上滑块;7—蜗轮;
8—蜗杆;9—曲轴;10—双边传动齿轮;
11—离合器;12—飞轮;13—带传动;14—变速箱

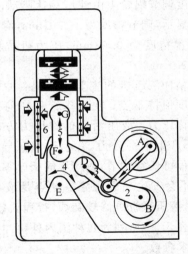

图 3.110　双肘杆传动原理图

1—连杆;2～5—肘杆;6—滑块

齿圈压板和反向顶杆的运动分别由压力机上、下机身内的液压缸和活塞驱动。

机械式精冲压力机的优点是维修方便,行程次数较高,行程固定,重复精度高。但压力机工作时连杆作用于滑块有水平分力,影响导轨精度,并且行程曲线不能按工艺调整。同时,传动机构环节较多,累计误差较大。为控制累计误差,需要采用无间隙的滚动轴承,提高了制造成本。

（2）液压式精冲压力机

图 3.111 所示为我国生产的 Y26-630 型精冲液压机的结构简图。冲裁动作、齿圈压板的压边动作、反压顶杆的动作分别由冲裁活塞 4、压边活塞 12 和反压活塞 6 完成。下工作台 9 直接装在冲裁活塞上，组成压力机的主滑块，利用主缸本身作为导轨（与普通导轨不同，为台阶式内阻尼静压导轨）。这种导轨使柱塞和导轨面始终被一层高强度的油膜隔离而不直接接触，从理论上讲导轨可永不磨损，而且油膜会在柱塞受偏心载荷时自动产生反抗柱塞倾斜的静压支承力，使柱塞保持很高的导向精度。

Y26-630 型精冲液压机的冲裁活塞快速闭模是靠液压系统中的快速回路来实现的，简化了主缸结构。快速回程由回程缸 3 实现。压力机封闭高度调节蜗轮 1 由液压马达驱动，调节距离用数字显示，调节精度为 ±0.01mm，滑块在负荷下的位置精度为 0.03mm，压力机抗偏载能力达 120kN·m。

精冲液压机的主要优点是：冲裁过程中冲裁速度保持不变；在工作行程任何位置都可承受标称压力；液压活塞的作用力方向为轴向方向，不产生水平分力，有利于保证导向精度；滑块行程可任意调节，适应不同板厚零件精冲的要求；不会发生超载现象。缺点是液压马达功率较大，液压系统维修较麻烦，行程次数较低。

表 3.11 所列为几种国内外精冲压力机的主要技术参数。

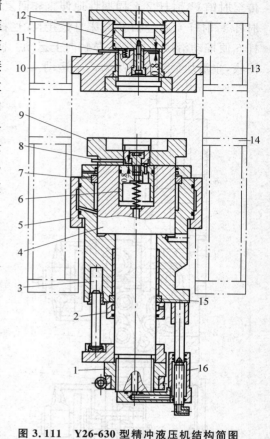

图 3.111　Y26-630 型精冲液压机结构简图
1—调节蜗轮；2—挡块；3—回程缸；4—冲裁活塞；5—平衡压力缸；6—反压活塞；7—上静压导轨；8—下保护装置；9—下工作台；10—传感活塞；11—上保护装置；12—压边活塞；13—上工作台；14—机架；15—下静压导轨；16—防转臂

表 3.11　几种国内外精冲压力机的主要技术参数

压力机型号	Y26-100	Y26-630	GKP-F25/40	GKP-F100/160	HFP240/400	HFP800/1200	HFA630	HFA800
总压力/kN	1000	6300	400	1600	4000	12000	100~6300	100~8000
主冲裁力/kN	—	—	250	1000	2400	8000	—	—
压料力/kN	0~350	450~3000	30~120	100~500	1800	4500	100~3200	100~4000
反压力/kN	0~150	200~1400	5~120	20~400	800	2500	50~1300	100~2000
滑块行程/mm	最大 50	70	45	61	—	—	30~100	30~100

续表

压力机型号		Y26-100	Y26-630	GKP-F25/40	GKP-F100/160	HFP240/400	HFP800/1200	HFA630	HFA800
滑块行程次数/(次/min)		最大 30	5～24	36～90	18～72	28	17	最大 40	最大 28
冲裁速度/(mm/s)		6～14	3～8	5～15	5～15	4～18	3～12	3～24	3～24
闭模速度/(mm/s)		—	—	—	—	275	275	120	120
回程速度/(mm/s)		—	—	—	—	275	275	135	135
模具闭合高度/mm	最小	170	380	110	160	300	520	320	350
	最大	235	450	180	274	380	600	400	450
模具安装尺寸/(mm×mm)	上台面	420×420	φ1020mm	280×280	500×470	800×800	1200×1200	900×900	1000×1000
	下台面	400×400	800×800	300×280	470×470	800×800	1200×1200	900×1260	1000×1200
允许最大精冲料厚/mm		8	16	4	6	14	20	16	16
允许最大精冲料宽/mm		150	380	70	210	350	600	450	450
送料最大长度/mm		180	2×200	—	—	600	600	—	—
电动机功率/kW		22	79	2.6	9.5	60	100	95	130
机床重量/t		10	30	2.5	9	21	60	—	—

3.5.2　液压机

液压机是一种以液体介质来传递能量而被用于各种塑性成形工艺的液压设备。

1. 液压机的工作原理

液压机是根据"静态下密闭容器中液体压力等值传递"的帕斯卡原理制成的,其工作原理如图 3.112 所示。两个充满工作液体的容腔由管道连接,形成充满液体的连通容器,在其一端装有面积为 A_1 的小柱塞,另一端装有面积为 A_2 的大柱塞,柱塞和连通器之间设有密封装置,使连通器内形成一个密闭的空间。当在小柱塞上施加一个外力 F_1 时,则作用在液体上的单位面积压力为 $p=F_1/A_1$,按照帕斯卡原理,这个压力 p 将传递到液体的全部,其数值不变,方向垂直于容器内表面,因而在另一端的大柱塞上,作用于其表面的单位压力 p,使大柱塞上产生 $F_2=pA_2=F_1A_2/A_1$ 的向上推动力。

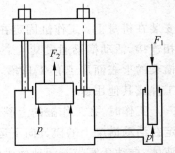

图 3.112　液压机的工作原理

因 $A_2 \gg A_1$,故 $F_2 \gg F_1$。这表明液压机能利用小柱塞上较小的作用力在大柱塞上产生放大多倍的作用力。液压机能产生的总压力取决于工作柱塞面积和液体压力的大小。

2. 液压机的组成与工作循环

1) 液压机的组成

液压机一般由本体和液压系统(操纵部分和动力系统)两部分组成。图 3.113 所示为标准三梁四柱液压机外观图,其本体部分由上横梁、下横梁和 4 根立柱组成。每根立柱都用螺母分别与上、下横梁紧固在一起,组成一个封闭框架,该框架叫做机身。液压机的各部件都

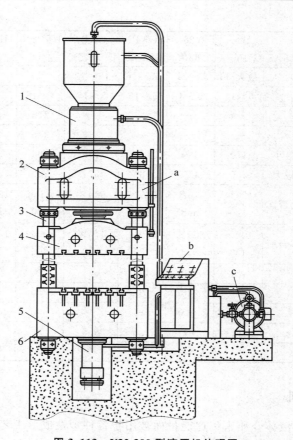

图 3.113　Y32-300 型液压机外观图

1—工作缸；2—上横梁；3—立柱；4—活动横梁；5—顶出缸；6—下横梁

a—本体部分；b—操纵控制系统；c—动力部分

安装在机身上：工作缸固定在上横梁的缸孔中，工作缸内装有活塞，活塞的下端与活动横梁相连接，活动横梁通过其 4 个孔内的导向套导向，沿立柱上下滑动。活动横梁的下表面和下横梁的上表面加工有 T 形槽，以便安装模具。在下横梁的中间孔内装有顶出缸，用于顶出工件或其他用途。

　　工作时，在工作缸的上腔通入高压液体，在液体压力的作用下推动活塞、活动横梁及固定在活动横梁上的模具向下运动，使工件在上、下模之间成形。回程时，工作缸下腔通高压液体，推动活塞带着活动横梁向上运动，返回其初始位置。若需顶出工件，则在顶出缸下腔通入高压液体，使顶出活塞上升将工件顶起，然后向顶出缸上腔通高压液体，使其回程，这样就完成一个工作循环。

　　2）液压机的工作循环

　　液压机的工作循环一般包括：空程向下（充液行程）、工作行程、保压、回程、停止、顶出缸顶出、顶出缸回程等，各行程动作由液压系统控制。图 3.114 所示为最简单的液压系统，在该系统中，通过两个手动三位四通阀来实现液压机的各种行程动作。

　　（1）空程向下（充液行程）

　　换向阀 3 置于"回程"位置，换向阀 5 置于"工作"位置。这时工作缸 11 下腔的油液通过

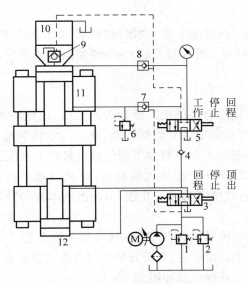

图 3.114　简单的液压控制系统

1,2,6—溢流阀；3,5—换向阀；4—止回阀；7,8—液控止回阀；
9—充液阀；10—充液罐；11—工作缸；12—顶出缸

开启的液控止回阀 7 和换向阀 5 排入油箱,活动横梁靠自重从初始位置快速下行,液压泵输出的油液通过阀 3、4、5、8 进入工作缸 11 的上腔,不足的油液由充液罐 10 内的油液通过充液阀 9 补入,直到上模接触工件。

（2）工作行程

阀 3 和阀 5 的位置不变,当上模接触到工件后,由于下行阻力增大,充液阀自动关闭,这时液压泵输出的液体压力随阻力增大而升高,此油液进入工作缸 11 的上腔推动活塞下行,通过模具对工件进行加工。工作缸下腔的油液继续经阀 7 和阀 5 排回油箱。

（3）保压

若工艺有保压要求,则将换向阀 5 的手柄置于"停止"位置,阀 3 位置不变,液压泵通过阀 5 卸荷,工作缸内的油液被液控止回阀 8 封闭在内而进行保压。

（4）回程

换向阀 5 置于"回程"位置,阀 3 的位置仍不变,液压泵输出的油液通过阀 3、4、5、7 进入工作缸的下腔,同时,打开液控止回阀 8,使工作缸上腔卸压,然后打开充液阀 9,这样,在工作缸下腔高压液体的作用下,活塞带动活动横梁上行,工作缸上腔的油液大部分排入充液罐10 中,小部分经换向阀 5 排入油箱。

（5）停止

将换向阀 3 和 5 的手柄置于"停止"位置,液压泵通过换向阀 3 卸荷,工作缸 11 下腔的油液被液控止回阀 7 封闭于缸内,使活塞及活动横梁稳定地停止在任意所需位置。

（6）顶出缸顶出

换向阀 5 置于"停止"位置,换向阀 3 置于"顶出"位置,液压泵输出的压力油通过阀 3 进入顶出缸的下腔,同时,顶出缸上腔的油液经阀 3 流入油箱,在下腔油压的作用下顶出活塞上升顶出工件。

（7）顶出缸回程

换向阀 5 的位置不变，换向阀 3 置于"回程"位置，顶出缸下腔的油液可经阀 3 流入油箱，液压泵输出的压力油经阀 3 进入顶出缸上腔，使顶出活塞下行。

3. 液压机的分类

1）按工作介质分类

（1）水压机。采用乳化液的液压机一般称为水压机，乳化液由 2% 的乳化脂和 98% 的软水混合而成，它具有较好的防腐蚀和防锈性能，并有一定的润滑作用。乳化液价格便宜、不燃烧、不易污染场地，耗液量大以及热加工用的液压机多为水压机。

（2）油压机。油压机的工作介质多为机械油，也采用透平机油或其他类型的液压油。其在防腐蚀、防锈和润滑性能方面优于乳化液，但油的成本高，易污染场地。

2）按用途分类

（1）手动液压机。小型液压机，用于压制、压装等一般工艺。

（2）锻造液压机。用于自由锻造、钢锭开坯以及有色与黑色金属模锻。

（3）冲压液压机。用于各种板材冲压。

（4）一般液压机。通用液压机。

（5）校正压装液压机。用于零件校形及装配。

（6）层压液压机。用于胶合板、刨花板、纤维板及绝缘材料板等的压制。

（7）挤压液压机。用于挤压各种有色金属和黑色金属的线材、管材、棒材及型材。

（8）压制液压机。用于粉末冶金及塑料制品压制成形等。

（9）打包、压块液压机。用于将金属切屑等压成块及打包等。

（10）其他液压机。

3）按动作方式分类

（1）上压式液压机。工作缸安装在机身上部，活塞从上向下移动对工件加压。放料和取件操作在固定工作台上进行，操作方便，容易实现快速下行，应用最广。

（2）下压式液压机。工作缸装在机身下部，上横梁固定在立柱上不动，当柱塞上升时带动活动横梁上升，对工件施压。卸压时，柱塞靠自重复位。重心较低，稳定性好。

（3）双动液压机。这种液压机的活动横梁分为内、外滑块，分别由不同的液压缸驱动，可分别移动也可组合在一起移动，压力则为内外滑块压力的总和。这种液压机有很灵活的工作方式，通常在机身的下部还配有顶出缸，可实现三动操作，特别适合于金属板料的拉伸成形，在汽车制造业应用广泛。

（4）特种液压机。如角式液压机、卧式液压机等。

4）按机身结构分类

（1）柱式液压机。液压机的上横梁与下横梁（工作台）采用四根立柱连接，由锁紧螺母锁紧，活动横梁可在上、下横梁之间沿四根立柱上下滑动称三梁四柱式，如图 3.113所示。

（2）整体框架式液压机。液压机的机身由铸造或型钢焊接而成，一般为空心箱形结构，抗弯性能较好，立柱部分做成矩形截面，便于安装导向装置，活动横梁的运动精度由导轨保证，运动精度较高。整体框架式机身在塑料制品和粉末冶金、薄板冲压液压机中获得广泛应用。

5）按传动形式分类

（1）泵直接传动液压机。每台液压机单独配备有高压泵,中小型液压机多为这种传动形式。

（2）泵-蓄能器传动液压机。高压液体采用集中供应的办法,提高液压设备的利用率,但需要高压蓄能器和一套中央供压系统,以平衡低负荷和负荷高峰时对高压液体的需要。这种形式在使用多台液压机(尤其多台大中型液压机)的情况下,无论在技术或经济上都是合理的。

4. 液压机的特点

液压机与机械压力机相比,有如下特点:

（1）容易获得很大压力。根据液压传动原理,液压机能产生的总压力取决于工作柱塞面积和液体压力,增大工作柱塞面积即可提高总压力。液压机执行元件结构简单,动力设备可以分别布置,可采用多缸联合工作,容易制造很大吨位的液压机。

（2）工作行程大,并能在行程的任意位置发挥全压。无额定压力行程,名义压力与行程无关,可以在行程中的任何位置上停止和返回,适合要求工作行程大的场合。

（3）工作空间大。液压机无庞大的机械传动机构,而且工作缸可灵活布置,有较大的工作空间。

（4）压力与速度可以在大范围内方便地进行无级调节,而且可以按工艺要求在某一行程作长时间保压。另外,还便于调速和防止过载。

但液压机也存在一些不足之处,具体如下:

（1）由于采用高压液体作为工作介质,因而对液压元件精度要求较高,结构较复杂,机器的调整和维修比较困难,而且高压液体的泄漏还难以避免,不但污染工作环境,浪费压力油,对于热加工场所还存在安全隐患。

（2）液体流动时存在压力损失,因而效率较低,且运动速度慢,降低了生产率。快速小型液压机不如曲柄压力机简单灵活。

5. 液压机的技术参数

液压机的技术参数包括公称力(主参数)、工作液压力、最大回程力等。表 3.12 列出了部分国产液压机的技术参数。

表 3.12　部分国产液压机参数

液压机型号	YA71-45	Y71-63	YX-100	Y71-100	Y32-100-1	Y71-160	YA71-250	Y71-300	Y71-500
公称力/kN	450	630	1000	1000	1000	1600	2500	3000	3000
液体最大工作压力/MPa	32	32	32	32	26	32	30	32	32
最大回程力/kN	60	200	500	200	306	630	1000	1000	
活塞最大行程/mm	250	350	380	380	600	500	600	600	600
活动横梁距工作台最小距离/mm	—	—	270	270			—	600	—
活动横梁距工作台最大距离/mm	750	750	650	650	845	900	1200	1200	1400
最大顶出力/kN	120	200	200	200	184	500	630	500	1000

续表

液压机型号		YA71-45	Y71-63	YX-100	Y71-100	Y32-100-1	Y71-160	YA71-250	Y71-300	Y71-500
活塞行程速度/(mm/s)	低压下行	—	70	23	73.2	—	65	50	46	31.5
	高压下行	2.9	<1.5	1.5	1.4	2.3	1.5	2	1.75	2.1
	低压回程	—	75	46	60	—	65	50	46	37
	高压回程	18	<16	2.8	2.6	50	3	3.7	3.5	2.5
顶出速度/(mm/s)	低压顶出	—	90			60		85		90
	高压顶出	10	<20		2.6	84				80
	低压回程	—	140							110
	高压回程	35	<30			134	30			11
电动机功率/kW		1.5	3	1.5	2.2	10	7.5	10	10	17
工作台尺寸/(mm×mm)		400×360	600×600	600×600	600×600	700×580	700×700	1000×1000	900×900	1000×1000
外形尺寸/(mm×mm×mm)		1400×740×2180	2532×1270×2645	1400×970×2478	1560×880×2470	1400×1100×3400	1950×1700×3350	2420×1910×3660	2613×2540×3760	1800×2800×4270
机器重量/t		1.17	3.5	1.5	2	3.5	4	9	8	14

3.5.3　螺旋压力机

螺旋压力机是利用螺旋机构和惯性原理实现的塑性成形设备,其工作机构采用螺旋滑块机构,通过正反转动螺杆使滑块上下移动,满足模具开合要求。螺旋压力机按结构布置分为上传动和下传动;按工作原理分为惯性螺旋压力机和高能螺旋压力机两大类;按动力形式分为摩擦、电动、液压和复合传动四类。

1. 螺旋压力机的工作原理

1) 惯性螺旋压力机的工作原理

惯性螺旋压力机的本体结构组成如图 3.115 所示。螺母固定于上横梁,旋转飞轮,飞轮与螺杆作螺旋运动,储能备用。当滑块上的模具与毛坯接触时,运动组件(工作部分)受阻减速表现出惯性,飞轮的切向惯性力被螺旋副机构放大后施于毛坯开始工作行程。所储能量耗尽时运动停止,一次打击过程结束。惯性螺旋压力机的工作特点是一次打击,工作部分所储存的动能完全释放。

2) 高能螺旋压力机的工作原理

高能螺旋压力机(图 3.116)的螺母固定在滑块上,与滑块一起作往复运动。螺杆由离合器从动盘带动。飞轮总朝一个方向旋转,仅在向下行程时与离合器接合。回程采用油缸提升滑块,提升滑块时螺杆反向空转。尽管其结构不同,但同样利用了螺旋副增力作用和飞轮的惯性作用。工作中飞轮在转差率许可的范围内释放部分动能,是名副其实的调速飞轮。

高能螺旋压力机虽然结构复杂,但其工作性能有很大提高。

(1) 行程短、速度快,大幅提高了行程次数。由于采用了调速飞轮,不需要等待飞轮储能而预留较大空程,滑块行程仅需满足工艺要求即可。离合器一经接合,滑块立即得到最大速度。

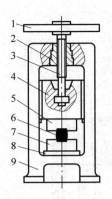

图 3.115　惯性螺旋压力机本体结构

1—飞轮；2—螺母；3—螺杆；4—滑块；

5—上模；6—毛坯；7—下模；8—垫板；9—机身

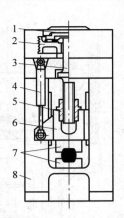

图 3.116　高能螺旋压力机本体结构

1—离合器；2—飞轮；3—螺杆；4—回程缸；

5—螺母；6—滑块；7—模具；8—机身

（2）可控性提高。由于采用了离合器，其开合便于电信号控制。如用压力传感器信号可控制打击力达到某值时结束打击过程；采用位移传感器可控制滑块行程，控制行程相当于控制锻件的变形量。

（3）强度及安全性提高。由于压力可控，通常不会超载，即使控制开关失灵，离合器也将出现打滑，就像惯性螺旋压力机装了打滑飞轮一样，传给螺杆的仅为打滑力矩，仍不会超过打滑冷击力。因此可减小机身的截面尺寸和重量。

2. 摩擦螺旋压力机

双盘摩擦螺旋压力机是摩擦螺旋压力机中应用最广的一种传动形式。它采用两个摩擦盘驱动飞轮，摩擦盘与飞轮组成正交摩擦传动，如图 3.117 所示。摩擦盘固定在横轴上，由横轴带动旋转，换向时由操纵系统操作横轴左右移动摩擦盘使之与飞轮接触产生摩擦，带动飞轮正、反转，进而经螺旋传动实现滑块的上下移动，从而通过模具完成塑性加工。

3. 螺旋压力机的基本参数

螺旋压力机的基本参数有：公称力、运动部分能量、滑块行程、每分钟行程次数、最小封闭高度和工作台尺寸。

1）公称力

在标准中，公称力作为主参数，并用它划分系列。公称力是给螺旋压力机人为规定的名义压力，实际上惯性螺旋压力机的打击力是不固定的，其大小与打击状态、有无飞轮打滑装置有关。模具中不放毛坯打击称冷击，放毛坯打击称锻击。飞轮无打滑装置、全能量冷击时的冷击力最大，称极限冷击力。公称力大约为极限冷击力的 1/3。

公称力用来表示螺旋压力机的规格。螺旋压力机的规格缀于型号之后，组成我国螺旋压力机的完整规格型号。如 J53-400 型表示我国的 4000kN 双盘摩擦螺旋压力机，其中：J53 是这种压力机在我国锻压机械类列组划分表中的地址，即型号，400 表示这台压力机的规格；J57-630 表示 6.3MN 的液压螺旋压力机。

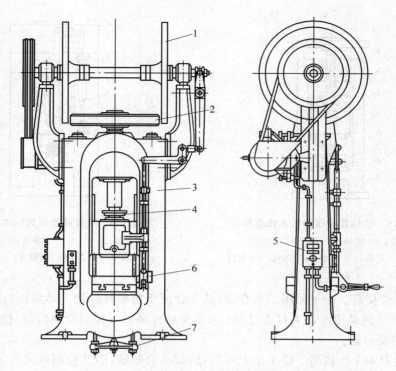

图 3.117　J53 型双盘摩擦螺旋压力机结构
1—横轴部件；2—飞轮；3—机身；4—制动器；5—电器系统；6—控制系统；7—顶出器

　　外国公司的产品规格表示方法略有不同，往往采用文字缩写和数字表示。如哈森公司用 HSPRZ-630 表示热锻型液压马达-齿轮减速传动液压螺旋压力机，其中的文字是产品名（德文）的缩写。数字表示螺杆大径尺寸（630mm）。

　　2）运动部分能量

　　运动部分总动能包括飞轮、螺杆和滑块的动能，大、中型螺旋压力机有时也考虑上模的质量。高能螺旋压力机比惯性螺旋压力机的总动能大一倍。

　　3）滑块行程

　　滑块行程是指滑块在最上位置时，滑块底面至最小封闭高度的距离，也就是滑块的最大移动距离。对于惯性螺旋压力机，滑块行程的大小主要是考虑空程向下时飞轮储存动能的要求，同时兼顾换模、送料、取件使用操作的需要，而规定的圆整数值。对于高能螺旋压力机，滑块行程主要取决于后者。

　　4）行程次数

　　行程次数是按滑块往复行程时间计算的理论次数，它是衡量螺旋压力机生产率的指标。但在实际生产中生产率由生产节拍决定，单纯提高螺旋压力机的行程次数而与实际生产节拍脱节并无实际意义，同时会使动力参数加大，运行成本增加。

　　此外，还有最小封闭高度和工作台尺寸参数，其主要按螺旋压力机的工作能力、使用要求和所需空间规定。

　　表 3.13 和表 3.14 所列分别为我国液压螺旋压力机和锻造型摩擦压力机的基本参数。

表 3.13　液压螺旋压力机的基本参数（JB/T 2474—1999）

公称力/kN	4000	6300	10000	16000	25000	40000	63000	80000	100000
运动部分能量/kJ	36	72	140	280	500	1000	2000	2840	4000
滑块行程/mm	315	355	400	450	500	630	800	900	1000
行程次数/min⁻¹	35	30	25	20	16	12	8	7	6
最小封闭高度/mm	530	630	710	800	1000	1250	1600	1800	2000
工作台尺寸/mm 左右	630	750	900	1120	1250	1400	1700	1800	2000
工作台尺寸/mm 前后	750	900	1120	1250	1500	1900	2360	2650	3000

注：JB/T 2474—1999 已被 JB/T 2474—2018 替代，新标准由中华人民共和国工业和信息化部于 2018 年 5 月颁布，2018 年 12 月 1 日执行。

表 3.14　锻造型摩擦压力机基本参数（JB/T 2547—2010）

公称力 F/kN	允许长期使用力 F_p/kN	运动部分能量 E/kJ	滑块行程 s/mm	滑块行程次数 n/min⁻¹	最小装模高度 h/mm	工作台垫板厚度 t/mm	工作台面尺寸左右 b/mm	工作台面尺寸前后 a/mm
250	400	0.6	140	42	140	60	280	315
400	630	1.25	160	39	150	70	315	355
630	1000	2.25	200	35	235	80	270	315
1000	1600	5	310	19	220	100	450	500
1600	2500	10	360	17	260	100	510	560
2500	4000	18	280	27	280	120	500	630
3150	5000	25	280	25	310	140	560	670
4000	6300	36	500	14	400	120	730	820
6300	10000	80	600	11	470	180	820	920
10000	16000	140	700	10	500	200	1000	1200
16000	25000	280	700	10	550	200	1100	1250
25000	40000	500	750	10	840	250	1250	1500

注：最小装模高度为滑块下平面至工作台垫板上平面的间距。

4. 螺旋压力机的工作性能

螺旋压力机是一种应用面很广的塑性成形设备，既可用于金属的塑性成形，也广泛应用于建筑材料、耐火材料等行业。表 3.15 所示为机械压力机、锻锤、螺旋压力机三种主要成形设备的性能比较。

表 3.15　三种成形设备主要性能比较

比较项目 ＼ 锻造设备	机械压力机	锻锤	螺旋压力机
打击力	不可控	可控	可控
打击速度	慢	快	较快
闭模时间/ms	长（25～40）	短（2～10）	较长（8～25）
工作行程	固定	不固定	不固定
过载能力/%	20～30		60～100
振动冲击	小	大	较小

从表 3.15 中可以看出螺旋压力机的性能特点如下：

（1）打击力可控。螺旋压力机属于能量限定型设备，通过控制每次的打击能量，可控制打击力轻重。

（2）打击速度适中。螺旋压力机的打击速度介于机械压力机与锻锤之间，最大速度为 0.45～1.0m/s，约为锻锤的 1/10、机械压力机的 10 倍。这种速度范围广泛适用于各种材料，如金属实体和粉末材料的锻造、耐火砖压制和建筑材料成形等。同时，由于速度比锻锤低，更适合低塑性合金钢和有色金属等航空材料锻造。

（3）工作行程不固定。由于行程不固定，能自动消除机身弹性变形对工件精度的影响。可实行多次打击获得所需的变形。允许模具打靠，在螺旋压力机上可以获得较高精度的锻件，一般比在曲柄压力机上高 1～2 级，较锤上模锻高 2～3 级。装模高度不固定，换模省时，适宜多品种小批量生产。

（4）过载能力大。螺旋压力机强度是按极限冷击力设计的，只要不全能量冷击，最大锻击力总小于极限冷击力。

（5）冲击振动较小。由于打击力被机身封闭，基础投资比锻锤省。但螺旋压力机机身有不平衡的扭矩传到地基，基础设计要有相应措施。另外，噪声较小，容易满足环保要求，劳动条件相对较好。

习题与思考题

1. 塑性变形对金属组织与性能有何影响？

2. 冲裁变形过程包括哪几个阶段？

3. 影响冲裁件质量的因素有哪些？

4. 弯曲变形程度用什么表示？弯曲时的极限变形程度受哪些因素的影响？

5. 试述减小弯曲件回弹的常用措施。

6. 拉伸过程中的缺陷有哪些？克服这些缺陷应采取什么措施？

7. 什么是单工序模？什么是复合模？什么是级进模？

8. 什么是锻造？金属锻造的目的是什么？

9. 什么叫锻造温度？确定锻造温度的原则有哪些？

10. 简述自由锻和模锻的工艺特点。

11. 挤压成形的特点有哪些？

12. 精密冲裁与普通冲裁有何不同？

13. 简述曲柄压力机的分类及工作原理。

14. 简述液压机的工作原理。

15. 与机械压力机相比，液压机有哪些特点？

16. 简述螺旋压力机的工作原理。

第 4 章 金属焊接成形

工程材料只有具备了一定的结构特性，才能实现特定的功能。在钢结构建筑工程、桥梁工程、机械工程中，连接技术是主要的成形手段。连接成形方法包括机械连接、冶金连接和化学连接。机械连接包括螺栓连接、销连接、键连接等；冶金连接主要指焊接，是金属结构的主要连接方法；化学连接主要指胶接等方法。本章主要介绍冶金连接方法——焊接。

4.1 焊接原理与工艺方法

焊接是一种重要的材料加工工艺，广泛应用于现代工业的各个部门。可以说，几乎所有的产品，从几十万吨的巨轮到不足 1g 的微电子元件，在生产中都不同程度地依赖焊接技术。焊接既可用于金属之间的连接，也可用于部分非金属与金属的连接。对于压力容器、核反应堆器件、宇航载运工具等产品，焊接成形加工方法甚至是其唯一的制造手段。

由于焊接结构具有重量轻、成本低、质量稳定、生产周期短、效率高、市场反应速度快等优点，因此其应用日益增多。焊接结构的用钢量是衡量一个国家焊接技术总体水平的重要指标，而焊接技术的水平又可以衡量一个国家的工业生产能力和水平。与世界工业发达国家一样，我国焊接加工的钢材总量比用其他方法加工的钢材总量多。

那么，什么是焊接呢？焊接是通过加热或加压，或两者并用，并且用或不用填充材料，使工件达到原子间结合的一种加工方法。

与其他连接方式不同，通过焊接实现的连接不仅是一种宏观的永久的连接，而且被连接件之间在微观上也建立了组织上的联系。要想使被连接金属之间达到微观组织上的联系，实质上就是要使被连接面的距离接近，接近到使表面原子间结合力最大的距离。

然而，被焊表面即使是精细的镜面加工，也会存在微观的凸凹不平，存在氧化膜、水分等的吸附层，阻碍了金属表面的紧密接触。为了实现被连接金属之间达到微观组织上的联系，在焊接工艺上要么采用对被连接表面施加压力，破坏其表面的氧化膜，增加接触面积，使其达到原子间结合；要么对被连接表面（或整体）加热，使该处达到塑性或熔化状态，破坏结合表面的氧化膜，使结合处原子获得能量，实现扩散、再结晶、结晶等一系列化学冶金变化，达到结合面的微观结合。

根据焊接过程的特点，可将焊接方法分为 3 大类：熔焊、压焊和钎焊。

4.2 熔焊的工艺特点及应用

将待焊处的母材金属熔化，但不加压以形成焊缝的焊接方法称为熔焊。根据所用能源不同，可以将熔焊分为电弧焊、电渣焊、激光焊、热剂焊、电子束焊等，如图 4.1 所示。

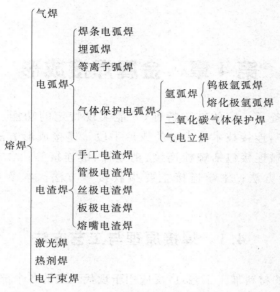

图 4.1　熔焊方法分类

4.2.1　电弧焊

利用电弧作为热源的熔焊方法叫做电弧焊,简称弧焊。电弧焊是目前应用最广泛的焊接方法,包括焊条电弧焊、埋弧焊、气体保护电弧焊、等离子弧焊等。

1. 焊条电弧焊

焊条电弧焊(旧称手工电弧焊,简称手弧焊)是手工操纵焊条进行焊接的电弧焊。

1) 焊条电弧焊工艺

手弧焊时,利用焊条与工件间产生的电弧将焊条和工件局部加热到熔化状态,焊条端部熔化后的熔滴和熔化的母材融合在一起形成熔池。随着电弧热源向前移动和周边介质的散热冷却作用,液态熔池逐步冷却结晶,形成焊缝。焊条电弧焊的过程如图 4.2 所示。

2) 焊条电弧焊设备

焊条电弧焊设备包括电源(又称电焊机)、焊钳、焊接电缆等。电源是其核心部分,是用来对焊接电弧提供电能的专用设备。焊条电弧焊电源的负载是电弧,其电气性能要适应电弧负载的特性。因此,弧焊电源需具备工艺适应性,即满足弧焊工

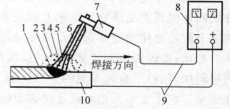

图 4.2　焊条电弧焊过程

1—焊缝;2—熔池;3—保护性气体;4—电弧;
5—熔滴;6—焊条;7—焊钳;8—电焊机;
9—焊接电缆;10—工件

艺对电源的下述要求:①保证引弧容易;②保证电弧稳定;③具有足够宽的焊接规范调节范围。

目前,我国焊条电弧焊用的焊机有 4 大类:弧焊变压器、直流弧焊发电机、弧焊整流器和弧焊逆变器。

(1) 弧焊变压器实际上相当于一台普通变压器与一个电抗器的串联,其外形如图 4.3 所示。弧焊变压器的优点是结构简单、使用可靠、维修容易、成本低、效率高;其缺点是电弧

稳定性差、功率因数低。

（2）直流弧焊发电机是以三相异步电动机为原动机带动一台弧焊发电机组成的。电动机与发电机同轴同壳组成一体式结构（图 4.4）。直流弧焊发电机与弧焊变压器相比，具有引弧容易、电弧稳定、飞溅小、过载能力强、受电网电压波动影响小等优点；其缺点是空载损耗大、效率低、噪声大、造价高、维修难。由于存在这些缺点，直流弧焊发电机已逐步趋于被淘汰。

图 4.3　弧焊变压器　　　　　　　　　　　图 4.4　直流弧焊发电机

（3）弧焊整流器是一种直流电源，它利用交流电经变压、整流后而获得直流电，其外形与弧焊变压器类似（图 4.5）。与直流弧焊发电机相比，具有制造方便、价格低、空载损耗小、噪声小等优点，而且大多可以远距离调节，能自动补偿电网波动对焊接电压、电流的影响。

（4）弧焊逆变器是一种新型的弧焊电源。弧焊逆变器的原理是将单相或三相 50 Hz 的交流网路电压先经过整流器和滤波器变为直流电；然后通过大功率开关电子元件的交替开关作用，变成几百赫或几千赫的中频交流电；再用输出整流器整流并经电抗器滤波，输出适于焊接的直流电，此逆变器便是直流电源（图 4.6）。弧焊逆变器的优点是：①高效节能，效率可达 80%～90%，功率因数可提高到 0.99，空载损耗极小，是一种节能效果极为显著的弧焊电源；②重量轻、体积小，整机重量仅为传统弧焊电源的 1/10～1/5，体积也只有传统弧焊电源的 1/3 左右；③具有良好的动特性和焊接工艺性能。弧焊逆变器是一种很有发展前途的普及性电源。

图 4.5　弧焊整流器　　　　　　　　　　　图 4.6　弧焊逆变器

3）焊条电弧焊的特点及应用

焊条电弧焊使用的设备简单、方法简便灵活、适应性强，适用于各种位置的焊接，应用非常普遍。但其对焊工技术要求较高,焊接质量在一定程度上取决于焊工的实际操作水平。此外,焊条电弧焊劳动条件差、生产效率低、生产综合成本高,正逐渐被自动焊等其他高效焊接方法替代。

焊条电弧焊较适合于焊接单件或小批量的产品,短的和不规则的焊缝,各种空间位置及不易实现机械化和自动化焊接的焊缝。

焊条电弧焊适用于碳钢、低合金钢、不锈钢、铜和铜合金等材料的焊接,铸铁补焊及各种金属材料的堆焊等。活泼金属(如钛、铝等)和难熔金属(如钽、铌、锆、钼等)由于机械保护效果不够好,焊接质量达不到要求,不宜采用焊条电弧焊;低熔点金属如铅、锡、锌及其合金由于电弧温度太高,也不宜采用焊条电弧焊。

2. 埋弧自动焊

埋弧自动焊是最早获得应用的机械化焊接方法。埋弧焊是电弧在焊剂层下燃烧以进行焊接的焊接方法,故亦称焊剂层下的自动电弧焊。

1) 埋弧自动焊工艺

埋弧自动焊的电弧是在颗粒状焊剂下产生的,一旦电弧热使焊件、焊剂熔化以致部分蒸发,金属和焊剂的蒸发气体就会形成一个气泡,电弧就在这个气泡内持续燃烧,如图 4.7 所示。气泡的上部被一层熔融状焊剂所构成的外膜所包围,这层液态外膜不仅很好地隔离了空气与电弧和熔渣的接触,有效地保护了焊接区,而且使有碍操作的弧光不再散射出来。气泡的底后部则为焊接熔池,随着电弧的移动,熔池冷却结晶就形成了焊缝。焊接完成后,未熔化的焊剂可回收使用。

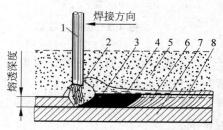

图 4.7 埋弧焊时焊缝的形成过程
1—焊丝;2—电弧;3—熔池金属;4—熔渣;
5—焊剂;6—焊缝;7—焊件;8—渣壳

埋弧焊焊接时焊丝作为一个电极,在电弧高温作用下焊丝不断熔化进入熔池作为填充金属以形成焊缝。把这种利用金属焊丝作为熔化电极进行焊接的电弧焊方法称为熔化极电弧焊。

2) 埋弧自动焊设备

埋弧自动焊焊机由焊接电源、控制箱(现在大都将控制箱和电源做成一体式)、焊接小车(简称小车)、焊接电缆和控制线所组成。根据施焊需要,还有一些辅助设备,如小车行走轨道、铺放焊件的平台或电磁平台、移动焊件的胎架等。

为了保证焊缝的成形,小车行走机构应能调节速度和方向,并保持焊接速度稳定。焊丝给送机构应有自行引燃电弧装置及给送焊丝装置,并能在弧长略有变化时迅速反应、调整,恢复到原来弧长,焊接结束时又能填满弧坑。典型的埋弧自动焊机的组成如图 4.8 所示。

埋弧自动焊机按用途分为通用和专用焊机。前者可用于各种结构的对接、角接、环缝和纵缝等焊接生产;后者只能用来焊接某些特定的结构或焊缝,如埋弧自动角焊机、T 形梁焊机、埋弧堆焊机等。按送丝方式分为等速送丝式和变速送丝式(即电弧电压调节式)焊机。前者适用于细丝或高电流密度的情况,后者适用于粗丝或低电流密度的情况,一些新型焊机已设计有这两种送丝方式。按行走机构形式分为小车式、门架式、悬臂式 3 种。通用埋弧自

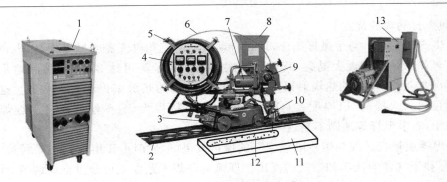

图 4.8　典型埋弧焊机组成

1—焊接电源；2—轨道；3—小车；4—控制盒；5—焊丝盘；6—焊丝；7—送丝电机；8—焊剂漏斗；
9—送丝滚轮；10—导电嘴；11—被焊工件；12—焊剂；13—焊剂回收机

动焊机大都采用小车式行走机构；门架行走机构适用于某些大型结构的平板对接、角接焊缝；悬臂式焊机适用于大型工字梁、化工容器、锅炉气包等圆筒、圆球型结构的纵缝和环缝焊接。按焊丝（电极或电弧）数目分为单丝、双丝和多丝焊机。此外还可按焊缝成形特点分为自由成形和强制成形两种。常见埋弧焊机形式如图 4.9 所示。

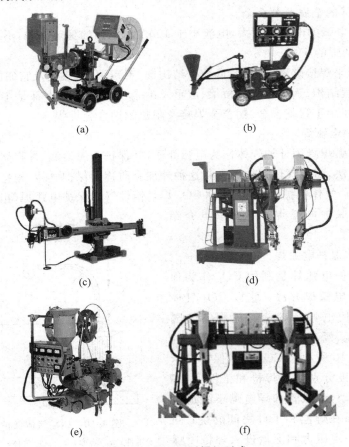

(a)　　　　　　　　　　　　　　(b)

(c)　　　　　　　　　　　　　　(d)

(e)　　　　　　　　　　　　　　(f)

图 4.9　常见埋弧焊机形式

(a) 通用埋弧自动焊机；(b) 专用埋弧角焊机；(c) 操作架式埋弧自动焊机；
(d) 悬臂式埋弧焊机；(e) 双丝埋弧焊机；(f) 门式埋弧焊机

3) 埋弧自动焊的优点

(1) 生产效率高。与手弧焊相比,埋弧自动焊的电流和电流密度显著提高,电弧的熔深能力和焊丝熔敷速度都大大提高,其单面一次焊透能力最高可达 20mm;虽然熔化焊剂损耗了一部分能量,但电弧的热辐射损失、飞溅都很小,总的热效率仍然大大增加。这使埋弧自动焊速度可大大提高,以厚度 8~10mm 的钢板对接焊为例,单丝埋弧自动焊焊速可达 30~50m/h,而手弧焊焊速则不超过 6~8m/h。

(2) 焊缝质量高。因为熔渣隔绝空气的保护效果好,同时由于熔池存在时间长、冶金反应充分,有利于气体的逸出和杂质的浮出。埋弧自动焊工艺参数可通过自动调节,焊接过程及焊缝成分稳定,焊缝和接头力学性能比较好。

(3) 劳动条件好。焊接过程自动进行,减轻了手弧焊操作的劳动强度。此外,无弧光辐射是埋弧自动焊独特的优点。

4) 埋弧自动焊的缺点

(1) 由于保护要求,需堆积颗粒状焊剂,因此埋弧自动焊主要适用于水平或接近水平面的俯位焊缝的焊接。

(2) 目前埋弧焊焊剂的成分主要是 MnO、SiO_2 等金属及非金属氧化物,难以用来焊接铝、钛等氧化性强的金属及其合金。

(3) 埋弧焊电弧的电场强度大,电流小于 100A 时电弧的稳定性差,不适宜焊接薄板。

5) 埋弧自动焊的应用

埋弧焊可用来焊接碳素结构钢、低合金结构钢、不锈钢、耐热钢及它们的复合钢板,因而在造船、海洋工程结构、锅炉、化工、桥梁、起重及冶金机械制造业中都是主要的焊接生产手段之一。此外,还用于镍基合金、铜合金焊接及耐热耐蚀合金堆焊。

3. 气体保护电弧焊

气体保护电弧焊指用外加气体作为电弧介质,并保护金属熔滴、焊接熔池和焊接区高温金属的电弧焊方法,简称气体保护焊。将这种外加介质称为保护气体,根据所用保护气体不同,又可分为 CO_2 气体保护电弧焊(简称 CO_2 焊)、惰性气体保护电弧焊(包括氩弧焊和氦弧焊)和混合气体保护电弧焊。下面重点介绍 CO_2 焊和氩弧焊。

1) CO_2 气体保护电弧焊

CO_2 气体保护电弧焊是利用 CO_2 作为保护气体的熔化极电弧焊方法。它以 CO_2 气体作为保护介质,使电弧及熔池与周围空气隔离,防止空气中氧、氮、氢对熔滴和熔池金属的有害作用。图 4.10 所示为 CO_2 气体保护焊示意图。电源的两极分别接在焊枪和工件上,焊丝由送丝机构带动,经软管和导电嘴不断地向电弧区给送,电弧在焊丝和工件之间燃烧;同时,CO_2 气体以一定压力和流量进入焊枪喷嘴形成保护气流,对焊接区进行保护,防止有害气体的侵入。随着焊枪的移动,熔池尾部金属

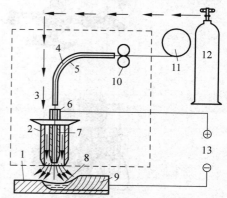

图 4.10 CO_2 气体保护焊示意图

1—工件;2—喷嘴;3—CO_2 气体;4—焊丝;5—软管;6—焊枪;7—导电嘴;8—熔池;9—焊缝;10—送丝机构;11—焊丝盘;12—CO_2 气瓶;13—焊接电源

不断冷却凝固形成焊缝。

（1）CO_2 焊的优点。①焊接生产率高。由于焊接电流密度较大，电弧热量利用率较高，焊后不需清渣，使 CO_2 焊的生产率比普通的焊条电弧焊高 2～4 倍。②焊接成本低。CO_2 气体来源广，价格便宜，焊接过程电能消耗少，使焊接成本降低。通常 CO_2 焊的成本只有埋弧焊或焊条电弧焊的 40％～50％。③焊接变形小。由于电弧加热集中，焊件受热面积小，同时 CO_2 气流有较强的冷却作用，所以焊接变形小，特别适宜于薄板焊接。④焊接品质较高。对铁锈敏感性小，焊缝含氢量少，抗裂性能好。⑤适用范围广。可实现全位置焊接，并且对于薄板、中厚板甚至厚板都能焊接。⑥操作简便，便于监控，有利于实现机械化和自动化焊接。

（2）CO_2 焊的缺点。①飞溅率较大，焊缝表面成形较差；②很难用交流电源进行焊接；③抗风能力差，给室外作业带来一定困难；④不能焊接容易氧化的有色金属。

CO_2 焊的缺点可以通过提高技术水准和改进焊接材料、焊接设备加以解决，而其优点却是其他焊接方法所不能比的。因此，可以认为 CO_2 焊是一种高效率、低成本的节能焊接方法。

（3）CO_2 焊的应用。CO_2 焊主要用于焊接低碳钢及低合金钢等黑色金属。对于不锈钢，由于焊缝金属有增碳现象，影响抗晶间腐蚀性能，所以只能用于对焊缝性能要求不高的不锈钢焊件。此外，CO_2 焊还可用于耐磨零件的堆焊、铸钢件的焊补等方面。目前 CO_2 焊已在汽车制造、机车制造、船舶建造、化工机械、农业机械、矿山机械的制造中得到广泛应用。

2）氩弧焊

用氩气作为保护气体的气体保护电弧焊称为氩弧焊。根据焊接时电极是否熔化可分为熔化极氩弧焊和非熔化极氩弧焊两种。

（1）氩弧焊的工艺特点。

非熔化极氩弧焊（简称 TIG）的电弧在非熔化极（通常是钨极）和工件之间燃烧，在焊接电弧周围流过氩气，形成一个保护气罩，使钨极端头、电弧和熔池及已处于高温的金属不与空气接触，能防止氧化和吸收有害气体，从而形成致密的、力学性能非常好的焊接接头。

用熔化极氩弧焊焊接时，焊丝通过送丝轮送进，导电嘴导电，在母材与焊丝之间产生电弧，使焊丝和母材熔化，并用氩气保护电弧和熔池金属进行焊接。根据采用保护气体的类型不同，熔化极氩弧焊分为 MIG 焊和 MAG 焊。以 Ar 或（和）He 作为保护气体时称为 MIG焊，主要用于铝及铝合金等活泼金属的焊接；用 Ar 与少量氧化性气体混合作为保护气体时（如 $Ar+O_2$，$Ar+CO_2$，$Ar+CO_2+O_2$）称为 MAG 焊，主要用于各种钢材的焊接。混合气体一般为富氩气体，其电弧仍呈氩弧特征。

目前应用最广的是半自动熔化极氩弧焊和富氩混合气体保护焊，其次是自动熔化极氩弧焊。氩弧焊结构如图 4.11 所示。半自动焊的焊丝送进过程是自动的，引弧、熄弧及焊枪沿焊缝方向的移动是手动的；自动焊用自动焊接装置使焊接过程全部自动进行；熔化极氩弧焊与钨极氩弧焊相比，其电流密度大、热量集中、熔敷率高、焊接速度快且容易引弧，焊接质量好，适用于中、厚板材的焊接。

（2）氩弧焊的优点。①氩气是一种惰性气体，即使在高温下也不与金属发生化学反应，消除了合金元素氧化烧损及由此带来的一系列问题。氩气也不溶于液态的金属，因而不会引起气孔。氩气是一种单原子气体，以原子状态存在，在高温下没有分子分解或原子吸热的现象。氩气的比热容和热传导能力小，即本身吸收热量小，向外传热也少，电弧中的热量不易散失，使焊接电弧燃烧稳定，熔滴过渡平稳，无激烈飞溅。②氩弧焊几乎可以焊接所有的

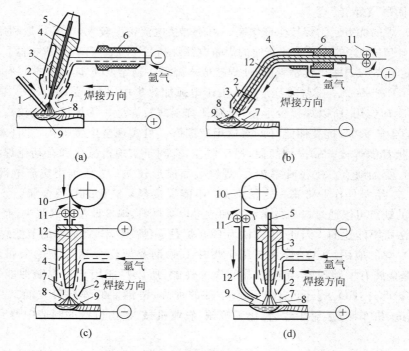

图 4.11　氩弧焊结构示意图

(a) 手工钨极氩弧焊；(b) 半自动熔化极氩弧焊；(c) 自动熔化极氩弧焊；(d) 自动钨极氩弧焊

1—填充细棒；2—喷嘴；3—导电嘴；4—焊枪；5—钨极；6—焊枪手柄；7—氩气流；

8—焊接电弧；9—金属熔池；10—焊丝盘；11—送丝机构；12—焊丝

金属，可焊接的板厚范围宽。③焊缝金属中的含氧量、非金属夹杂物含量比其他焊接方法少得多，焊缝质量高，其塑性、韧性优异。④电弧热量集中，熔池较小，所以焊接速度较快，热影响区域窄，工件焊接变形小。

（3）氩弧焊的缺点。①氩气的电离势较高。当电弧空间充满氩气时，电弧的引燃较为困难。②氩气的成本较高。③氩弧产生的紫外线辐射约为普通焊条电弧焊的 5～30 倍，红外线约为焊条电弧焊的 1～1.5 倍，在焊接时产生的臭氧含量较高。应选择空气流通好的地方施工，否则对人体有较大伤害。

（4）氩弧焊的应用。氩弧焊可以焊接的金属范围极宽，特别适用于焊接易氧化的有色金属和稀有金属。主要用于铝、镁、钛、锆、钽、钼及其合金和不锈钢的焊接，也广泛应用于低合金钢等黑色金属的焊接。

3）气体保护焊设备

（1）CO_2 气体保护焊和熔化极氩弧焊设备。

CO_2 气体保护焊和熔化极氩弧焊设备都有半自动焊和自动焊两种。熔化极气体保护焊设备主要由以下 5 个部分组成：焊接电源、送丝机构、焊枪及行走机构（自动焊）、供气系统与冷却水系统、控制系统。焊接电源提供焊接过程所需的能量，维持焊接电弧的稳定燃烧；送丝机将焊丝从焊丝盘拉出并将其送入焊枪；焊丝通过焊枪时，与铜导电嘴接触而带电，导电嘴将电流从焊接电源输送给电弧；供气系统提供焊接时所需要的保护气体，将电弧、熔池保护起来，若采用水冷焊枪，则还配有冷却水系统；控制系统主要是控制和调整整个焊接程序——开始和停止输送保护气体和冷却水,启动和停止焊接电源接触器,以及按要求控制送丝速度、焊接小车行走方向与焊接速度。

图 4.12 所示为可用于 CO_2 气体保护焊和富氩气体保护焊的半自动焊机。图 4.13 所示为自动气体保护焊机,其在半自动焊机基础上增加了行走机构。

图 4.12　CO_2、MAG 半自动焊机

1—焊枪;2—电源及控制系统;

3—送丝机构;4—送丝送气软管

图 4.13　自动气体保护焊机

1—行走机构;2—焊枪;3—送丝送气软管;

4—送丝机构;5—电源及控制系统

(2) 钨极氩弧焊设备。

手工钨极氩弧焊机应由焊接电源、焊炬、供气和供水系统、焊接控制装置等部分组成,如图 4.14 所示。自动钨极氩弧焊机除上述设备外,还应包括小车行走机构及焊丝给送装置,其结构与一般自动焊机基本相同。图 4.15 所示为手工钨极氩弧焊机,包括电源、软管(装有电缆和气管,水冷式的还装有水管)和焊枪。

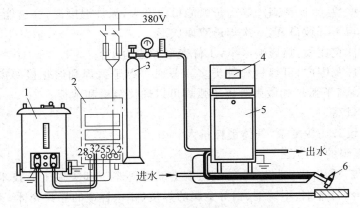

图 4.14　手工钨极氩弧焊机原理图

1—焊接电源;2—控制箱(后面);3—氩气瓶;4—电流表;5—控制箱(前面);6—焊枪

图 4.15　几种手工钨极氩弧焊机

4. 等离子弧焊

1) 概述

等离子弧焊是利用等离子弧作为热源的焊接方法,如图 4.16 所示。等离子弧焊类似于钨极氩弧焊,不同的是它的焊炬采用水冷喷嘴,喷嘴口直径比氩弧焊的小,并将钨极缩到喷嘴内部。钨极与工件之间产生电弧后,气体由电弧加热产生离解,在高速通过小直径的水冷喷嘴时受到压缩,使电弧的温度、能量密度、等离子流速都明显增加,这种压缩电弧就是通常所说的等离子弧。

等离子弧的稳定性、发热量和温度都高于一般电弧,因而具有较大的熔透力和焊接速度。形成等离子弧的气体和它周围的保护气体一般用氩气。根据各种工件的材料性质,也有使用氦或氩氦、氩氢等混合气体的。

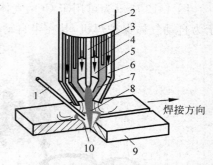

图 4.16　等离子弧焊(穿孔式)

1—填充焊丝;2—焊炬;3—钨极;
4—冷却水;5—形成等离子弧的气体;
6—保护气体;7—水冷喷嘴;
8—等离子弧;9—工件;10—熔池

2) 等离子弧焊设备

按操作方式,等离子弧焊设备可分为手工焊和自动焊两类。手工焊设备由焊接电源、焊枪、控制电路、气路和水路等部分组成;自动焊设备则由焊接电源、焊枪、焊接小车(或转动夹具)、控制电路、气路及水路等部分组成。

3) 等离子弧焊的特点

(1) 焊接速度快,生产率高。等离子弧能量密度大,弧柱温度高,穿透能力强,焊接 10～12mm 厚的钢材可不开坡口,能一次焊透双面成形。

(2) 焊缝的深宽比大,热影响区窄,工件变形和应力小。

(3) 可焊厚度范围广,可焊材料种类多。普通等离子弧焊和熔化极等离子弧焊可以焊厚板,脉冲电流等离子弧焊和微束等离子弧焊可以焊接箔材和薄板。

(4) 焊缝质量高。

(5) 缺点是设备比较复杂,气体消耗量大。

4) 等离子弧焊的应用

等离子弧焊广泛用于工业生产,特别是航空航天等军工和尖端工业技术所用的铜及铜合金、钛及钛合金、合金钢、不锈钢、钼等金属的焊接(如钛合金的导弹壳体,飞机上的一些薄壁容器等)。

5. 等离子弧切割

1) 概述

等离子弧的热量不仅可以用来焊接,还可以用来切割。等离子弧切割是一种常用的金属和部分非金属材料的切割工艺方法。它是利用高温高速等离子电弧的热量使工件切口处的金属局部熔化(和蒸发),并借高速等离子弧射流排除熔融金属以形成切口的一种加工方法。

等离子弧切割的工作原理与等离子弧焊相似,但电源有 150V 以上的空载电压,电弧电压也高达 100V 以上。根据切割时使用的气体,等离子弧切割可分为传统等离子弧切割、空气等离子弧切割和其他等离子弧切割。

传统等离子弧切割一般使用高纯度氮作为等离子气体(也称工作气体),但也可以使用氩、氩氮、氩氢或氮氢等混合气体。一般不使用保护气体,有时也可使用二氧化碳作保护气体。这种等离子弧切割电极采用铈钨极,切割厚度在 12~130mm。

空气等离子弧切割以压缩空气为工作气体,切割成本低。氧与金属相互作用过程中的放热使切割速度提高,切口质量好,已成为等离子弧切割中应用最广泛的一种方法。空气等离子弧切割碳钢的厚度可达 40mm,最佳切割厚度≤25mm。在最佳切割厚度范围内,切割速度是氧乙炔焰切割的 5~6 倍。空气等离子切割不能采用钨极,因其在空气中会很快烧损,而要采用铪(Hr)或锆(Zr)镶嵌式水冷铜电极。这是因为铪、锆在空气电弧燃烧工作时,表面将形成一层铪、锆的氧化物和氮化物,两者均易发射电子,且熔点高,电极烧损很小。

其他等离子弧切割指上述方法之外的等离子弧切割,如再约束等离子弧切割(包括水再压缩等离子弧切割、磁场再约束等离子弧切割)、精细等离子弧切割、水下等离子弧切割、脉冲等离子弧切割、微束等离子弧切割、双弧切割等。

2) 等离子弧切割设备

上述各种等离子切割方法均配有相应的设备。数控等离子切割机主要由等离子电源、机床部分、数控系统及优化套料软件等几部分组成。常见的等离子弧切割设备如图 4.17 所示。

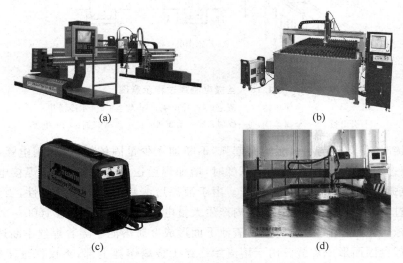

(a)　　　　　　　　　　　　　(b)

(c)　　　　　　　　　　　　　(d)

图 4.17　常用的等离子弧切割设备

(a) 龙门数控等离子切割机;(b) 台式数控等离子切割机;

(c) 逆变式空气等离子切割机;(d) 数控水下等离子切割机

3) 等离子弧切割的优缺点

等离子弧切割的材料范围广,与机械切割相比,等离子弧切割具有切割厚度大、切割灵活、装夹工件简单及可以切割曲线等优点。与氧乙炔焰相比,等离子弧具有能量集中、切割变形小、起始切割时不用预热,而且切割面光洁、热变形小、几乎没有热影响区等优点。

但与机械切割相比,等离子弧切割公差大,而且等离子弧切割过程中会产生弧光辐射、烟尘及噪声等公害。

4）等离子弧切割应用范围

等离子弧几乎可以切割所有的固态金属及部分非金属材料（如矿石、水泥板和陶瓷等）。传统等离子切割由于切割成本高，主要用于切割不锈钢、有色金属、铸铁等难以用氧-乙炔切割的材料，随着空气等离子切割的问世，其应用范围已扩展到普通碳钢及低合金钢。

4.2.2　电渣焊

1. 电渣焊工艺过程

利用电流通过液体熔渣所产生的电阻热作为热源的熔化焊方法称为电渣焊，电渣焊过程如图 4.18 所示。焊前先将工件垂直放置，在两工件之间留有 20～40mm 的间隙，在工件下端装有引弧板，上端装引出板，并在工件两侧表面装有强迫焊缝成形的水冷成形装置（水冷滑块）。焊接电源分别接在电极的导电嘴和焊件上。

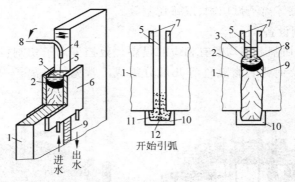

图 4.18　丝极电渣焊过程示意图

1—焊件；2—金属熔池；3—渣池；4—导电嘴；5—焊丝；6—水冷滑块；
7—引出板；8—金属熔滴；9—焊缝；10—引弧板；11—固体焊剂；12—电弧

开始焊接时，使焊丝与引弧板短路起弧，不断加入少量固体焊剂，利用电弧的热量使之熔化，形成液态熔渣，待渣池达到一定深度时，增加焊丝送进速度，并降低焊接电压，使焊丝插入渣池，电弧熄灭，转入电渣焊接过程。由于液态熔渣具有一定的导电性，当焊接电流从焊丝端部经过渣池流向工件时，在渣池内产生大量电阻热，其温度可达 1600～2000℃，将焊丝和工件边缘熔化，熔化的金属沉积到渣池下面形成金属熔池。随着焊丝不断送进，熔池不断上升并冷却凝固而形成焊缝。由于熔渣始终浮于金属熔池上部，不仅保证了电渣焊过程的顺利进行，而且对金属熔池也起到了良好的保护作用。随着焊接熔池的不断上升和焊缝的形成，焊丝送进机构和水冷滑块也不断向上移动，从而保证焊接过程连续进行。

在被焊工件上端安装的引出板是为了把渣池和在停止焊接时易产生缩孔和裂纹的那部分焊缝金属引出工件之外。工件下端的引弧板除了起造渣作用外，也是为了把电渣焊开始过程不稳定、温度不高、易产生未熔合缺陷的那部分金属留在引弧板内。焊后再将引出板和引弧板割除。

2. 电渣焊的种类

电渣焊主要有熔嘴电渣焊、丝极电渣焊、板极电渣焊、管极电渣焊等。

3．电渣焊的特点

（1）生产率高，厚件能一次焊成。由于整个渣池均处于高温下，热源体积大，工件不需开坡口，只要有一定装配间隙便可一次焊接成形，可以节约大量金属材料和加工时间。

（2）经济效果好。虽然有 20～40mm 的装配间隙，但填充金属量比埋弧自动焊少得多。此外，焊剂用量只有埋弧自动焊的 1/15～1/20，耗电量只有埋弧自动焊的 1/2～1/3，所以电渣焊的经济效果好，而且焊件厚度越大经济效果越显著。

（3）焊缝质量好。电渣焊时，金属熔池上面覆盖着一定厚度的渣池，可以避免空气对液态金属的有害作用，也可减缓金属熔池的冷却速度，有利于熔池中气体和杂质的排出，因此不易产生气孔和夹渣等焊接缺陷。渣池对被焊工件有较好的预热作用，焊接中碳钢、低合金钢时不易出现淬硬组织，不易产生冷裂纹。

（4）缺点是焊缝和热影响区晶粒粗大。焊缝和热影响区在高温停留时间长，易产生晶粒粗大的过热组织，焊接接头冲击韧性较低，一般焊后应进行正火和回火热处理。电渣焊不宜于焊接厚度小于 20mm 的焊件。

4．电渣焊的应用

电渣焊除了用来焊接碳钢、低合金高强度钢、珠光体耐热钢之外，还可以焊接铬镍不锈钢、铝和钛等材料。电渣焊工艺主要应用在重型机器、冶金矿山设备、石油化工设备、电站动力设备、大型船舶等制造工业中。特别是在制造大型设备时，由于受到铸、锻设备吨位的限制，不能整铸、整锻时，可采用铸-焊、锻-焊或板-焊结构，利用电渣焊以小拼大，从而显著地减轻结构重量，节约大量金属材料和缩短制造周期。

4.2.3　激光焊接与切割

1．激光的产生

在组成物质的原子中，有不同数量的粒子（电子）分布在不同的能级上，在高能级上的粒子受到某种光子的激发，会从高能级跳（跃迁）到低能级上，这时将会辐射出与激发它的光相同性质的光，而且在某种状态下，能出现一个弱光激发出一个强光的现象，叫做"受激辐射的光放大"，简称激光。

产生激光的装置叫激光器。激光器一般包括 3 个部分。

（1）激光工作介质。激光的产生必须选择合适的工作介质，可以是气体、液体、固体或半导体。在这些介质中可以实现粒子数反转（指把处于基态的原子大量激发到亚稳态 E_2，处于高能级 E_2 的原子数就可以大大超过处于低能级 E_1 的原子数），以创造获得激光的必要条件。

（2）激励源。为了使工作介质中出现粒子数反转，必须用一定的方法去激励原子体系，使处于上能级的粒子数增加。一般可以用气体放电的办法来利用具有动能的电子去激发介质原子，称为电激励；也可用脉冲光源来照射工作介质，称为光激励；此外，还有热激励、化学激励等。各种激励方式被形象化地称为泵浦。为了不断得到激光输出，必须不断地"泵浦"以维持处于上能级的粒子数比下能级多。

（3）谐振腔。有了合适的工作物质和激励源后，可实现粒子数反转，但这样产生的受激辐射强度很弱，无法实际应用。于是人们想到了用光学谐振腔进行放大。所谓光学谐振腔，实际是在激光器两端面对面装上两块反射率很高的镜子，一块几乎全反射，一块大部分反射、少量透射出去，以使激光可透过这块镜子而射出。被反射回到工作介质的光，继续诱发新的受激辐射,光被放大。因此,光在谐振腔中来回振荡,造成连锁反应,雪崩似的获得放大,产生强烈的激光,从部分反射镜子一端输出。

将采用偏光镜反射激光产生的光束集中在聚焦装置中产生能量巨大的光束,如果焦点靠近工件,工件就会在几毫秒内熔化和蒸发,这一效应可用于焊接。激光焊就是以聚焦的激光束作为能源,利用其轰击焊件接缝所产生的热量进行焊接的熔化焊方法。

2. 激光焊设备

激光焊设备主要包括激光器、光学偏转聚焦系统、光束检测器、工作台(或专用焊机)和控制系统。

目前用于激光焊接和切割的激光器有 YAG 激光器、CO_2 激光器和半导体泵浦激光器。

(1) YAG 激光器。YAG 是一种激光材料,叫钇铝石榴石,一般说的 YAG 激光是指掺钕(Nd)的 YAG 晶体发出的波长 1064nm 的激光,是目前最成熟的一种固体激光。YAG 激光器由掺钕钇铝石榴石晶体棒、泵浦灯、聚光腔、光学谐振腔、电源及制冷系统组成,其转换效率为 2%～3%。

(2) CO_2 激光器。这是一种以 CO_2 来产生激光辐射的气体激光器,它发出的激光波长为 $10.6\mu m$,是目前应用最广泛的激光器之一。它的工作方式有连续、脉冲两种。连续方式产生的激光功率可达 20kW 以上;脉冲方式产生波长 $10.6\mu m$ 的激光,也是最强大的一种激光。CO_2 激光器放电管通常由玻璃或石英材料制成,里面充以 CO_2 气体和其他辅助气体(主要是氦气和氮气,一般还有少量的氢或氙气);电极一般是镍制空心圆筒;谐振腔的一端是镀金的全反射镜,另一端是用锗或砷化镓磨制的部分反射镜。当在电极上加高电压(一般为直流或低频交流),放电管中产生辉光放电,锗镜一端就有激光输出。

图 4.19 和图 4.20 所示分别为 YAG 激光焊机和 CO_2 激光焊机。

图 4.19　自动 YAG 激光焊机　　　　　图 4.20　CO_2 激光焊机

(3) 半导体激光器是用半导体材料做工作介质的激光器。半导体泵浦固体激光器是把半导体激光当作其他固体激光器的泵浦来用的,是近年来国际上发展最快、应用较广的新型激光器。该类型激光器利用输出固定波长的半导体激光器代替了传统的氪灯或氙灯来对激光晶体进行泵浦,从而取得了崭新的发展,被称为第二代激光器。它是一种高效率、长寿命、光束质量高、稳定性好、结构紧凑小型化的第二代新型固体激光器。

3. 激光焊的应用

YAG 激光器的加工对象可以是金属工件,也可以是非金属工件。它可以实现金属表面的毛化、强化,焊接金属,修复金属器件中损坏的部分,切割金属板;在非金属方面可实现塑形、表面雕刻；同时也可实现金属或非金属表面的打标(打印商标)功能。

CO_2 激光器有高功率、高质量等非常突出的优点，是目前连续输出功率较高的一种激光器，被广泛应用于材料加工、医疗、军事武器、环境量测等各个领域。大功率 CO_2 激光器主要用于激光焊接、激光切割、激光热处理等。在汽车工业、钢铁工业、造船工业、航空工业、机械工业、冶金工业、金属加工和电机制造等领域应用广泛。

目前，国内半导体泵浦固体激光器市场化水平已经达到数百瓦，实验室水平已经达到千瓦级。在应用上，大功率半导体泵浦固体激光器以材料加工为主，如激光标记、激光焊接、激光切割和打孔等。德国、美国的汽车焊接已用到千瓦级半导体泵浦固体激光焊机，目前主要受到成本和市场需求的限制。

总之，激光焊接已越来越多地应用于制造业、粉末冶金领域、电子工业、生物医学及其他领域。激光焊可以焊接普通钢、模具钢、不锈钢，铜、铝、钛及其合金，银、黄金等多种金属。

4. 激光焊优缺点及新技术

激光焊接采用高能密度的激光作为热源，具有焊接速度高、焊接变形小、热影响区窄、激光焊点直径小(0.2～2.0mm)、可焊材质种类范围大等优点。但激光焊接能量利用率低、设备昂贵，对焊前的准备和坡口的加工精度要求高，使激光焊的应用受到限制。

近年来，激光电弧复合热源焊接得到越来越多的研究和应用，主要方法有：电弧加强激光焊、低能激光辅助电弧焊和电弧激光顺序焊等。①电弧加强激光焊接的主要热源是激光，电弧起辅助作用，图 4.21(a)、(b)所示分别为旁轴电弧加强激光焊和同轴电弧加强激光焊；②低能激光辅助电弧焊接的主要热源是电弧，而激光的作用是点燃、引导和压缩电弧，如图 4.21(c)所示；③电弧激光顺序焊接方法主要用于铝合金的焊接。在前述两种方法中，激光和电弧是作用在同一点的。但在电弧激光顺序焊接中，两者的作用点并非一点，而是相隔有一定的距离，其作用是提高铝合金对激光能量的吸收率，如图 4.21(d)所示。

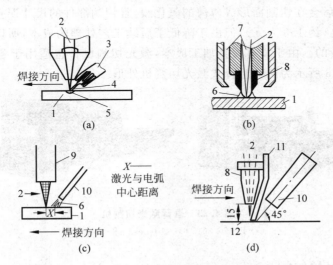

图 4.21　激光电弧复合热源焊接

(a)旁轴电弧加强激光焊；(b)同轴电弧加强激光焊；(c)低能激光辅助电弧焊接；(d)电弧激光顺序焊接

1—工件；2—激光束；3—等离子焊枪；4—等离子弧；5—焊接熔池；6—电弧；

7—保护气体；8—喷嘴；9—激光头；10—焊枪；11—隔板；12—铝表面

除了上述方法外,还提出了一些用其他热源与激光进行复合焊接的工艺,如激光与感应热源复合焊接、双激光束焊接以及多光束激光焊接等。此外还提出了各种辅助工艺措施,如激光填丝焊(可细分为冷丝焊和热丝焊)、外加磁场辅助增强激光焊、保护气控制熔池深度激光焊、激光辅助搅拌摩擦焊等。

5. 激光切割

激光切割是利用聚焦后的激光束作为主要热源的热切割方法。该技术采用激光束照射到钢板表面时释放的能量来使钢熔化并蒸发。激光源一般用二氧化碳激光束,工作功率为$500\sim2500\text{W}$。该功率比许多家用电暖气所需要的功率还低,但通过透镜和反射镜,激光束聚集在很小的区域,能量的高度集中能够进行迅速局部加热,使钢蒸发。此外,由于能量非常集中,仅有少量热传到钢材的其他部分,所造成的变形很小或没有变形。利用激光可以非常准确地切割复杂形状的坯料,所切割的坯料不必再作进一步的处理。激光切割机工作状态及激光切割的零件见图4.22。

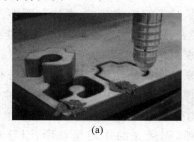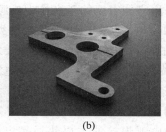

　　　　　(a)　　　　　　　　　　(b)

图 4.22　激光切割

(a)激光切割中；(b)激光切割的金属零件

利用激光切割设备可切割4mm以下的不锈钢,在激光束中加氧气可切割20mm厚的碳钢,但加氧切割后会在切割面形成薄薄的氧化膜,且切割部件的尺寸误差较大。激光切割设备的价格相当高(约150万元),但由于降低了后续工艺处理的成本,所以在大生产中采用这种设备还是可行的。由于没有刀具加工成本,激光切割设备也适用于各种尺寸部件的小批量生产。图4.23所示为两款悬臂式激光切割机外形。

　　　　　(a)　　　　　　　　　　(b)

图 4.23　悬臂激光切割机

(a) Lead α-3015 形；(b) Lead αⅡ-3015 形

4.2.4　气焊与气割

1. 气焊

气焊是利用可燃气体与助燃气体混合燃烧生成的火焰为热源,熔化焊件和焊接材料使之达到原子间结合的一种焊接方法。所使用的焊接材料主要包括可燃气体、助燃气体、焊丝、气焊熔剂等。助燃气体主要为氧气,可燃气体主要采用乙炔、液化石油气等。设备主要包括氧气瓶、乙炔瓶(如采用乙炔作为可燃气体)、减压器、焊枪、胶管等。

1) 气焊的优缺点

优点:①设备简单、使用灵活;②对铸铁及某些有色金属的焊接有较好的适应性;③不需用电,在无电力供应的地方需要焊接时,气焊可以发挥更大的作用。

缺点:①气焊火焰的温度比电弧温度低,发热量较小,火焰热量不集中,生产效率较低;②气焊的保护较差,氧、氮等气体容易侵入焊缝,焊接质量较差;③由于火焰温度低,致使工件加热时间长,受热范围较大,焊后易产生较大的内应力和焊接变形;④由于所用储存气体的气瓶为压力容器、气体为易燃易爆气体,危险性较高。

2) 气焊的应用范围

气焊的应用历史较久,但当前随着各种电弧焊和电阻焊的发展,气焊的应用范围已日益缩小。目前气焊主要应用于 0.5~3mm 的薄钢板、管道以及低熔点有色金属的焊接。在没有电源的地方和进行修补时也常使用气焊。

2. 气割

尽管气焊的应用范围日益缩小,气割的应用却非常广泛。

1) 概述

气割是利用可燃气体与氧气混合燃烧的火焰热能将工件切割处预热到一定温度后,喷出高速切割氧流,使金属剧烈氧化并放出热量,利用切割氧流把熔化状态的金属氧化物吹掉,而实现切割的方法。金属的气割过程实质是铁在纯氧中的燃烧过程,而不是熔化过程。

气割用氧的纯度应大于 99%。可燃气体一般用乙炔气,也可用石油气、天然气或煤气。用乙炔气切割效率最高,质量较好,但成本较其他几种气体稍高。

气割的切割厚度很大,通常所说的大厚度切割指切割厚度在 100mm 以上。国内有多家生产大厚度切割设备的厂家,切割厚度达到 2m 以上。

2) 可气割的金属

气割过程是预热—燃烧—吹渣过程,但并不是所有金属都能满足这一过程的要求,只有符合下列条件的金属才能进行气割:①金属在氧气中的燃点应低于其熔点;②气割时金属氧化物的熔点应低于金属的熔点;③金属在切割氧流中的燃烧应是放热反应;④金属的导热性不应太高;⑤金属中阻碍气割过程和提高钢的可淬性的杂质要少。

符合气割条件的金属有纯铁、低碳钢、中碳钢和低合金钢等。其他常用的金属材料如铸铁、不锈钢、铝和铜等,必须采用特殊的切割方法(例如等离子切割等)而不能用气割。

3) 气割设备

气割设备主要是割炬和气源。割炬是产生气体火焰、传递和调节切割热能的工具,其结构影响气割速度和质量。采用快速割嘴可提高切割速度,使切口平直,表面光洁。手工操作的气割割炬,用氧和可燃气体的气瓶或发生器作为气源。半自动和自动气割机还有割炬驱动机构或坐标驱动机构、仿形切割机构、光电跟踪或数字控制系统。大批量下料用的自动气割机可装有多个割炬和计算机控制系统。图 4.24 所示为几款常用的数控火焰切割机,图 4.25 所示为自动光电跟踪切割机,图 4.26 所示为磁力管道切割机,图 4.27 所示为半自动仿形切割机,图 4.28 所示为用于手工切割的手工割炬。

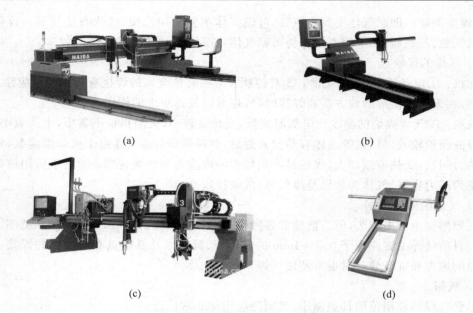

(a)　　　　　　　　　　　　　(b)

(c)　　　　　　　　　　　　　(d)

图 4.24　几款常用的数控火焰切割机

（a）大型龙门式数控火焰切割机；（b）悬臂式数控火焰切割机；

（c）数控回转变坡口火焰切割机；（d）便携式数控火焰切割机

图 4.25　自动光电跟踪切割机

图 4.26　磁力管道切割机

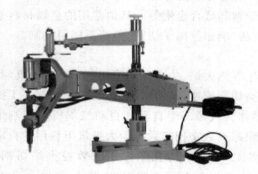

图 4.27　半自动仿形切割机

图 4.28　手工割炬

4) 气割的优缺点和应用

气割具有成本低、设备简单、操作灵活方便、机动性强、切割厚度大、效率较高等优点。但也存在一些缺点,如劳动强度大,对操作者要求较高;切割薄板或很长的钢板时会产生较大的变形;对切口两侧金属的成分和组织产生一定的影响;仅适用于低碳钢、中碳钢、普通低合金钢等少数钢种的切割。

目前,气割在钢结构制造中得到了广泛应用,从钢板的合理下料、装配过程中的余量切割与边缘修整、不同形式焊接坡口的加工到铸件浇注冒口的切割,都可以采用气割方法完成。

4.2.5　电子束焊

电子束焊是利用加速和聚焦的电子束轰击置于真空或非真空中的焊件所产生的热能进行焊接的方法。

1. 电子束焊接设备与工作原理

电子束焊机由电子枪、高压电源、真空机组、真空焊接室、电气控制系统、工装夹具与工作台行走系统等部分组成。

电子束焊机的关键部件是电子枪(图 4.29(a)),电子枪中阴极经电流加热后,在阴阳极间几十至上百千伏的加速电压作用下发射出电子流,该电子流在偏压栅极(图 4.29(a)中控制极)的控制和聚束作用下形成一束电子并从阳极孔中穿过,经过电子枪隔离阀后在聚焦磁透镜的作用下,以极高的能量密度和 0.7 倍光速注入焊接工件,强大的电子动能迅速转化为热能将焊接工件局部熔化而达到焊接的目的。

因为电子枪工作在高压状况下,同时为了减少电子在射入工件前与其他气体分子碰撞而引起能量损失和电子束发散,电子枪与焊接室都必须工作在一定的真空状态下。图 4.29(b)所示为一款电子束焊机的外形。

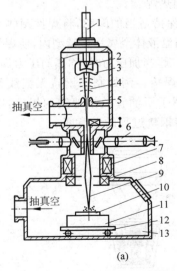

(a)　　　　　　　　　　　　　　　　　(b)

图 4.29　电子束焊接设备与工作原理

(a) 电子束焊接原理示意图;(b) 电子束焊机外形

1—高压电缆;2—灯丝(阴极);3—控制极(阴极);4—高压静电场;5—阳极;6—光学观察系统;
7—磁透镜;8—偏转线圈;9—电子束;10—工件;11—工作台;12—传动机构;13—焊接工作室

2. 真空电子束焊接的特点

(1) 电子束能量密度高,是普通电弧焊和氩弧焊的 100 倍～10 万倍。因此可焊接深而窄的焊缝,深宽比大于 10∶1。目前电子束焊接铝合金厚度可达 450mm,焊缝深宽比可达 70∶1。

(2) 电子束焊接,其焊缝化学成分纯净,焊接接头强度高、质量好。

(3) 电子束焊接所需线能量小,而焊接速度高,因此焊件的热影响区小、焊接变形小,除一般焊接外,还可以对精加工后的零部件进行焊接。

(4) 热源稳定性好,易于实现焊接过程自动化和程序控制,适用于大批量生产。

(5) 电子束焊接的材料种类繁多,且能焊接几何形状复杂的工件。

(6) 真空电子束焊接设备复杂。

3. 电子束焊接的应用

电子束焊可焊接普通钢材、不锈钢、合金钢及铜、铝等金属,焊接难熔金属(如钽、铌、钼)和一些化学性质活泼的金属;还可焊接异种金属,如铜和不锈钢、钢与硬质合金、铬和钼、铜铬和铜钨等。电子束焊接广泛应用于航空航天、原子能、国防及军工等领域。该项技术从 20 世纪 80 年代开始逐步向民用工业转化,汽车工业、机械工业、电气电工仪表等众多行业已广泛应用该技术。

4.2.6　热剂焊

1. 概述

热剂焊一般是指利用金属氧化物和还原剂之间的氧化还原反应所产生的热量熔融金属母材、填充接头而完成焊接的一种方法。

工业上应用最多的氧化剂为三氧化二铁、氧化铜,应用最广泛的还原剂是铝。铝在足够高的温度下,与氧有很强的化学亲和力,可从多数的金属氧化物中夺取氧,将金属还原出来。由于铝价廉易得,是首选的还原剂,因此这种方法又称为铝热焊。

铝热焊的过程是将焊件的两端放入特制的铸型内,并保持适当的间隙,将焊件预热一定的温度后,利用氧化铝在一定温度下进行化学反应形成的高温液体金属注入铸型内,使焊件端部熔化实现焊接。在焊接过程中,有加压力或不加压力的情况,当加压力时,称热剂压力焊。

目前,铝热焊主要应用于铁路钢轨及铜铝导体的现场焊接。例如制作钢轨无缝线路联合接头的主要方法就是钢轨铝热焊。铝热焊在国内还被用于石油管道接地线的焊接,以及大断面铸锻件的焊接、焊修等。图 4.30 所示为铝热焊焊接钢轨过程的示意图。

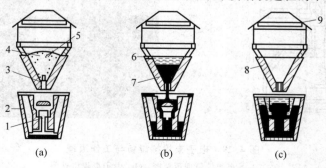

图 4.30　铝热焊焊接钢轨示意图

(a) 焊接前;(b) 浇注过程中;(c) 浇注完毕

1—钢轨;2—砂型;3—自熔塞;4—焊剂;5—高温火柴;6—熔渣;7—钢水;8—坩埚;9—坩埚盖

2．铝热焊的优缺点

优点：①设备简单，投资省，操作简便，无须热源，适于野外作业；②热容量大，焊接时大量过热高温液态金属在较短时间（10s 左右）注入型腔，可使焊接区得到较小冷却速度，对含碳量较高的钢轨也不会造成淬火倾向；③接头平顺性好。

缺点：①焊缝金属是粗大的铸造组织，韧性、塑性较差；②需进行焊后热处理以改善接头性能。

4.3　压焊的工艺特点及应用

焊接过程中，必须对焊件施加压力（加热或不加热）以完成焊接的方法称为压焊。压焊包括电阻焊、摩擦焊、扩散焊、爆炸焊、超声波焊等，如图 4.31 所示。

图 4.31　压焊的分类

4.3.1　电阻焊

1．电阻焊的原理

电阻焊是将被焊工件压紧于两电极之间，并施以电流，利用电流流经工件接触面及邻近区域产生的电阻热效应将其加热到熔化或塑性状态，使之形成金属结合的一种方法。常用的电阻焊方法主要有 4 种，即点焊、对焊、缝焊、凸焊。

（1）点焊。原理如图 4.32（a）所示，焊件 3 由铜合金电极 2 压紧后通电加热，至焊件内部形成应有尺寸的熔化核心 4 为止；切断电流待核心冷却凝固后去除压力，焊件间即靠此焊点形成牢固接头。点焊主要用于薄板焊接。

（2）对焊。原理如图 4.32（b）所示，将焊件 3 置于夹钳电极 2 中夹紧，并使两焊件端面压紧，然后通电加热，当焊件端面及附近金属加热到一定温度时，突然增大压力进行顶锻，两焊件便在固态下形成牢固的对接接头 4。对焊常用于焊接端面平整的杆件。

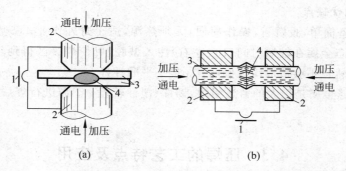

图 4.32　点焊和对焊原理图

（a）点焊原理图；（b）对焊原理图

1—焊接变压器；2—电极；3—焊件；4—焊核

（3）缝焊。过程与点焊相似，只是以旋转的圆盘状滚轮电极代替柱状电极，将焊件装配成搭接或对接接头，并置于两滚轮电极之间，滚轮对焊件加压并同时转动，连续或断续送电，最终形成一条连续的焊缝（图 4.33）。缝焊主要用于焊接焊缝较为规则、要求密封的结构，板厚一般在 3mm 以下。

（4）凸焊。凸焊是点焊的一种变形型式，该方法是在一个工件的贴合面上预先加工出一个或多个凸起点，使其与另一工件表面相接触，加压并通电加热，凸起点压塌后，使这些接触点形成焊点。凸焊点的形成机理与点焊基本相似，图 4.34 所示为一个凸焊点的形成过程。其中图（a）是带凸点工件与不带凸点工件相接触；图（b）是电流已开始流过凸点从而将其加热至焊接温度；图（c）是电极力将已加热的凸点迅速压溃，然后发生熔合形成核心；完成后的焊点如图（d）所示。凸点的存在提高了接合面的压强和电流密度，有利于接合面氧化膜破裂与热量集中，使熔核迅速形成。

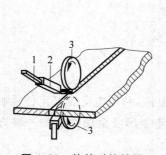

图 4.33　垫箔对接缝焊

1—箔带；2—导向嘴；3—电极

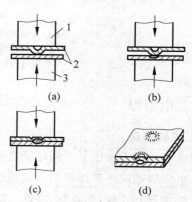

图 4.34　凸焊点的形成过程

1—上电极；2—工件；3—下电极

凸焊主要用于焊接低碳钢和低合金钢的冲压件。凸焊的种类很多，除板件凸焊外，还有螺帽、螺钉类零件的凸焊、线材交叉凸焊、管子凸焊和板材 T 形凸焊等。

2. 电阻焊设备

电阻焊设备种类很多，主要包括点焊机、缝焊机、凸焊机和对焊机。有些场合还包括与这些设备配套的控制箱。一般的电阻焊设备由 3 个主要部分组成：①以阻焊变压器为主，包括电极及二次回路组成的焊接回路；②由机架和有关夹持工件及施加焊接压力的传动机构组成的机械装置；③能按要求接通电源，并可控制焊接程序中各段时间及调节焊接电流的控制电路。

图 4.35 所示为点焊机、缝焊机、凸焊机和气动对焊机的外形结构。

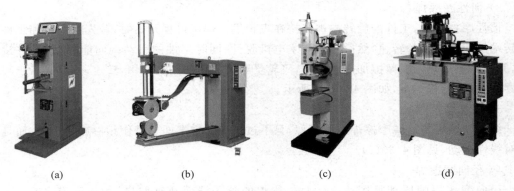

(a)　　　　　　(b)　　　　　　(c)　　　　　　(d)

图 4.35　电阻焊设备

(a) 脚踏式点焊机；(b) 缝焊机；(c) 凸焊机；(d) 气动对焊机

3. 电阻焊的优缺点

优点：①熔核形成时，始终被塑性环包围，熔化金属与空气隔绝，冶金过程简单；②加热时间短，热量集中，故热影响区小，变形与应力也小，通常焊后不必安排校正和热处理工序；③不需要焊丝、焊条等填充金属，也不需要氧、乙炔、CO_2 等焊接材料，焊接成本低；④易于实现机械化和自动化，改善了劳动条件；⑤生产率高，且无噪声及有害气体，在大批量生产中，可以和其他制造工序一起编到组装线上，但闪光对焊因有火花喷溅，需要隔离。

缺点：①缺乏可靠的无损检测方法，焊接质量只能靠工艺试样和工件的破坏性试验来检查，或靠各种监控技术来保证；②点焊、缝焊的搭接接头不仅增加了构件的重量，且因在两板焊接熔核周围形成夹角，致使接头的抗拉强度和疲劳强度均较低；③设备功率大，常用的大功率单相交流焊机不利于电网的平衡运行。

4. 电阻焊的应用

电阻焊的应用范围正在逐步扩大。目前，电阻焊比较广泛地应用于航空航天、电子、汽车、家用电器等工业领域。

4.3.2　摩擦焊

摩擦焊是在压力作用下，通过待焊工件的摩擦界面及其附近温度升高，材料的变形抗力降低、塑性提高、界面氧化膜破碎，伴随着材料产生塑性流变，通过界面的分子扩散和再结晶而实现焊接的固态焊接方法。

1. 摩擦焊种类及原理

摩擦焊通常由如下 4 个步骤构成：①机械能转化为热能；②材料塑性变形；③热塑性下的锻压；④分子间扩散再结晶。按焊件相对运动形式，可分为连续驱动摩擦焊、惯性摩擦焊、线性摩擦焊、径向摩擦焊、搅拌摩擦焊等。

1）连续驱动摩擦焊

连续驱动摩擦焊又称旋转摩擦焊，它是利用焊件接触端面相对旋转运动中相互摩擦所产生的热使端部达到热塑性状态，然后迅速顶锻，完成焊接的一种压焊方法。这是摩擦焊中最常用的方法，见图 4.36(a)。

2）惯性摩擦焊

惯性摩擦焊时，工件的旋转端被夹持在飞轮里。焊接过程开始时，首先将飞轮和工件的旋转端加速到一定的转速，然后飞轮与主电机脱开，同时工件的移动端向前移动，工件接触后，开始摩擦加热。在摩擦加热过程中，飞轮受摩擦扭矩的制动作用，转速逐渐降低，当转速为零时，焊接过程结束，如图 4.36(b)所示。

3）线性摩擦焊

线性摩擦焊与旋转摩擦焊过程相似，只不过被焊工件端面不是作相对旋转运动，而是作相对线性运动，见图 4.36(c)。

4）径向摩擦焊

径向摩擦焊的原理见图 4.36(d)。待焊的管子端面开有坡口，管内套有芯棒，施有轴向压力 p_0，然后装上带有斜面的圆环。焊接时圆环旋转并承受径向压力 p。当摩擦加热过程结束时，圆环停止旋转，再向圆环施加顶锻压力。径向摩擦焊接时，被焊管本身不转动，管子内部不产生飞边，全部焊接过程大约只需 10s，主要用于管子的现场装配焊接。

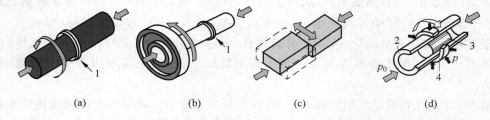

(a)　　　　　(b)　　　　　(c)　　　　　(d)

图 4.36　几种摩擦焊原理示意图

(a) 旋转摩擦焊；(b) 惯性摩擦焊；(c) 线性摩擦焊；(d) 径向摩擦焊

1—接头；2—待焊圆管；3—芯棒；4—圆环

5）搅拌摩擦焊

搅拌摩擦焊(friction stir welding, FSW)是 1991 年由英国焊接研究所(TWI)发明的一种在机械力和摩擦热作用下的固相连接技术。搅拌摩擦焊方法与常规摩擦焊一样，也是利用摩擦热作为焊接热源。搅拌摩擦焊焊接过程中，一个柱形带特殊轴肩和搅拌针的搅拌头旋转着缓慢插入被焊接工件，搅拌头和被焊接材料之间的摩擦阻力产生了摩擦热，使搅拌头邻近区域的材料热塑化(焊接温度一般不会达到和超过被焊接材料的熔点)，轴肩与工件表面摩擦生热，并用于防止塑性状态材料的溢出，同时可以起到清除表面氧化膜的作用。当搅拌头旋转着向前移动时，热塑化的金属材料从搅拌头的前沿向后沿转移，并且在搅拌头轴肩与工件表层摩擦产热和锻压的共同作用下，形成致密固相连接接头。搅拌摩擦焊原理和过程见图 4.37。

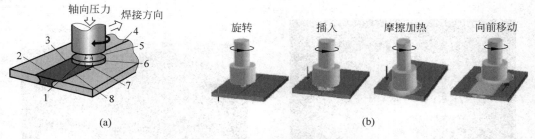

图 4.37　搅拌摩擦焊示意图

(a) 搅拌摩擦焊原理；(b) 搅拌摩擦焊过程

1—搅拌头后沿；2—焊缝；3—焊缝前进侧；4—被焊板拼缝；5—搅拌头前沿；

6—搅拌头轴肩；7—搅拌针；8—焊缝回转侧

搅拌摩擦焊技术已经成为在铝合金结构制造中可以替代熔焊工艺的固相连接技术，这项新型的焊接技术在航空航天飞行器、高速舰船快艇、高速轨道列车、汽车等轻型化结构以及各种铝合金型材拼焊结构制造中，已经展示出显著的技术和经济效益。该方法根除了熔焊所固有的焊接缺陷(气孔、凝固裂纹等)、提高了接头和结构的连接质量、降低了焊接变形等，并在其他轻金属如镁、锌等材料结构的制造中也正在实施工程化应用。下面列举几个搅拌摩擦焊应用的实例。

航行者系列(The Voyager Class)是世界上最大的邮船系列之一，长 311m，高 63m (图 4.38(a))。该船的甲板采用瑞典 Sapa 公司为其生产的铝合金预制件制造而成。Sapa 公司使用搅拌摩擦焊制造了 2.4m 宽、14.3m 长的预制件，虽然面积达到 34m² 之多，但预制件非常平整，几乎就像一块整体挤压型材(图 4.38(b))。

图 4.38　用 FSW 制造的铝合金预制件及在 The Voyager Class 邮船上的应用

上海航天特种焊接设备研究中心已成功实现直径 5000mm、厚度 25mm 的铝合金筒形结构件的纵、环缝焊接，以及能够针对封底结构实现空间曲面的搅拌摩擦焊接，如图 4.39 所示。该中心采用搅拌摩擦焊技术连接的翅片散热器与整体挤压产品的性能一致，并能显著降低成本，焊接区厚度最大可达 20mm，如图 4.40 所示。

搅拌摩擦焊目前的发展目标之一是攻克高熔点金属材料连接的难题，诸如普通碳钢、不锈钢、钛合金甚至高温合金等结构材料的固相连接，进一步优化搅拌工具的型体设计与材料选取，以及焊接过程参数的监控、焊接质量实时检测和控制、制订标准等。目前，这些方面的研究已取得一些进展。

图 4.39　封底加工

图 4.40　翅片散热器

2. 摩擦焊设备

目前国内应用的摩擦焊机,绝大多数是连续驱动摩擦焊机。连续驱动摩擦焊整套设备主要包括主轴系统、液压系统、机身、夹头及辅助装置、控制系统。惯性摩擦焊机主要由主轴、飞轮、夹盘、移动夹具、液压系统、辅助装置及控制系统等组成。辅助装置是根据生产需要添加的,诸如自动送料、卸料装置、飞边切除装置及焊后热处理装置等。连续驱动摩擦焊机和惯性摩擦焊机的外形分别见图 4.41 和图 4.42。

图 4.41　连续驱动摩擦焊机外形

图 4.42　惯性摩擦焊机外形

搅拌摩擦焊对设备的要求并不高,最基本的要求是搅拌头的旋转运动和工件的相对运动,即使一台铣床也可简单地达到小型平板对接焊的要求。但焊接设备及夹具的刚性、搅拌头的材料和形状设计是极其重要的。

目前,与搅拌摩擦焊相适应的焊接新装备和搅拌工具的发展非常快,各种类别的新型搅拌头材料及型体设计、新型搅拌摩擦焊接设备、自动化装置及机器人均已问世。图 4.43 所示为 Marine Aluminum Aanensen 公司的搅拌摩擦焊设备,图 4.44 所示为国内首台 12m 带筋板大型搅拌摩擦焊拼接设备,图 4.45 所示为上海航天特种焊接设备研究中心研制的部分搅拌摩擦焊机。

图 4.43　Marine Aluminum Aanensen 公司的搅拌摩擦焊设备

图 4.44　国内首台 12m 带筋板大型搅拌摩擦焊拼接设备

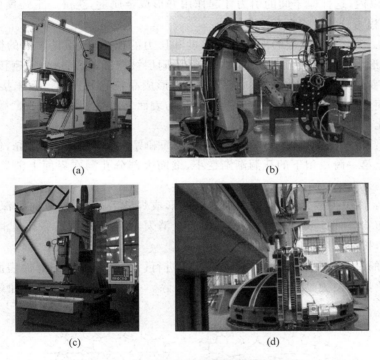

(a)　　　　　　　　　　　　　　(b)

(c)　　　　　　　　　　　　　　(d)

图 4.45　部分国产搅拌摩擦焊机

(a) 基础型搅拌摩擦点焊机；(b) 机器人型搅拌摩擦点焊机；

(c) 平面曲线二维搅拌摩擦焊设备；(d) 三维搅拌摩擦焊设备

3. 摩擦焊的优缺点

摩擦焊与传统熔焊最大的不同点在于整个焊接过程中,待焊金属获得能量使其温度升高,但没有达到其熔点,即金属是在热塑性状态下实现的类似锻态的固相连接。凡是接头部分具有紧凑回转端面的,几乎都可以采用摩擦焊的方法焊接。搅拌摩擦焊的问世使得轻金属(如铝、镁及其合金)板材可以用摩擦焊的方法获得优质接头。摩擦焊可以焊接大多数同种或异种金属,对高温时塑性良好的同种金属以及能够互相固熔和扩散的异种金属,都具有良好的焊接性。

优点：①摩擦焊焊接接头质量高,能达到焊缝强度与基体材料等强度；②焊接效率高、节能、节材、低耗,焊接过程无烟尘或有害气体,无飞溅、弧光和火花;③接头质量稳定、一致性好;④可实现异种材料焊接。

缺点:①对于盘状焊接件和薄壁管件,因其不容易夹固,用摩擦焊焊接难度较大;②摩擦焊机一次性投资较大,只有大批量集中生产时才能体现较好的经济效益。

4.3.3　扩散焊

扩散焊是指在真空或保护气氛中,两焊件紧密贴合,并在一定温度和压力下保持一段时间,使接触面之间的原子相互扩散完成焊接的一种压焊方法。

1. 扩散焊的机理

扩散焊是在金属不熔化的情况下形成焊接接头的,这就必须使两待焊件表面接触距离达到 $0.01\mu m$ 以内,这样原子间的引力才起作用并形成金属键,获得一定强度的接头。扩散焊接头形成过程可分为 3 个阶段。

第一阶段:变形和交界面的形成。在温度和压力的作用下,粗糙表面的微观凸起部位首先接触和变形,在变形中表面氧化层被挤破,吸附层被挤开,从而达到紧密接触,形成金属键连接。随着变形加剧,接触区扩大,最终在表面形成晶粒间的连接。而未接触区形成"孔洞"残留在界面上。同时,由于相变和位错等因素,表面上产生"微凸",这些"微凸"又是形成金属键的"活化中心"(图 4.46(a)、(b))。

第二阶段:晶界迁移和微孔的消除。通过表面和界面原子扩散、再结晶,使界面晶界发生迁移,界面上第一阶段留下的孔洞渐渐变小,继而大部分孔洞在界面上消失,形成了焊缝(图 4.46(c))。

第三阶段:体积扩散、微孔和界面消失。在形成焊缝后,原子扩散向纵深发展,出现所谓"体"扩散,随着"体"扩散的进行,原始界面完全消失,界面上残留的微孔也消失,在界面处达到冶金连接,接头成分趋向均匀(图 4.46(d))。

在扩散焊的过程中,上述 3 个阶段依次连续进行。扩散焊质量与焊件表面质量有紧密的联系,表面质量的关键是焊件表面氧化膜的去除。一般通过挤破、溶解和球化聚集作用去除。

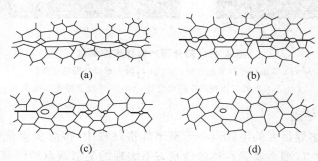

(a)　　　　　　　　　(b)

(c)　　　　　　　　　(d)

图 4.46　扩散焊接头形成过程示意图
(a) 凹凸不平的初始接触;(b) 变形和形成部分界面阶段;
(c) 元素相互扩散和反应阶段;(d) 体积扩散及微孔消除阶段

2. 扩散焊种类

扩散焊的分类方法很多,一般可按以下方式进行分类。

1) 按照被焊材料的组合形式分

（1）无中间层扩散焊。不加中间层，两种被焊材料直接接触。

（2）加中间层扩散焊。在被焊材料之间加入一层熔点低于母材的金属或者合金（称为中间层），这样就可以焊接很多难焊的或冶金上不相容的异种材料（如异种金属之间或金属与陶瓷、石墨等非金属），以及焊接熔点很高的同种材料。

加或不加中间层的扩散焊均可用于同种材料和异种材料扩散焊接。通常，当不加中间层难以保证焊接质量时，就应采用加中间层扩散焊。

2) 按照焊接时接缝处是否出现液相分

（1）固相扩散焊。焊接过程中，母材和中间层均不发生熔化和产生液相，是经典的扩散焊方法。

（2）液相扩散焊。在扩散焊过程中，接缝区短时出现微量液相。短时出现的液相有助于改善扩散表面接触情况，允许使用较低的扩散焊压力。此微量液相在焊接过程中、后期经等温凝固、均匀化扩散过程，接头重熔温度将提高，最终形成其成分接近母材的接头。获得微量液相的方法有两种：

① 利用共晶反应。对于某些异种金属扩散焊可利用它们之间可能形成低熔点共晶的特点进行液相扩散焊（称为共晶反应扩散焊）。这种方法要求一旦液相形成之后应立即降温使之凝固，以免继续生成过量液相，所以要严格控温，实际上应用较少。

② 添加特殊钎料。此种获得液相的方法是吸取了钎焊特点而发展形成的，特殊钎料是采用与母材成分接近但含有少量既能降低熔点，又能在母材中快速扩散的元素（如 B、Si、Be 等），用此钎料作为中间层，以箔或涂层方式加入。与普通钎焊比较，此钎料层厚度较薄。

3) 按照所使用的工艺分

每一类扩散焊根据所使用的工艺手段不同，又可分为多种方法，其中常用的方法有以下几种。

（1）真空扩散焊。指在真空条件下进行的扩散焊。该方法适用于尺寸不大的工件，被焊材料或中间层合金中含有易挥发元素时不应采用此方法。

（2）热等静压扩散焊。指利用热等静压技术完成焊接的一种扩散焊工艺。焊前应将组装好的工件密封在薄的软质金属包囊之中并将其抽真空，封焊抽气口；然后将整个包囊放入通有高压惰性气体的加热室中加热，利用高压气体与真空囊中的压力差对工件施以各向均衡的等静压力，在高温与高压共同作用下完成焊接过程。由于压力各向均匀，工件变形小。

（3）超塑成形扩散焊。这是一种将超塑成形与扩散焊结合起来的新工艺，适用于具有超塑性的材料，如钛、铝及其合金等，可以在高温下用较低压力同时实现成形和焊接。薄壁零件可先超塑成形后焊接，也可反向进行，次序取决于零件的设计。如果先成形，则使接头的两个配合面对在一起，以便焊接；如果两个配合面原来已经贴合，则先焊接，然后用惰性气体充压，使零件在模具中成形。采用此种组合工艺可以在一个热循环中制造出复杂的空心整体结构件。在超塑状态下进行扩散焊有助于提高焊接质量。

各种扩散焊方法的划分及其特点见表 4.1。

表 4.1　扩散焊方法及特点

序号	划分依据	方 法 名 称	特　　　点
1	保护气氛	真空扩散焊	在真空条件下进行扩散焊
		气体保护扩散焊	在惰性气体或还原性气体中进行扩散焊
2	加压方法	机械加压扩散焊	用机械压力对连接面施加压力,压力均匀性难以保证
		热胀差力加压扩散焊	利用夹具和焊接材料或两个焊接工件热胀系数之差而获得压力
		气体加压扩散焊	利用保护气体压力对连接面施加压力,适于板材大面积扩散焊
		热等静压扩散焊	利用超高压气体对工件从四周均匀加压进行扩散焊
3	加热方法和方式	电热辐射加热扩散焊	常用方法,利用电阻丝(带)高温辐射加热工件,控温方便、准确
		感应加热扩散焊	高频感应加热,适合小件
		电阻扩散焊	利用工件自身电阻和连接面接触电阻,通电加热工件,加热较快
		相变扩散焊	焊接温度在相变点附近温度范围内变动。缩短扩散时间,改善接头性能
4	与其他工艺组合	超塑成形扩散焊	将超塑成形和扩散焊结合在一个热循环中进行
		热轧扩散焊	将板材锻轧变形与扩散焊结合
		冷挤压-扩散焊	利用冷挤压变形增强扩散焊接头强度

3. 扩散焊设备

进行扩散焊焊接所用设备一般有真空扩散焊机、超塑成形扩散焊机、热等静压扩散焊机等。真空扩散焊设备由真空室、加热器、加压系统、真空系统、温度测控系统及电源等组成,如图 4.47 所示。图 4.48 所示为一款真空扩散焊设备的外形。

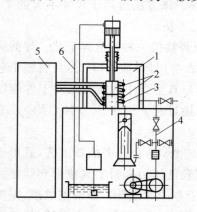

图 4.47　真空扩散焊设备组成示意图
1—真空室;2—被焊零件;3—高频加热线圈;
4—真空抽气系统;5—高频电源;6—加压系统

图 4.48　真空扩散焊设备

超塑成形扩散焊设备由压力机、真空-供气系统、特种加热炉及其电源组成。图 4.49 所示为超塑成形扩散焊设备组成示意图。

热等静压扩散焊是在通用热等静压设备中进行的,它由水冷耐高压气压罐、加热器、框架、液压系统、冷却系统、温控系统、供气系统和电源等部分组成。热等静压扩散焊设备较复杂,图 4.50 所示为热等静压扩散焊设备主体部分的结构示意图。

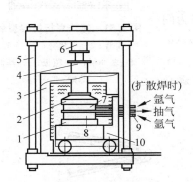

图 4.49　超塑成形扩散焊设备组成
示意图

1—下金属平台;2—上金属平台;3—炉壳;
4—导筒;5—立柱;6—油缸;7—上模具;
8—下模具;9—气管;10—活动炉底

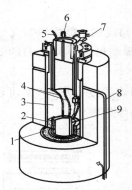

图 4.50　热等静压扩散焊设备主体
部分的结构示意图

1—电热器;2—炉衬;3—隔热层;
4—电源引线;5—惰性气体管道;6—安全阀组件;
7—真空管道;8—冷却管;9—热电偶

4. 扩散焊的优缺点及应用

扩散焊的接头质量好,焊后无须机加工;由于采用低压力,工件整体加热及随炉冷却,焊件变形量小;一次可焊多个接头;尤其是可焊一些其他方法无法焊接的材料。不足之处是设备投资大;焊接时间长,表面准备费工耗时,生产效率低;目前对焊缝的焊合质量尚无可靠的无损检测手段。

扩散焊特别适合于焊接异种金属材料、金属与非金属材料、石墨和陶瓷等非金属材料、弥散强化的高温合金、金属基复合材料和多孔性烧结材料等。扩散焊接压力较小,工件不产生宏观塑性变形,适合焊后不再加工的精密零件。

扩散焊已广泛用于反应堆燃料元件、蜂窝结构板、静电加速管、各种叶片、叶轮、冲模、过滤管和电子元件等的制造。

4.3.4　爆炸焊

爆炸焊是利用炸药爆炸产生的冲击力造成焊件的迅速碰撞,实现连接焊件的一种压焊方法。

1. 爆炸焊接原理

爆炸焊接是利用炸药爆炸产生的能量,推动一焊件高速撞击另一焊件,产生巨大摩擦应力,使界面实现焊接。焊接界面两侧金属产生细微的塑性变形,形成有规律的波浪式的相互嵌合,加大了原子间互相扩散的面积,达到牢固的冶金结合。爆炸焊接的能源是炸药的化学能。爆炸焊一般采用接触爆炸,即将炸药直接置于覆板的板面上,有时为了保护覆板表面质量,可在炸药与覆板间加入一缓冲层,如图 4.51 所示。

2. 爆炸焊的分类

按装配方式可将爆炸焊分为平行法和角度法两种。

(1) 平行法:爆炸焊装配中,使基板、覆板(管)成为间距相等(预制角 α、γ 为 0)的安装方法,如图 4.52(a)所示。

(2) 角度法:爆炸焊装配中,使基板、覆板(管)成为间距不等(预制角 α、γ 大于 0)的安装方法,如图 4.52(b)、(c)所示。

按爆炸焊接头形式,又可将其分为点爆炸焊、线爆炸焊和面爆炸焊等。

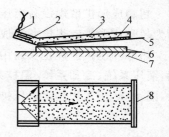

图 4.51　爆炸焊接的典型装置
1—雷管;2—引爆药;3—主炸药;
4—缓冲层;5—覆板;6—基板;
7—基础;8—药框

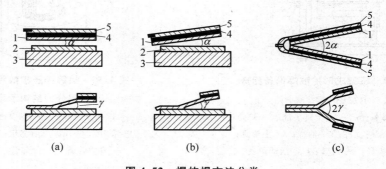

图 4.52　爆炸焊方法分类
(a) 平行法;(b) 角度法(一);(c) 角度法(二)
1—覆板(放炸药的板);2—基板;3—基础;4—缓冲层;5—炸药

3. 爆炸焊的应用

任何具有足够强度和塑性并能承受爆炸焊接工艺过程所要求的快速变形的金属,都可以进行爆炸焊。爆炸焊接通常用于异种金属之间的焊接,如钛、铜、铝、钢等金属之间的焊接,可以获得强度很高的焊接接头。而这些化学成分和物理性能各异的金属材料的焊接,用其他的焊接方法很难实现。现代工业需要多种多样的金属复合材料,并要求用复合材料加工成各种不同金属的过渡接头,爆炸焊接工艺则是最适合的焊接方法之一。

4. 爆炸焊的特点

爆炸焊接可以将相同或不相同的金属材料迅速、牢固地焊接起来;工艺简单、易于掌握;不需要大型设备,投资少,成本低;不仅能点焊、线焊,而且能够进行大面积工件的焊接(面焊),用途极为广泛。但在生产中会产生噪声和地震波,对爆炸场附近环境造成影响。因此,爆炸加工场一般应建在偏远地区或地下。

4.3.5　超声波焊

超声波焊是两焊件在压力作用下,利用超声波的高频振荡(超过 16kHz),使焊件的接触表面产生强烈的摩擦作用,以清除表面氧化物,并产生热和塑性变形而实现焊接的一种压焊方法。

1. 超声波焊的分类

按声波的高频振荡能量传播方向可分为两种基本类型。

1) 声波能量垂直于焊件表面——超声波塑料焊接

焊接塑料时超声波振动的方向与焊接表面垂直(图 4.53)。其工作原理为:当超声波应用于热塑性的塑料接触面时,声波电极(又称"焊头")通过上焊件把超声能量传送到焊区,由于焊区即两个焊接的交界面处声阻大,因此会产生局部高温。又由于塑料导热性差,热量一时还不能及时散发,聚集在焊区,致使两个塑料的接触面迅速熔化,加上一定压力后,使其融合成一体。当超声波停止作用后,让压力持续几秒钟,使其凝固成型,这样就形成了坚固的分子链连接,达到焊接的目的,焊接强度能接近于原材料本体强度。接头形式有对接、搭接、角接等(图 4.54)。

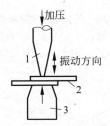

图 4.53 超声波塑料焊接(搭接)
1—声波电极;2—塑料工件;3—底座

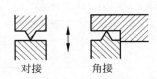

图 4.54 超声波焊接接头形式

2) 声波能量沿切向传递到焊件表面——超声波金属焊接

用超声波焊接金属时,超声波振动由切向传递到焊件表面而使焊接处界面之间产生相对摩擦形成分子之间的结合。金属在进行超声波焊接时,既不向工件输送电流,也不向工件施以高温热源,只是在静压力之下,将振动能量转变为工件间的摩擦功、形变能及有限的温升。接头间的冶金结合是在母材不发生熔化的情况下实现的一种固态焊接。因此它有效地克服了电阻焊接时所产生的飞溅和氧化等现象。金属超声波焊接原理示意图见图 4.55。

金属超声波焊,根据接头形式不同可分为点焊、缝焊、环焊和线焊 4 种。

(1) 点焊。根据振动能量传递方式的不同又可分为单侧式、平行两侧式和垂直两侧式。目前主要应用单侧式点焊,其工作原理见图 4.56。

(2) 缝焊。和电阻焊中的缝焊相似,它实质上是由局部相互重叠的焊点形成一条具有密封性的连续焊缝,见图 4.57。

(3) 环焊。在一个焊接循环内形成一个封闭焊缝,这种焊缝一般是圆环形的,也可以是正方形、矩形或椭圆形的。上声极的表面按所需的焊缝形状制成,它在与焊缝平面相平行的平面内作扭转振动,如图 4.58 所示。环焊主要适用于微电子器件的封装工艺。

(4) 线焊。利用线状上声极,在一个焊接循环内形成一条狭窄的直线状焊缝。声极长度即线状焊缝的长度,可达 150mm,主要用来封口。

2. 超声波焊接的优缺点

优点:①焊接材料不熔融,接头结合强度高;②焊接后导电性好,电阻系数极低或近乎零;③对焊接金属表面要求低,氧化或电镀均可焊接;④焊接时间短,节能,不需任何助焊剂、气体、焊料;⑤焊接无火花,接近冷态加工,环保安全。

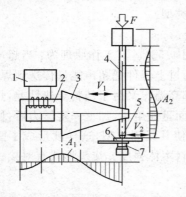

图 4.55　金属超声波焊接原理示意图

1—发生器;2—换能器;3—聚能器;4—耦合杆;

5—上声极;6—工件;7—下声极;

A—振幅分布;F—静压力;V—振动方向

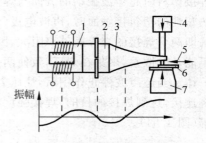

图 4.56　超声波点焊(单侧式)

1—振荡器;2—离合器;3—声波电极;

4—施加压力;5—振动方向;6—工件;7—底座

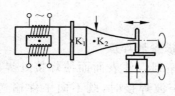

图 4.57　超声波缝焊

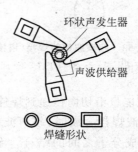

环状声发生器

声波供给器

焊缝形状

图 4.58　超声波环焊

缺点:所焊接金属件不能太厚(一般小于或等于 5mm)、焊点不能太大、需要加压。

3. 超声波焊接的应用

由于超声波焊接不存在热传导与电阻率等问题,也无诸如电焊模式的焊弧产生,因此对于有色金属材料来说,是一种理想的焊接方法。超声波焊接以其特有的快捷、高效、清洁和牢固等优点,赢得了各行各业的认可。目前超声波焊接广泛应用于微电子器件及精加工技术,最成功的应用是集成电路元件的互连;在电子、航天、汽车、家电、玩具、包装、塑料等领域都有广泛应用。

4.4　钎焊的工艺特点及应用

钎焊指采用比母材熔点低的金属材料作钎料,将焊件和钎料加热到高于钎料熔点,但低于母材熔点的温度,利用液态钎料润湿母材,填充接头间隙,并与母材相互扩散而实现连接焊件的方法。

4.4.1　概述

1. 钎料与钎剂

钎料即钎焊时使用的填充金属,钎料有箔状、丝状、粉状、带状、膏状等多种。

钎焊之前,去除接合面处的氧化膜是保证钎焊质量的必要条件。钎焊时用来清除钎料和母材表面的氧化物,并保护焊件和液态钎料在焊接过程中免于氧化、改善液态钎料对焊件的润湿性的溶剂叫钎剂,也称为钎焊焊剂。

2. 钎焊过程

将表面清洗好的工件以搭接形式装配在一起,把钎料放在接头间隙附近或接头间隙之间。当工件与钎料被加热到稍高于钎料熔点温度后,钎料熔化(工件未熔化),并借助毛细管作用被吸入和充满固态工件间隙之间,液态钎料与工件金属相互扩散溶解,冷凝后即形成钎焊接头。

3. 钎焊的优缺点

同熔焊方法相比,钎焊具有以下优点:①钎焊加热温度较低,对母材组织和机械性能影响较小;②钎焊接头光滑平整,外形美观;③焊件变形较小,尤其是采用均匀加热(如炉中钎焊)的钎焊方法,焊件的变形可减小到最低程度,容易保证焊件的尺寸精度;④可焊异种金属及部分非金属,且对工件厚度差无严格限制;⑤有些钎焊方法可同时对多焊件、多接头进行焊接,一次可焊成几十条或成百条钎缝,生产率很高;⑥钎焊设备简单,生产投资费用少。

钎焊的缺点:①接头强度低;②耐热性差;③由于母材与钎料成分相差较大而引起的电化学腐蚀致使接头耐蚀性较差;④钎焊前必须对工件进行细致加工和严格清洗;⑤对装配要求比较高,钎料价格较贵。

4. 钎焊的应用

钎焊主要用于制造精密仪表、电气零部件、异种金属构件以及复杂薄板结构,如夹层构件、蜂窝结构等,也常用于钎焊硬质合金刀具、钻探钻头、自行车车架、换热器、导管及各类容器等。在微波波导、电子管和电子真空器件的制造中,钎焊甚至是唯一可能的连接方法,故钎焊在机械、电机、仪表、无线电等制造业中得到广泛应用。但不适于一般钢结构和重载、动载机件的焊接。

5. 钎焊的分类

根据使用钎料熔点的不同,钎焊可分为硬钎焊和软钎焊两类。一般,软钎焊指钎料熔点低于 450℃ 的钎焊;硬钎焊指钎料熔点高于 450℃ 的钎焊。此外,某些国家将钎焊温度超过 900℃ 而又不使用钎剂的钎焊方法(如真空钎焊、气体保护钎焊)称做高温钎焊。

根据熔化钎料时所采用的热源不同又可分为若干种钎焊,如图 4.59 所示。其中,烙铁钎焊和火焰钎焊工艺过程比较简单。烙铁钎焊是利用烙铁工作部(烙铁头)积聚的热量来熔化钎料并加热钎焊处的母材而完成钎焊接头的,而火焰钎焊是利用可燃气体(乙炔、丙烷、石油气、雾化汽油、煤气等)吹以空气或纯氧点燃后的火焰进行加热。

烙铁钎焊
火焰钎焊
感应钎焊
电阻钎焊
电子束钎焊
钎焊　激光钎焊
电弧钎焊
超声波钎焊
炉中钎焊
盐浴钎焊

图 4.59　钎焊分类

4.4.2　浸渍钎焊

浸渍钎焊是将工件局部或整体浸入熔态的盐混合物（称盐浴）或熔化的钎料（称金属浴）中而实现加热和钎焊的方法。其优点是加热迅速,生产率高,液态介质保护零件不受氧化,有时还能同时完成淬火等热处理过程,特别适用于批量生产。

浸渍钎焊可分为盐浴钎焊和金属浴钎焊。

1. 盐浴钎焊

盐浴钎焊主要用于硬钎焊。盐液成分应具有合适的熔化温度,成分和性能稳定,对工件起保护作用。盐液的组分通常分为以下几类:①中性氯盐,它可以防止工件氧化;②在中性氯盐中加入少量钎剂,如硼砂,以提高盐浴的去氧化能力;③渗碳和氮化盐,这些盐本身具有钎剂作用,在钎焊钢时还可对钢表面起渗碳和渗氮作用;④钎焊铝和铝合金用的盐液既是导热的介质,又是钎焊过程中的钎剂。

盐浴钎焊的主要设备是盐浴槽。盐浴槽实质是一个坩埚,根据被钎焊材料不同,盐浴槽的材料有所不同。盐浴槽加热方式有两种:一种是外热式,即在其外部用电阻丝加热;另一种是内热式,即将电极插入盐液内部,当电流通过盐液时,由于电磁场的搅拌作用,整个盐液温度比较均匀。为保证内热式加热方式的操作安全,均用低电压(10~15V)大电流加热。

盐浴钎焊的优点是生产率高,容易实现机械化,适宜于批量生产。不足之处在于这种方法不适宜间歇操作;工件的形状必须便于盐液能完全充满和流出;盐浴钎焊成本高,污染严重。目前,这种方法已较少采用。

2. 金属浴钎焊

这种钎焊方法是将装配好的工件浸入熔态钎料中,依靠熔态钎料的热量使工件加热到规定温度,与此同时钎料渗入接头间隙,完成钎焊过程。

这种方法的优点是装配比较容易(不必安放钎料),生产率高。特别适合于钎缝多而复杂的工件,如散热器等。其缺点是工件表面沾满钎料,增加了钎料的消耗量,必要时还需清除表面不应沾留的钎料。又由于钎料表面的氧化和母材的溶解,熔态钎料成分容易发生变化,需要不断地精炼和进行必要的更新。

金属浴钎焊由于熔态钎料表面容易氧化,主要用于软钎焊。

4.4.3　电阻钎焊

电阻钎焊又称为接触钎焊,它是依靠电流通过钎焊处的电阻产生的热量来加热工件和熔化钎料的。电阻钎焊分为直接加热和间接加热两种方式(图4.60)。

直接加热的电阻钎焊只有工件的钎焊区域被加热,因此加热迅速,但要求结合面紧密贴合,对工件形状及接触配合的精度要求较高。

间接加热电阻钎焊,电流可只通过一个工件,而另一个工件的加热和钎料的熔化是依靠被通电加热的工件的热传导来实现的。也可以将电流通过一个

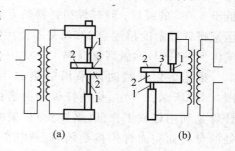

图 4.60　电阻钎焊原理图
(a) 直接加热;(b) 间接加热
1—电极;2—工件;3—钎料

较大的石墨板,将工件放在此板上,依靠由电流加热的石墨板的传热实行加热。间接加热电阻钎焊灵活性较大,对工件接触面配合的要求较低,但因不是依靠电流直接通过来加热的,而是整个工件被加热,加热速度慢。间接加热法适于钎焊热物理性能差别大和厚度相差悬殊的工件。

电阻钎焊可在通常的电阻焊机上进行,也可采用专门的电阻焊设备和手焊钳。

电阻钎焊的优点是加热快,生产率高。适于钎焊接头尺寸不大、形状不太复杂的工件,如刀具、带锯、导线端头、电触点、电动机的定子线圈以及集成电路块器件的连接等。

4.4.4　感应钎焊

感应钎焊是依靠工件在高频、中频或工频交流电的交变磁场中产生感应电流的电阻热来加热工件的钎焊方法。由于热量由工件本身产生,因此加热迅速,工件表面的氧化比炉中钎焊少,并可防止母材的晶粒长大和再结晶的发展。此外,还可实现对工件的局部加热。

感应钎焊时,工件放在感应器内(或附近),当交变电流通过感应器时,在其周围产生交变磁场,由于电磁感应作用,使工件内产生感应电流,将工件迅速加热。感应电流和其他交流电一样,电流通过导体时,沿导体表面电流密度最大,越往中心,电流密度越小,这就是所谓的"集肤效应"。导体内感应电流强度与交流电的频率成正比,随着所用的交流电的频率的提高,感应电流增大,焊件的加热速度变快。但频率越高,电流渗透深度越小,虽然使表层迅速加热,但加热的厚度却越薄,零件的内部只能靠表面层向内部的导热来加热。此外,集肤效应还与材料的电阻系数和磁导率有关,电阻系数越大,磁导率越小,集肤效应越弱;反之则集肤效应越显著。

按照保护方式可以分为空气中感应钎焊、保护气体中感应钎焊、真空中感应钎焊。空气中感应钎焊必须使用钎剂,其他两种方法不用钎剂。

感应钎焊设备主要由感应电流发生器和感应圈组成,如图 4.61 所示。感应圈是感应钎焊设备的重要器件。感应圈多由铜管制成,工作时内部通以冷却水,其形状见图 4.62。感应钎焊时,可使用箔状、丝状、粉状和膏状钎料,可采用钎剂和气体介质去膜。

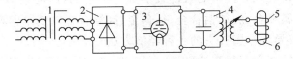

图 4.61　感应钎焊装置原理图

1—变压器；2—整流器；3—振荡器；4—高频变压器；5—感应圈；6—工件

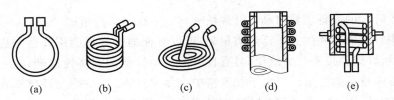

图 4.62　感应圈形式

(a) 单匝感应圈；(b) 多匝螺管型感应圈；(c) 扁平式感应圈；(d) 外热式感应圈；(e) 内热感应圈

感应钎焊的特点是加热快、效率高,可进行局部加热,且容易实现自动化。

感应钎焊广泛用于钎焊碳素钢、铜和铜合金、不锈钢、高温合金等材料。适用于较小的焊件,尤其是具有对称形状的焊件,特别适用于管状接头、管和法兰、轴和轴套、刀具、电子器件等的焊接。对于铝合金的硬钎焊,由于温度不易控制,不宜使用这种方法。

4.4.5　炉中钎焊

炉中钎焊是将装配好钎料的焊件放在炉中加热并进行钎焊的方法。炉中钎焊的特点是焊件整体加热、焊件变形小、加热速度慢。但是一炉可同时钎焊多个焊件,适于批量生产。

按钎焊过程中钎焊区的气氛组成可分为3类,即空气炉中钎焊、保护气氛炉中钎焊和真空炉中钎焊。

1. 空气炉中钎焊

使用一般的工业电阻炉将装配好钎料的工件加热到钎焊温度,依靠钎剂去除钎焊表面的氧化物,钎料熔化后流入钎缝间隙,冷凝后形成接头。

炉中钎焊因加热速度低,在空气中加热时工件容易氧化,尤其在钎焊温度高时更为显著,不利于钎剂去除氧化物,故应用受到限制,已逐渐被保护气氛钎焊和真空钎焊取代。目前,空气炉中钎焊较多地用于钎焊铝和铝合金。

2. 保护气氛炉中钎焊

根据所用气氛不同,可分为还原性气体炉中钎焊和惰性气体炉中钎焊。

还原性气氛的组分主要是氢及一氧化碳,它的作用不仅是防止空气侵入,而且能还原焊件表面的氧化物,有助于钎料润湿母材。进行还原性气体炉中钎焊时,应注意安全操作。为防止氢与空气混合引起爆炸,钎焊炉在加热前应先通 $10\sim15\text{min}$ 还原性气体,以充分排出炉内的空气。炉子排出的气体应点火燃烧掉,以消除在炉旁聚集的危险。钎焊结束后,待炉温降至150℃以下再停止供气。

惰性气体炉中钎焊通常采用氩气。氩气只起保护作用,氩的纯度高于99.99%。

3. 真空炉中钎焊

真空炉中钎焊指将装配好钎料的工件置于真空炉中的钎焊,该方法已经成功地应用于钎焊那些难钎焊的金属和合金,如铝合金、钛合金、高温合金以及难熔合金,并且不需使用钎剂,是连接许多同种或异种金属接头的一种经济方法。

钎焊时焊件周围的真空度很高,可以防止氧、氢、氮对母材的作用以获得优良的钎焊质量。一般情况下钎焊时的真空度应不低于 $1.3\times10^{-3}\text{Pa}$。钎焊后冷却到150℃以下方可出炉,以免焊件氧化。

真空炉中钎焊的设备主要由真空钎焊炉和真空系统两部分组成。

真空炉中钎焊的主要优点是钎焊质量高,可以方便地钎焊那些用其他方法难以钎焊的金属和合金,所钎焊的接头光亮致密,具有良好的机械性能和抗腐蚀性能,在一些尖端技术部门中得到越来越多的应用。但由于在真空中金属易挥发,真空炉中钎焊不宜使用含蒸气压高的元素(如锌、镉、锂、锰、镁和磷等)较多的钎料(特殊情况例外),也不适于钎焊含这些元素多的金属。此外,真空炉中钎焊设备比较复杂,要求较多的投资,对工作环境和工人技术水平也要求较高。

4.4.6　其他钎焊方法

除了上述钎焊方法外,还有多种钎焊方法,如应用于微连接领域 SMT 中的钎焊技术、扩散钎焊、超声波钎焊及采用其他热源的特种钎焊等。

1. SMT 中的钎焊技术

SMT 是表面组装技术(surface mounted technology)的英文缩写,表面组装技术(又称表面贴装技术)是当代最为先进并且已获成熟应用的电子产品组装手段。

表面组装技术(SMT)指的是无须对印制电路板钻插装孔,直接将表面组装元器件贴、焊到印制板表面规定位置上的装联技术。与传统的通孔插装技术相比,SMT 具有电子元件体积小、重量轻、印制电路板组装密度高、信号传输速度快等优点。由于 SMT 可有效地减少设备负荷,首先在航空航天及武器装备等高尖端技术领域得到应用,而后在计算机、信息、通信等众多高技术领域迅速获得了广泛的应用。目前,SMT 已经逐步取代传统的通孔安装技术,成为首要的电子产品组装技术。

焊接技术特别是软钎焊技术,是 SMT 工艺过程中的关键技术。SMT 中的焊接工艺主要有波峰钎焊(简称波峰焊)和再流焊。

1) 波峰钎焊

波峰钎焊是金属浴钎焊的一个变种,故用于软钎焊。波峰钎焊时熔化的钎料在一定的压力下通过扁形喷嘴向上(或成一定角度)喷出,形成波峰;焊件以一定的速度掠过波峰以完成钎焊过程。波峰钎焊主要用于电路板的钎焊。

波峰钎焊又可分为单波峰钎焊、双波峰钎焊以及喷射空心波钎焊等。图 4.63 所示为双波峰钎焊的示意图,图中 PCB(printed circuit board)指印制电路板,SMD(surface mounted devices)意为表面贴装器件。

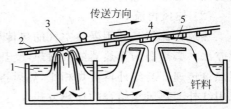

图 4.63　双波峰钎焊示意图
1—防氧化油层;2—PCB;3—窄波峰;
4—SMD;5—宽平波

波峰钎焊的特点是钎料波峰上没有氧化膜,能使钎料与电路板保持良好的接触,可大大加快钎焊速度,提高生产率。但因钎料在液态不断流动,容易氧化,故在表面常施加覆盖剂或采用抗氧化锡铅钎料。

2) 再流焊

与波峰钎焊相比,再流焊在实际工业生产中应用更为广泛。再流焊和波峰钎焊的根本区别在于热源和钎料。在波峰钎焊中,钎料波峰起提供热量和钎料的双重作用;在再流焊中,预置钎料膏在外加热量下熔化,与母材发生相互作用而实现连接。

再流焊也叫回流焊,是伴随微型化电子产品的出现而发展起来的焊接技术,主要应用于各类表面组装元器件的焊接。再流焊使用的焊接材料是焊料膏。焊接时,通过滴注或印制等方法将钎料膏涂敷在印制电路板的焊盘上;再用专用设备——贴片机在上面放置表面贴装元件(焊料膏具有一定粘性,使元器件固定);然后让贴装好元器件的电路板进入再流焊设备;传送系统带动电路板通过再流焊设备里各个设定的温度区域,焊料膏经过干燥、预热、熔化(即再次流动,这也是再流焊名称的由来)、润湿、冷却,将元器件焊接到印制电路板上。

根据热源不同,再流焊可分为红外再流焊、热风再流焊、气相再流焊和激光再流焊,但工艺流程均相同,即滴注(或印制)钎料膏→放置表面贴装元件→加热再流。加热再流前须预热,使钎料膏适当干燥,并缩小温差,避免热冲击。再流焊后,自然降温冷却或用风扇冷却。

(1)红外再流焊

红外再流焊是利用红外线辐射能加热实现表面贴装元件与印制电路板之间连接的软钎焊方法,也是目前应用最广泛的 SMT 焊接工艺。红外线辐射能直接穿透到钎料合金内部被分子结构所吸收,吸收能量引起局部温度升高,导致钎料合金熔化再流。图 4.64 所示为红外再流焊的基本原理示意图。

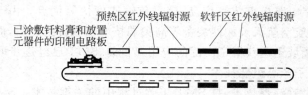

图 4.64 红外再流焊基本原理示意图

红外再流焊一般采用隧道加热炉,适用于流水线大批量生产。其缺点是表面贴装元件因表面颜色的深浅、材料的差异及与热源距离的远近,使吸收的热量不同,加热区的温度设定难以兼顾所有表面贴装元件的要求;体积大的表面贴装元件会对小型元件造成阴影,使之受热不足而降低钎焊质量。

(2)热风再流焊

热风再流焊是利用受热空气的热传导实现表面贴装元件与印制电路板之间焊接的软钎焊方法。其热源为加热器的辐射热,受热空气在鼓风机等的驱动下在再流焊炉中对流,并实现热量传递。与红外再流焊相比,热风再流焊可实现更为均匀的加热。目前,再流焊设备多采用红外与热风相结合的加热方式。

(3)气相再流焊

气相再流焊(VPS)简称气相钎焊,是利用饱和蒸气冷凝成液体时放出的液化潜热加热实现表面贴装元件与印制电路板之间焊接的软钎焊方法。气相再流焊的热源来自氟烷系溶剂(典型牌号为 FC-70)饱和蒸气的液化潜热。印制电路板放置在充满饱和蒸气的氛围中,蒸气与表面贴装元件接触时冷凝并放出液化潜热使钎料膏熔化再流。达到钎焊温度所需的时间,小焊点为 $5\sim6$ s,大焊点为 50 s 左右。图 4.65 所示为气相再流焊原理图。

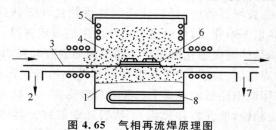

图 4.65 气相再流焊原理图

1—氟溶剂;2—排气口;3—传送带;4—饱和蒸气;
5—冷凝管;6—PCB组件;7—排气口;8—加热管

气相再流焊的优点是整体加热,无论产品设计成何种形状,溶剂蒸气均可到达每一个角落,热传导均匀,可完成高质量钎焊;钎焊温度精确((215±3)℃),不会发生过热现象;因为在焊接工艺中使用的液体不会发生化学反应,不需要再用惰性气体保护。但气相再流焊的主要传热方式为热传导,因金属传热速度比塑料快,所以引脚先热,焊盘后热,容易产生"上吸锡"现象(指钎料优先沿管脚向上爬,严重的可造成当焊盘达到钎焊温度时,剩余钎料不足,导致虚焊或脱焊),预热须由其他方法完成;溶剂价格昂贵,生产成本较高;若操作不当,溶剂经加热分解会产生有毒的氟化氢和异丁烯气体。

VPS 工艺适合焊接异形元件、柔性电路板、插针和连接器,以及再流焊接锡铅和无铅表面贴装封装元件的引脚。

(4) 激光再流焊

激光再流焊是利用激光辐射能加热实现表面贴装元件与印制电路板之间焊接的软钎焊方法。激光再流焊的热源来自激光束辐射的能量,4.2.3 节中所述的 3 种激光光源理论上均可应用于再流焊。但对于软钎焊过程来说,由于被连接对象的尺寸很小,并且钎料对YAG-Nd 激光能量的吸收率要大于对 CO_2 激光能量的吸收率,加热效率高,且不易损坏基板和元件,因而激光软钎焊采用更多的是 YAG-Nd 激光器。图 4.66 为激光软钎焊系统示意图。

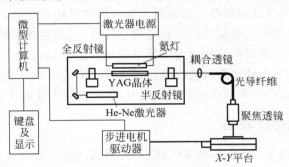

图 4.66　激光软钎焊系统示意图

激光软钎焊系统的自动化程度比较高,其钎焊速度可以达到手工软钎焊的 10 倍以上。但由于是逐点进行钎焊,因此效率要比气相再流焊、红外再流焊和波峰钎焊低得多。逐点加热所带来的好处是避免了元器件整体受热,特别适合于热敏感元件,并且逐点加热钎焊方式可以和激光检测系统结合起来,可以在钎焊过程进行的同时完成对所有焊点的质量检测,这一点在要求高可靠性的航空航天、军事产品中显得尤为重要。但由于这类系统的成本过高,因而在民用产品上仍未获得广泛应用。

2. 扩散钎焊

扩散钎焊是指在焊件钎焊面间预置钎料箔,或借接触反应形成的液相作钎料,在真空或保护气氛中将焊件在高于钎料的固相线温度下持久加热,使钎料成分与母材相互充分扩散,以获得性能优异的均质钎缝的钎焊。

3. 超声波钎焊

超声波钎焊是一种利用超声波在液体钎料中的振荡,产生空化现象所形成的大冲击波,有效地破坏焊件表面的氧化膜,从而改善钎料对母材的润湿作用而进行的钎焊。

所谓的超声波空化现象一般包括 3 个阶段:空化泡的形成、长大和剧烈的崩溃。当盛满液体的容器通入超声波后,由于液体振动而产生数以万计的微小气泡,即空化泡。这些气泡在超声波纵向传播形成的负压区生长,而在正压区迅速闭合,从而在交替正负压强下受到压缩和拉伸。在气泡被压缩直至崩溃的一瞬间,会产生巨大的瞬时压力,一般可高达几十兆帕至上百兆帕。空化可使气相反应区的温度达到 5200K 左右,液相反应区的有效温度达到 1900K 左右,并伴有强烈的冲击波和速度达 400km/h 的微射流。这种巨大的瞬时压力,可以使悬浮在液体中的固体表面受到急剧的破坏。超声波钎焊就是利用空化现象来清除焊件表面氧化膜的。

4. 特种钎焊

特种钎焊包括光束钎焊(利用氙弧灯发出的强热光线,聚焦成高能量密度的光束加热焊件的钎焊方法)、激光钎焊(利用激光加热焊件的钎焊方法)、电子束钎焊(利用电子束加热焊件的钎焊方法)、红外线钎焊(利用聚焦的红外线光束加热焊件的钎焊方法)、电弧钎焊(利用电弧加热工件所进行的钎焊方法)等。

4.5　焊接成形件的检验

焊缝质量的检验是保证焊接结构和其他焊接成形产品的可用性、可靠性、安全性、耐久性的重要环节。因此,在产品焊接之后对焊缝质量的检验(简称焊接检验)是企业实施焊接质量管理的基础和手段,通过焊接检验可以及早发现焊接缺陷,避免事故发生,降低产品因最终报废而消耗的成本,保证消费者的权益。通过焊接检验可以评定产品的制造工艺正确与否,改进焊接技术,提高产品的质量和竞争能力,进而提高企业经济效益。

4.5.1　常见的焊接缺陷

在焊接接头中因焊接产生的金属不连续、不致密或连接不良的现象,称为焊接缺欠,简称"缺欠",而当焊接缺欠超过规定限值时则称为焊接缺陷。不同种类焊接方法易产生的焊接缺陷有所不同。例如,电阻焊的缺陷可分为裂纹、孔穴(包括气孔和缩孔)、固体夹杂(各类夹渣和夹杂)、未熔合、形状和尺寸不良(形状缺陷、咬边、飞边超限、熔核尺寸缺陷等)和其他缺陷(如喷溅)6 类;扩散焊的主要缺陷是未熔合和孔洞;普通摩擦焊的缺陷主要有接头偏心、飞边不封闭、未焊透、接头组织扭曲、接头过热、接头淬硬、焊接裂纹、氧化灰斑、脆性合金层等;搅拌摩擦焊可能产生的主要缺陷是孔洞、飞边、未熔合和沟槽;钎焊的缺陷主要有填隙不良(部分间隙未被填满)、钎焊气孔、钎缝夹渣、钎缝开裂、母材开裂、母材被溶蚀、钎料流失等。

本节以焊接结构生产中常用的熔化焊为对象,重点介绍熔化焊过程中常见的焊接缺陷。按焊接缺陷的形态可分为平面缺陷(如裂纹、未熔合)和体积缺陷(如气孔、夹渣);按缺陷出现的位置可分为表面缺陷和内部缺陷。

《金属熔化焊接头缺欠分类及说明》(GB/T 6417.1—2005)将焊接缺欠分为 6 大类:裂纹、孔穴、固体夹杂、未熔合及未焊透、形状和尺寸不良、其他缺欠。

1. 裂纹

熔化焊的焊接接头由焊缝、熔合线、热影响区和部分相邻母材组成(图 4.67)。GB/T 6417.1—2005 则根据裂纹在焊接接头中的位置将其分为焊缝裂纹、热影响区裂纹、熔合线裂纹、母材中裂纹等。从裂纹产生的机理可将焊接裂纹分为结晶裂纹、液化裂纹、氢致延迟裂纹、层状撕裂、再热裂纹等多种。图 4.68 所示为位于焊缝中心的结晶裂纹。在图 4.69 中,图(a)为起源于焊根沿熔合线扩展的延迟裂纹;图(b)为起源于焊趾、沿熔合线、穿过热影响区扩展到母材的延迟裂纹;图(c)为起源于焊趾沿熔合线扩展的延迟裂纹(箭头处)。

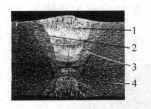

图 4.67　焊接接头组成

1—焊缝;2—熔合线;3—热影响区;4—母材

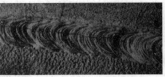

图 4.68　位于焊缝中心的结晶裂纹

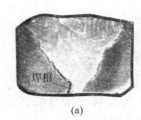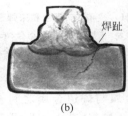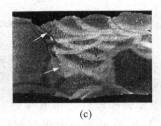

(a)　　　　　　　　　(b)　　　　　　　　　(c)

图 4.69　延迟裂纹

(a) 裂纹起源于焊根;(b) 裂纹由焊趾扩展到母材;(c) 裂纹沿熔合线扩展

裂纹是一种非常严重的缺陷,会导致诸如断裂等灾难性的后果,故绝不允许焊接接头中存在裂纹。

2. 孔穴

1) 气孔

根据产生的机理,通常将气孔分为氢气孔、氮气孔和 CO 气孔。气孔有时出现在焊缝表面,有时出现在焊缝内部;有时单个出现,有时多个出现;有时均匀分布,有时局部密集。气孔的形态可以是球形、条形、链状、虫形等。在图 4.70 中,图(a)为铝合金 LD10 焊缝中的气孔,其中左图为用扫描电镜观察到的焊缝冲击断口中的气孔,右图为用金相显微镜观察到的焊缝金相试样中的气孔;图(b)是钢焊缝的 X 光片,可见其中存在大量气孔(图中黑色圆点)。

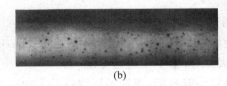

(a)　　　　　　　　　　　　　　　(b)

图 4.70　焊接气孔

(a) 铝合金 LD10 焊缝中的气孔;(b) 钢焊缝中的气孔

在焊缝中,允许小于一定尺寸的少量气孔存在。

2) 缩孔

缩孔是焊缝结晶时由于液相不足而形成的空腔。焊缝结晶时,可能在焊缝中出现结晶缩孔,但更多的是在收弧的地方出现弧坑缩孔。

3. 固体夹杂

固体夹杂包括夹渣、焊剂或熔剂夹渣、氧化物夹渣和金属夹杂。夹渣是焊后残留在焊缝中的熔渣,如图 4.71 中的 1 所示;焊剂或熔剂夹渣是残留在焊缝金属中的焊剂或熔剂;氧化物夹渣是焊缝中残留的金属氧化物,包括皱褶(如焊铝时产生的大量氧化膜);金属夹杂是残留在焊缝金属中的外来金属颗粒,如钨、铜及其他。

图 4.71　夹渣、未熔合和未焊透

(a)结晶裂纹、夹渣、未焊透;(b)未熔合、未焊透、夹渣

1—夹渣;2—未焊透;3—未熔合

4. 未熔合和未焊透

在焊缝金属和母材之间或焊道金属与焊道金属之间未完全熔化结合的部分称为未熔合。图 4.71(b)所示为一个多层焊对接接头,其中 3 为层间未熔合。

焊接时接头的根部未完全熔透的现象称为未焊透,如图 4.71 中的 2。

未熔合和未焊透都是比较严重的缺陷,往往从未熔合和未焊透的末端产生裂纹。

5. 形状缺陷

1) 咬边

咬边是因焊接造成的焊趾或焊根处的沟槽,如图 4.72 箭头所指。

2) 焊瘤

焊瘤是熔化金属流淌到焊缝之外未熔化的母材上形成的金属瘤,如图 4.73 所示。

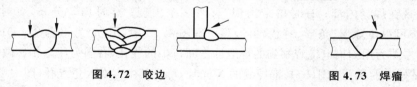

图 4.72　咬边　　　　　　　　　　　　　图 4.73　焊瘤

3) 烧穿和下塌

熔化金属自坡口背面流出形成穿孔的缺陷叫烧穿,如图 4.74(a)所示。在烧穿的周围常有气孔、夹渣、焊瘤及未焊透等缺陷。

穿过单层焊缝根部,或在多层焊接接头中穿过前道熔敷金属塌落的过量焊缝金属称为下塌,如图 4.74(b)所示。

4) 错边和角变形

两个焊件没有对正而造成板的中心线平行偏差称为错边,如图 4.74(c)所示。

由于没有对正使其焊后表面不平行或不成预定的角度称为角变形或角度偏差,如图 4.74(d)所示。

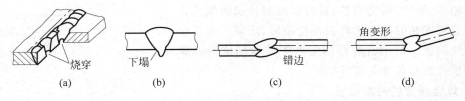

图 4.74　烧穿、下塌、错边和角变形

（a）烧穿；（b）下塌；（c）错边；（d）角变形

5）焊缝尺寸、形状不合要求

焊缝的尺寸缺陷是指焊缝的几何尺寸不符合标准的规定。

焊缝的形状缺陷是指焊缝的外观质量粗糙,焊波高低、宽窄发生突变,焊缝与母材过渡不圆滑等。

6. 其他缺陷

其他缺陷指不能包括在上述 1～5 类缺陷中的所有缺陷,包括以下几种。

1）电弧擦伤

在焊缝坡口外部引弧时产生于母材金属表面上的局部损伤叫做电弧擦伤。如果在坡口外随意引弧,有可能形成弧坑而产生裂纹,又很容易被忽视、漏检,导致事故发生。

2）飞溅

这是指熔焊时,熔化的金属颗粒和熔渣向周围飞溅的现象。这种飞溅散出的金属颗粒和熔渣习惯上也叫飞溅。

除电弧擦伤、飞溅外,还包括表面撕裂、磨痕、凿痕、打磨过量等其他缺陷。

4.5.2　焊接检验方法

1. 焊接检验分类

1）按检验的数量分

（1）抽检。用抽查方法检验局部焊缝质量的方法称为抽检。

（2）全检。对所有的焊缝均进行检验即全检。

压力容器的焊缝常规定为全检;船舶焊缝常抽检;海洋平台对重要部件焊缝全检,一般抽检。

2）按照焊接质量的检验程序分

（1）焊前检验;

（2）焊接过程检验;

（3）焊后检验;

（4）安装调试质量检验;

（5）产品服役质量检查。

3）按是否将被检件破坏分

（1）破坏性检验。破坏性检验包括力学性能试验、化学分析试验、金相检验等类检验方法,试验时需要将被检件破坏,主要应用于焊接试板的检验。

（2）非破坏性检验。非破坏性检验包括外观检验、强度检验、密性试验和无损检验（又称无损探伤）,检验时不会将被检件破坏。每一小类中包含的检验方法见图 4.75。

对船体、锅炉、压力容器、管件作密封性或强度检验以及对管道安装时接头作密封性检验时,需采用强度检验或密性检验。对于已焊好的工件中焊缝部位的检验通常采用外观检验和无损探伤。

2. 焊缝质量的外观检验

焊缝质量的外观检验,也称焊缝表面质量检查,是指用目视和焊缝量具(必要时可借助低倍放大镜),按规定的技术要求对完工的焊缝表面进行的检查。

3. 无损探伤

1) 射线探伤

射线探伤是利用射线可穿透物质和在物质中有衰减的特性来发现缺陷的一种探伤方法。根据使用的射线源不同,可分为 X 射线探伤和 γ 射线探伤。

射线探伤的原理如图 4.76 所示,当一束射线透过焊件时,由于焊件对射线的衰减,射线强度将减弱。当焊件中存在缺陷时,由于缺陷部位的实际厚度减小或材质不同,射线衰减作用减弱,故透过缺陷的射线强度比无缺陷处大。当上述不同强度的射线照射在同一张胶片上时,射线强的部位感光量大,经暗室处理后变得比射线弱的地方黑。焊缝部位由于存在余高(指焊缝表面高出母材的那部分金属),射线衰减最大,在底片上看到的焊缝较母材亮。在图 4.70(b)中可见射线底片上气孔处颜色深,焊缝处颜色淡。

图 4.75　非破坏性检验方法分类

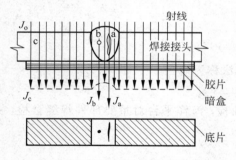

图 4.76　射线探伤原理图
a、b—缺陷;c—母材;J_0—入射射线强度;
J_a、J_b—透过缺陷 a、b 后的射线强度;
J_c—透过母材后的射线强度

射线探伤法容易发现在射线方向上有一定深度的缺陷,如气孔、夹渣。裂纹平面与射线平行时检出率高,而裂纹表面与射线垂直时则不易发现。通过射线底片,能够直观地看到缺陷的二维形状、大小和分布,并能正确地估计出缺陷的种类。但是一张底片很难确定缺陷沿射线方向的厚度及离表面的位置。

射线探伤的优点是射线探伤对材料不限,显示缺陷直观,探伤结果可长期保存;缺点是射线对人体有害,费用较高。

2) 超声波探伤

超声波探伤是利用超声波探测材料内部缺陷的无损检验法。按工作原理可分为脉冲反射法、穿透法和共振法超声波探伤;按显示缺陷的方式可分为 A 型、B 型、C 型和 3D 型;根据超声波的类型可分为纵波法、横波法、表面波法和板波法超声波探伤;按声耦合的方式可分为直接接触法和液浸法。

脉冲反射法是超声波探伤中应用最广泛的方法。其工作原理是:将一定频率间断发射的超声波(脉冲波)通过一定介质(耦合剂,如机油)的耦合传入工件,当遇到异质界面(缺陷或工件上下表面)时,超声波将产生反射,回波(即反射波)为仪器接收并以电脉冲信号在示波屏上显示出来,由此判断缺陷有无,以及进行定位、定量和评定。

超声波探伤设备包括超声波探伤仪、探头和试块,图 4.77 所示为新型数字超声波探伤仪,图 4.78 所示为超声波探伤时常用的直探头、斜探头及部分试块。

图 4.77　便携式数字超声波探伤仪

图 4.78　超声波探伤用探头和试块

1—试块;2—直探头;3—斜探头

下面重点介绍 A 型显示超声波(简称"A 超")的探伤原理。如图 4.79 所示,A 超探伤仪接通电源后,同步电路产生的触发脉冲同时加至扫描电路和高频脉冲发射电路。扫描电路受触发开始产生锯齿波扫描电压,加至示波管水平(X 轴)偏转板,使电子束发生水平偏转,在示波屏上产生一条水平扫描线(又称时间基线)。与此同时,发射电路受触发产生高频窄脉冲加至探头,在工件中产生超声波。超声波在工件中传播遇到工件表面、缺陷和底面而发生反射,回波为同一探头或接受探头所接受并转变为电信号。经接收电路放大和检波,加至示波管垂直(Y 轴)偏转板上,使电子束发生垂直偏转,在水平扫描线的相应位置上产生始波 T、缺陷波 F、底波 B。反射波的位置反映声波传播的距离,故可以对缺陷定位;反射波幅度的高低可间接反映出缺陷的大小,故可对缺陷进行定量和评价。

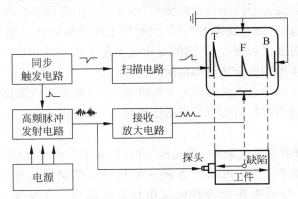

图 4.79　A 型脉冲反射式超声波探伤仪电路框图

由超声波探伤原理可知,当缺陷表面与超声波传播方向垂直或接近垂直时易于被检出;而缺陷表面与超声波传播方向平行或接近平行时不易检出。

超声波探伤的优点是效率高,成本低,设备轻巧,使用方便,探测厚度大(可达 10m),且对人体无害,比射线探伤应用更广泛。但对于晶粒粗大的材料如奥氏体不锈钢、高锰钢焊缝会由于晶界对超声波的反射和散射给探伤带来困难;而且超声波探伤对探测面表面光洁度要求高,缺乏直观性,要求检验人员有丰富的实践经验。

3) 磁粉探伤

磁粉探伤是通过对铁磁材料进行磁化所产生的漏磁场来发现表面或近表面缺陷的无损检验方法。

磁粉探伤的原理如图 4.80 所示。铁磁材料的工件磁化后其内部就有磁力线通过,当工件内部存在夹渣、裂纹、气孔等缺陷(图 4.80 中 A、B、C、D、E 时),由于这些缺陷内部物质是非磁性的,磁阻很大,磁力线则绕过缺陷通过而发生弯曲。如果缺陷位于工件表面或近表面,磁力线还会穿过工件表面形成漏磁(图 4.80(a)中的 C、D 处和图 4.80(b)中的 C 处),磁粉会被吸附在漏磁处。利用磁粉显示漏磁的位置则可确定缺陷所在。

图 4.80　磁粉探伤原理

(a) 纵向磁场;(b) 周向磁场

磁粉探伤只能检查铁磁材料的表面或近表面的缺陷。

4) 涡流探伤

涡流探伤是利用电磁感应原理,使金属材料在交变磁场作用下产生涡流,根据涡流大小和分布来探测磁性和非磁性导电材料表面和近表面缺陷的无损检验法。

涡流探伤基本原理:当探头的线圈中通过交流电时,在探头周围就会产生交变磁场。若该探头接近被测金属工件,其交变磁场则会通过工件,并由于电磁感应作用在工件内产生感应电流,即涡流。涡流也会产生自己的磁场,涡流磁场的作用也会改变原磁场的强弱。由于涡流的大小随工件内有没有缺陷而不同,因此当工件出现缺陷或测量的金属材料发生变化时,将影响到涡流的强度和分布,涡流的变化又引起了检测线圈电压和阻抗的变化,根据这一变化,就可以间接地知道金属材料内缺陷的存在。

由于集肤效应,在导体表面的感应电流密度最大,因此涡流检验只能检测金属材料表面或近表面的缺陷,而对内部缺陷的检测灵敏度很低。

5) 渗透探伤

渗透探伤是利用带有荧光染料(荧光法)或红色染料(着色法)渗透剂的渗透作用,显示缺陷痕迹的无损检验方法。可用于各种非松孔性金属材料和非金属材料构件表面开口缺陷的质量检验。渗透探伤分为着色探伤和荧光探伤。在焊缝探伤中着色探伤应用较多。

着色探伤是将某些渗透性很强的有色油液(即渗透剂)涂在工件表面,油液即渗入工件表面缺陷中。在除去工件表面的油液之后涂以显像剂,从缺陷中吸出渗透剂,从而将缺陷的图像显现出来,再根据图像判定缺陷的位置和大小。着色探伤过程如图 4.81 所示。

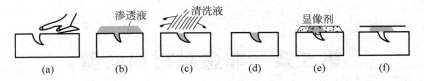

渗透液　　清洗液　　　　　　　　显像剂

(a)　　　　(b)　　　　(c)　　　　(d)　　　　(e)　　　　(f)

图 4.81　着色探伤过程

(a) 预清洗；(b) 渗透；(c) 中间清洗；(d) 干燥；(e) 显像；(f) 观察

习题与思考题

1. 什么是焊接？

2. 根据焊接过程的特点，可将焊接方法分为哪几大类？

3. 什么是熔焊、压焊、钎焊？

4. 说出下列每种焊接方法所属的焊接类别是熔焊、压焊，还是钎焊：

埋弧焊、搅拌摩擦焊、对焊、氩弧焊、电子束焊、缝焊、电渣焊、炉中钎焊、CO_2 气体保护焊、热剂焊、超声波焊、激光焊、扩散焊、再流焊。

5. 20mm 厚的低碳钢板，焊缝长 10m，适于采用以下哪种方法进行焊接？

　　A. 激光焊　　　　　B. 埋弧焊　　　　　C. 热剂焊　　　　　D. 电阻焊

6. 下面哪种方法不能用来焊接铝合金？

　　A. 氩弧焊　　　　　B. CO_2 气保护焊　　　C. 搅拌摩擦焊

7. 埋弧焊、CO_2 气保护焊分别使用什么方法保护焊接区域不受氧的侵蚀？

8. 为什么电渣焊接头焊后常需正火处理？

9. 什么是 TIG、MIG 和 MAG 焊？

10. 普通旋转摩擦焊（即连续驱动摩擦焊）适用于焊接什么样的工件？

11. 什么样的材料可以用气割进行切割？

12. 不锈钢应选择什么方法进行切割？

13. 爆炸焊接的能源是什么？

14. 有哪几种常见的炉中钎焊方法？

15. 按是否要将被检件破坏可将焊接检验分成哪几类？

16. 举出三种破坏性检验的例子。

17. 焊接接头的无损探伤包括哪些方法？

18. 磁粉探伤的原理是什么？

19. 射线探伤的原理是什么？

20. 着色探伤有哪些步骤？

第5章 非金属材料成型

非金属材料包括有机高分子材料和无机材料两大类。有机高分子材料主要有塑料、橡胶和合成纤维；无机材料统称为陶瓷。非金属材料因其比强度高、加工性能好，且具有特殊的性能（如耐燃性、耐腐蚀性、绝缘性等），成为广泛应用的工程材料。非金属材料的成型主要包括塑料成型、橡胶成型和陶瓷成型。由于塑料、橡胶和陶瓷材料的性质不同，其成型方法也有较大差别。

5.1 塑 料 成 型

塑料在一定温度和压力下具有可塑性，可以利用模具成型为具有一定几何形状和尺寸的塑料制品，又称为塑件。塑件应用广泛，尤其是在电子仪表、电器设备、通信工具以及生活用品等方面得到了大量应用，如各种壳体、支架、机座、结构件、连接件、传动件及装饰件，建筑用各种塑料管材、板材和门窗异型材，塑料中空容器和各种生活用塑料制品等。

5.1.1 塑料

1. 塑料的结构与特点

塑料是以树脂为主要成分的高分子有机化合物，又称为高分子聚合物、高聚化合物和高聚物（或聚合物）等。树脂可分成天然树脂和合成树脂两大类。从松树分泌出的松香、从热带昆虫分泌物中提取的虫胶、石油中的沥青等都属于天然树脂。但天然树脂不仅在数量上，而且在性能上都远远不能满足工业产品的生产需要，于是人们根据天然树脂的分子结构和特性，用化学合成的方法制备了各种合成的树脂，称为合成树脂。人们所使用的塑料一般都是以合成树脂为主要原料制成的。

合成树脂既保留了天然树脂的优点，同时又改善了成型加工工艺性和使用性能等，因此在现代工业生产中得到了广泛应用。目前，石油是制取合成树脂的主要原料。常用的合成树脂有聚乙烯、聚丙烯、聚氯乙烯、酚醛树脂、氨基树脂、环氧树脂等。

1）聚合物的分子结构

聚合物相对分子质量一般都大于 10^4，但相对分子质量的大小还不足以表达分子的结构特性。低分子化合物的单体转变成大分子物质的过程称为聚合反应。单体经过这种化学反应后，其原子便能以共价键的方式形成大分子结构，相对分子质量将远远大于原来单体的相对分子质量。例如，聚乙烯就是由许多个乙烯单体分子经聚合反应而生成的。其反应式如下：

$$nCH_2 = CH_2 \xrightarrow{\text{一定条件}} \text{—}CH_2\text{—}CH_2\text{—}_n$$

式中，$CH_2 = CH_2$ 是乙烯的单体分子；$[CH_2—CH_2]$ 是聚乙烯的结构单元；n 是聚合物所含结构单元的个数,称聚合度。聚合度越大,聚合物分子链越长,聚合物大分子的相对分子量越高。

聚合物的分子结构有 3 种形式:线型、带支链线型及体型。所谓线型即大分子链呈线状,如图 5.1(a)所示。在性能上,线型聚合物具有弹性和塑性,在适当的溶剂中可溶胀或溶解,升高温度时则软化至熔化而流动,而且可反复多次熔化成型。高密度聚乙烯、聚苯乙烯等聚合物分子链属此种结构形式。

如果在大分子链之间有一些短链把它们相互交联起来,成为立体网状结构,则称为体型聚合物(或称为网型聚合物),如图 5.1(b)所示。体型聚合物脆性大,硬度高,成型前是可溶与可熔的,一经成型硬化后,就成为既不溶解又不熔融的固体,所以不能再次成型。

此外,还有一些聚合物的大分子主链上带有一些或长或短的小支链,整个分子链呈枝状,如图 5.1(c)所示,称为带支链的线型聚合物。因为存在支链,结构不太紧密,因此,聚合物的机械强度较低,但溶解能力和塑性较高。低密度聚乙烯等聚合物分子链属此种结构形式。

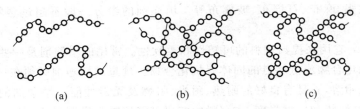

(a)　　　　　　　　(b)　　　　　　　　(c)

图 5.1　聚合物分子链结构示意图

(a) 线型结构;(b) 体型网状结构;(c) 带支链线型结构

2) 塑料的特点

(1) 塑料密度小、质量轻,大多数塑料密度在 $1.0 \sim 1.4 \mathrm{g/cm^3}$ 之间。据美国 20 世纪 80 年代统计,汽车上采用塑料零件后,平均每辆汽车的重量可减轻 180kg,每升汽油可使汽车多行驶 0.4km,美国每年可节约 1400 万桶汽油。

(2) 塑料的比强度高。按单位质量计算的强度称为比强度,钢的拉伸比强度约为 160MPa,而玻璃纤维增强的塑料拉伸比强度可高达 $170 \sim 400 \mathrm{MPa}$,远高于金属。目前,轿车中的塑料质量约占整车质量的 10%,航天飞行器中塑料的体积占其总体积的 50%。

(3) 塑料的绝缘性能好,介电损耗低,可以与陶瓷和橡胶媲美。塑料对电、热、声都有良好的绝缘性能,被广泛地用来制造电绝缘材料、绝热保温材料以及隔声吸声材料。除此之外,半导体塑料、导电导磁塑料等都是电子工业不可缺少的原材料。

(4) 塑料的化学稳定性高,对酸、碱和许多化学药品都有良好的耐腐蚀能力。最常用的耐腐蚀材料为硬聚氯乙烯,它可耐浓度达 90% 的浓硫酸、各种浓度的盐酸及碱液,被广泛用来制造化工管道及容器。

(5) 塑料的光学性能好、折射率较高,具有很好的光泽。在塑料中添加不同的色剂,能生产出所需要的各种颜色的制品。

(6) 塑料的减摩、耐磨及减振、隔声性能也较好。

除上述特点外,许多塑料还具有防水性、密封性、防辐射等特点。当然,塑料也存在一些缺点,使其应用受到一定的限制:① 一般塑料的刚性差,如尼龙的弹性模量约为钢铁的 1/100；②塑料的耐热性差，一般使用温度在 100℃ 以下，低温下易开裂；③塑料的散热性较差，导热系数只有金属的 1/200～1/600；④塑料易燃烧，在光和热的作用下易变质老化。

2. 塑料的组成与分类

1) 塑料的组成

塑料是以高分子聚合物为主要成分，并根据需要添加不同添加剂组合而成的，因而塑料的类型和基本性能取决于树脂。添加剂也称助剂，主要起配料、改善和调节性能作用。塑料中常用的添加剂有以下几种。

（1）填充剂（又称为填料）。填充剂是塑料中一种重要但并非必要的成分。在塑料中加入填充剂可减少贵重树脂含量，降低成本。同时，还可改善塑料性能，扩大塑料的使用范围。对填充剂的一般要求是：易被树脂浸润，与树脂有很好的黏附性，本身性质稳定，价格便宜，资源丰富。填充剂按其形态可分为粉状、纤维状和片状 3 种。常用的粉状填充剂有木粉、大理石粉、滑石粉、石墨粉、金属粉等，纤维状填充剂有石棉纤维、玻璃纤维、碳纤维、金属须等，片状填充剂有纸张、麻布、石棉布、玻璃布等。填充剂的组分一般不超过塑料组成（质量分数）的 40%。

（2）增塑剂。它用来提高塑料的可塑性和柔软性。常用的增塑剂是一些不易挥发的高沸点的液体有机化合物或低熔点的固体有机化合物。理想的增塑剂必须在一定范围内能与合成树脂很好地相溶，并具有良好的耐热、耐光、阻燃及无毒性能。增塑剂的加入会降低塑料的稳定性、介电性能和机械强度，在塑料中应尽可能地减少增塑剂的含量。

（3）稳定剂。稳定剂指能阻缓塑料变质的物质。其目的是阻止或抑制树脂因受热、光、氧和霉菌等外界因素作用而发生质量变异和性能下降。对稳定剂的要求是：耐水、耐油、耐化学药品，并能与树脂相溶；在成型过程中不分解、挥发少、无色。常用的稳定剂有硬脂酸盐、铅的化合物及环氧化合物等。

（4）固化剂（又称硬化剂）。其作用是促使合成树脂进行交联反应而形成体型网状结构，或加快交联反应速度。固化剂一般多用在热固性塑料中，注射热固性塑料时加入氧化镁可促使塑件快速硬化。

（5）着色剂。在塑料中加入有机颜料、无机颜料或有机染料，可使塑件获得美丽的色泽，提高塑件的使用品质。对着色剂的要求是：性能稳定、不易变色、不与其他成分（增塑剂、稳定剂等）起化学反应、着色力强，与树脂有很好的相容性。

除上述添加剂外，还有润滑剂、发泡剂、阻燃剂、防静电剂、导电剂和导磁剂等。

塑料还可以像金属一样制成"合金"，即将不同品种、不同性能的塑料用机械方法均匀掺合在一起（共混改性），或将不同单体塑料经过化学方法得到新性能的塑料（聚合改性）。

2) 塑料的分类

目前，塑料的品种多达 300 多种，可从不同角度、按照不同原则进行分类。常用分类方法有以下两种。

（1）按聚合物的分子结构及成型性能分类

① 热塑性塑料。这类塑料的合成树脂都是线型或带有支链线型结构的聚合物，如图 5.1(a)和(c)所示，受热会变软，成为可流动的熔融熔体，可塑制成一定形状的塑件。热

塑性塑料在成型加工过程中,一般只有物理变化,其变化过程是可逆的。

常见的热塑性塑料有聚乙烯、聚丙烯、聚苯乙烯、聚氯乙烯、有机玻璃、聚酰胺、聚甲醛、ABS 和聚四氟乙烯等。

② 热固性塑料。这类塑料的合成树脂是带有体型网状结构的聚合物,如图 5.1(b)所示。在加热之初,其分子呈线型结构,具有可溶性和可塑性,可塑制成一定形状的塑件;当继续加热达到一定温度后,分子逐渐结合成网状结构,树脂变成不熔或不溶的体型结构,形状不再变化。此时,即使加热到接近分解的温度也无法使其软化,而且也不会溶解在溶剂中,不再具有可塑性。这一变化过程既有物理变化,又有化学变化,其变化过程是不可逆的。

常见的热固性塑料有酚醛塑料、氨基塑料、环氧树脂、有机硅塑料、不饱和聚酯塑料等。

(2) 按塑料的用途分类

① 通用塑料。主要指产量大、用途广、价格低的一类塑料。其中,聚乙烯、聚丙烯、聚苯乙烯、聚氯乙烯及酚醛塑料合称五大通用塑料。聚烯烃、乙烯基塑料、丙烯酸塑料、氨基塑料等也都属于通用塑料。它们的产量占塑料总产量的一半以上,是塑料工业的主体。

② 工程塑料。与通用塑料相比,工程塑料的产量较小、价格较高,但具有优异的力学性能、电性能、化学性能以及耐热性、耐磨性和尺寸稳定性等。常见的工程塑料有聚甲醛、聚酰胺、聚碳酸酯、聚苯醚、ABS、聚四氟乙烯、有机玻璃和环氧树脂等,这类材料在汽车、机械、化工等部门用来制造机械零件和工程结构零部件。

③ 特种塑料,又称功能塑料。指具有某种特殊功能的塑料,如用于导电、压电、热电、导磁、感光、防辐射等用途的塑料。特种塑料一般是由通用塑料或工程塑料经特殊处理或改性获得的,也有一些是由专门合成的特种树脂制成的。

3) 塑料的工艺特性

塑料的工艺特性是指塑料在成型加工中表现的性质,主要包括收缩性、流动性、相容性、吸湿性、热敏性以及热力学特性、结晶性及取向性等。塑料的工艺特性直接影响成型方法及工艺参数的选择、模具的设计和塑件的质量。

(1) 流动性

塑料熔体在一定温度与压力作用下充填模腔的能力称为流动性。塑料是在熔融塑化状态下加工成型的,流动性是塑料加工为制品过程中应具备的基本特性。塑料的流动性主要取决于分子组成、相对分子质量大小及其结构。聚合物中加入填料会降低树脂的流动性,加入增塑剂、润滑剂可提高流动性。流动性差的塑料,在注射成型时不易充填模腔,易产生充填不足或溶接痕,导致制品报废。塑料的流动性太好,注射时容易产生流涎,造成塑件在分型面、活动成型零件、推杆等处的溢料飞边。

(2) 收缩性

塑料熔体在模具中经冷却或固化变硬获得确定形状并从模具中脱出后,尺寸发生变化的性质称为收缩性。收缩性的大小以单位长度制件收缩量的百分数(收缩率)表示。影响塑料收缩性的因素很多,主要有塑料的组成及结构、成型工艺方法、工艺条件、塑件几何形状及金属镶件的数量、模具结构及浇口形状与尺寸等。在设计模具时须考虑收缩率的影响。

（3）相容性

相容性是指两种或两种以上不同品种的塑料在熔融状态下不产生相互分离的能力。如果两种塑料不相容，则混熔时塑件会出现分层、脱皮等表观缺陷。

（4）吸湿性

吸湿性是指塑料对水分的亲疏程度。据此，可将塑料分为具有吸湿倾向的塑料和吸湿倾向极小的塑料。吸湿塑料在成型加工过程中如果水分含量超过一定限度，则水分会在成型机械的高温料筒中变成气体，促使塑料高温水解，从而导致塑料降解，出现起泡、银丝、斑纹等缺陷，给成型带来影响，使塑件外观质量及机械强度明显下降。因此，吸湿塑料在成型前，一般都要经过干燥，使水分含量控制在 0.5%～0.2%以下。

（5）热敏性

热敏性是指塑料在受热时性能上发生变化的程度。有些塑料长时间处于高温状态下会发生降解、分解和变色，使性能发生变化。塑料成型加工时须正确控制温度及周期，选择合适的加工设备或在塑料中加入稳定剂，避免由于热敏性产生的塑件缺陷。

3. 常用塑料

表 5.1 所列为常用塑料的类别、代号和中英文名称。下面列举几种常用热塑性塑料和热固性塑料的基本特性、主要用途和成型特点。

表 5.1　常用塑料类别与名称代号

塑料种类	代号	英 文 名 称	中 文 名 称
热塑性塑料	ABS	Acrylonitrile-butadiene-styrene	丙烯腈-丁二烯-苯乙烯共聚物
	HDPE	High density polyethylene	高密度聚乙烯
	LDPE	Low density polyethylene	低密度聚乙烯
	PA	Polyamide	聚酰胺（尼龙）
	PAA	Poly(acrylic acid)	聚丙烯酸
	PAN	Polyacrylonitrile	聚丙烯腈
	PC	Polycarbonate	聚碳酸酯
	PE	Polyethylene	聚乙烯
	PMMA	Poly(mathyl methacrylate)	聚甲基丙烯酸甲酯（有机玻璃）
	POM	Polyoxymethylene(polyformaldehyde)	聚甲醛
	PP	Polypropylene	聚丙烯
	PPO	Poly(phenylene oxide)	聚苯醚
	PS	Polystyrene	聚苯乙烯
	PVC	Poly(vinyl chloride)	聚氯乙烯
热固性塑料	EP	Epoxide resin	环氧树脂
	UF	Urea-formaldehyde resin	脲甲醛树脂
	UP	Unsaturated polyested	不饱和聚酯
	MF	Melamine-formaldehyde resin	三聚氰胺-甲醛树脂
	PF	Phenol-formaldehyde resin	酚醛树脂

1）热塑性塑料

（1）聚乙烯（PE）

基本特性	塑料工业中产量最大的品种。按聚合时采用的压力不同可分为高压、中压和低压 3 种。无毒、无味、呈乳白色，是结晶型塑料。密度 0.91～0.96g/cm³。 　　与其他塑料相比，机械强度、表面硬度及弹性模量较低；绝缘性能优异；耐水性强；可溶性较差，在室温下不溶解于一般溶剂；耐稀硫酸、稀硝酸和任何浓度的其他酸以及各种浓度的碱、盐溶液；耐寒，在 −60℃ 时仍有较好的力学性能，−70℃ 时仍有一定的柔软性。 　　低压聚乙烯（高密度聚乙烯）比较硬，耐磨、耐蚀、耐热，绝缘性较好，使用温度在 100℃ 左右；高压聚乙烯结晶度和密度较低（故称低密度聚乙烯），有较好的柔软性、耐冲击性及透明性，使用温度在 80℃ 左右
主要用途	低压聚乙烯可用于制造塑料管、塑料板、塑料绳以及承载力不高的零件，如齿轮、轴承等；高压聚乙烯具有优良的电气绝缘性能，常用于制作塑料薄膜、软管、塑料瓶、绝缘零件和包覆电缆等
成型特点	成型性能好，吸水性小，成型前可不预热；成型收缩率较大，且方向性明显，其注射方向的收缩率大于垂直方向的收缩率，易产生变形、缩孔；冷却速度慢，须充分冷却，且冷却速度要均匀；质软易脱模，塑件有浅的侧凹时可强行脱模

（2）聚丙烯（PP）

基本特性	无味、无色、无毒，是结晶型的线型结构高聚物。外观似聚乙烯，但比聚乙烯更透明、更轻，密度仅为 0.90～0.91g/cm³；不吸水、光泽好、易着色；定向拉伸后的聚丙烯具有特别高的抗弯曲疲劳强度；耐热性好，高频绝缘性能好，且绝缘性能不受湿度的影响。 　　缺点：在氧、热、光的作用下极易降解、老化，须加入稳定剂
主要用途	可制作板（片）材、管材、绳、薄膜、瓶子；可用于制作各种机械零件，如法兰、接头、泵叶轮、汽车零件和自行车零件；水、蒸汽、各种酸碱等的输送管道；绝缘零件；可用于医药工业中；还可用于合成纤维抽丝
成型特点	不吸水，成型前不需干燥；成型收缩范围大，易发生缩孔、凹痕及变形等缺陷；热容量大，注射成型模须设计能充分进行冷却的冷却回路；应控制模具温度，模温太低（<50℃）则塑件无光泽，易产生熔接痕，模温太高（>90℃）则易产生翘曲、变形

（3）聚氯乙烯（PVC）

基本特性	聚氯乙烯为白色或浅黄色粉末，是线型结构、非结晶型的高聚物。可溶性和可熔性较差，加热后塑性也很差，故纯聚氯乙烯树脂不能直接用作塑料，一般都应加入添加剂。在聚氯乙烯树脂中加入少量的增塑剂，可制成硬质聚氯乙烯，硬聚氯乙烯有较好的抗拉、抗弯、抗压和抗冲击性能，可单独用作结构材料。软聚氯乙烯的柔软性、断裂伸长率、耐寒性会增加，但脆性、硬度、拉伸强度会降低。电气绝缘性能较好，可以用作低频绝缘材料；化学稳定性较好
主要用途	可用于制作防腐管道、管件、输油管、离心泵和鼓风机等；化学工业上制作各种储槽的衬里；建筑物的瓦楞板，门窗结构，墙壁装饰物等建筑用材；可在电气、电子工业中，用于制造插座、插头、开关和电缆；在日常生活中，用于制造凉鞋、雨衣、玩具和人造革等
成型特点	热敏性塑料，成型性能较差，在成型温度下容易分解放出氯化氢。 　　成型时，须加入稳定剂和润滑剂，并严格控制温度及熔体的滞留时间。应采用带预塑化装置的螺杆式注射机注射成型，模具浇注系统也应粗短，进料口截面宜大，模具应有冷却装置

（4）聚苯乙烯（PS）

基本特性	无色透明并有光泽的非结晶型线型结构高聚物。透明性好，透光率高，在塑料中其光学性能仅次于有机玻璃；有优良的电性能（尤其是高频绝缘性能）和一定的化学稳定性；能耐酸（硝酸除外）、碱、醇、油、水等，但对氧化剂、苯、四氯化碳、酮类（除丙酮外）、酯类等的抵抗能力较差；着色性能优良，能染成各种鲜艳的色彩。 缺点：耐热性低，热变形温度一般在 70～98℃，只能在不高的温度下使用；质地硬而脆，有较高的热膨胀系数，塑件易产生内应力，易开裂
主要用途	工业上可用于制作仪表外壳、汽车灯罩、指示灯罩、化学仪器零件、透明模型等；电气方面用于制作绝缘材料，如电视机结构零件、接线盒和电池盒等；日用品方面则广泛用于制作包装材料、各种容器和玩具等
成型特点	成型性能优良，吸水性小，成型前可不进行干燥；热膨胀系数高，塑件中不宜有嵌件，否则会因两者的热膨胀系数相差太大而导致开裂；宜用高料温、高模温、低注射压力成型，并延长注射时间，以防止缩孔及变形，降低内应力；流动性好，模具设计中大多采用点浇口形式；可采用注射、挤出、真空等各种成型方法

（5）丙烯腈-丁二烯-苯乙烯共聚物（ABS）

基本特性	ABS 是由丙烯腈、丁二烯、苯乙烯共聚而成的非结晶型高聚物。这 3 种组分各自的特性，使 ABS 具有优良的综合力学性能。ABS 呈浅象牙色或白色，不透明、无毒，能缓慢燃烧。既有聚苯乙烯的光泽和成型加工性能，又有聚丙烯腈的刚性、耐曲性和优良的机械强度，同时还发挥了橡胶组分所具有的优良的抗冲击强度。ABS 有坚韧、硬质、刚性的特征，电性能良好，耐药品、耐磨，尺寸稳定，易着色。ABS 可采用注射、挤出、压延、吹塑和真空成型等方法成型
主要用途	在机械工业中用来制造齿轮、泵叶轮、轴承、把手、工具等；在汽车工业领域，用 ABS 制造汽车仪表板、工具舱门、挡泥板、扶手、加热器等；还可用来制造水表壳、纺织器材、电器零件、文体用品、玩具、电子琴壳体、食品包装容器及家具等
成型特点	具有吸湿性，要求在加工前进行干燥处理。ABS 在升温时黏度增高，成型压力较高，故塑件上的脱模斜度宜稍大。ABS 易产生熔接痕，模具设计时应注意尽量减少浇注系统对料流的阻力。ABS 在正常的成型条件下，壁厚、熔体温度对收缩率影响极小

（6）聚碳酸酯（PC）

基本特性	性能优良的热塑性工程塑料，密度为 $1.2\mathrm{g/cm^3}$；本色微黄，如加点淡蓝色，可得到无色透明塑料，可见光的透光率接近 90%。 有特别好的抗冲击强度、热稳定性、耐气候性、光泽度、抑制细菌特性、阻燃特性及抗污染性，用其成型零件可达到很好的尺寸精度并能在很宽的温度变化范围内保持尺寸的稳定性。 抗蠕变，耐磨、耐热和耐寒性均较好。吸水率较低，能在较宽的温度范围内保持较好的电性能。可耐室温下的水、稀酸、氧化剂、还原剂、盐、油和脂肪烃等，但不耐碱、胺、酮、脂及芳香烃。 缺点：塑件易开裂，耐疲劳强度较差。但用玻璃纤维增强的聚碳酸酯，可以克服上述缺点

主要用途	在机械方面用于制造各种齿轮、蜗轮、蜗杆、齿条、凸轮、轴承、滑轮、铰链、螺母、垫圈、泵叶轮和灯罩等;在电气设备方面,用于制造计算机元件、电机零件、电话交换器零件、信号用继电器、风扇部件和接线板等;交通运输行业中,可用于制作车辆前灯、车辆中的各种仪表壳等;光学方面,可制作高温透镜、视孔镜、防护玻璃等光学零件;还可用于生产食品加工机械壳体、电冰箱抽屉等
成型特点	吸水性小,但高温时对水分比较敏感,加工前须干燥处理,否则会出现银丝、气泡及强度下降现象;当冷却速度较快时,其塑件易产生内应力,需进行退火处理;熔融温度高,熔融黏度大,流动性差,成型时要求有较高的温度和压力,注射成型时,浇注系统尺寸应加大;由于成型收缩较小,容易得到精度高的零件

（7）聚酰胺（PA）

基本特性	聚酰胺通称"尼龙（Nylon）",我国称"锦纶"。它是含有酰胺基的结晶型线型高聚物,由二元胺和二元酸通过缩聚反应制取或以一种内酰胺的分子通过自聚而成。尼龙的命名由二元胺与二元酸中的碳原子数来决定,如己二胺和癸二酸反应所得的聚缩物称尼龙 610,并规定前一个数指二元胺中的碳原子数,而后一个数为二元酸中的碳原子数。常见的品种有尼龙1010、尼龙 610、尼龙 66、尼龙 6、尼龙 9、尼龙 11 等。 尼龙的力学性能优良,抗拉、抗压、耐磨。抗冲击强度比一般塑料有显著提高,疲劳强度与铸铁、铝合金相当;具有良好的消音效果和自润滑性能;耐碱和弱酸,但不耐强酸和氧化剂;本身无毒、无味、不霉烂,但吸水性强,收缩率大,常因吸水而引起尺寸变化,故其塑件常需调湿处理。 缺点:稳定性较差,一般只能在 80～100℃使用
主要用途	目前在工程塑料中的使用居于首位。由于尼龙有较好的力学性能,被广泛应用于工业中制造各种机械、化学和电气零件,如轴承、齿轮、辊轴、滑轮、泵叶轮、风扇叶片、蜗轮、高压密封圈、垫片、阀座、输油管、储油容器、绳索、传动带和电器线圈等零件
成型特点	吸水性强,成型加工前须进行干燥处理,且其易吸潮,塑件尺寸变化较大。熔融黏度低,流动性良好,容易产生飞边,壁厚和浇口厚度对成型收缩率影响很大,一模多件时,应注意使浇口厚度均匀;成型时排除的热量多,模具上应设计充分的冷却回路;熔融状态的尼龙热稳定性较差,易发生降解使塑件性能下降,因此不允许尼龙在高温料筒内停留时间过长

（8）聚甲醛（POM）

基本特性	高熔点、高结晶性的热塑性塑料。表面硬而滑,呈淡黄或白色,薄壁部分呈半透明状。 机械强度、延展强度及抗拉、抗压性能、耐疲劳强度较高;尺寸稳定,吸水率小,具有优良的减摩、耐磨性能;能耐扭变,有突出的回弹能力;常温下一般不溶于有机溶剂,能耐醛、酯、醚、烃及弱酸、弱碱,但不耐强酸;电气绝缘性能较好。 缺点:成型收缩率大,在成型温度下热稳定性较差
主要用途	是继尼龙之后发展起来的一种性能优良的热塑性工程塑料,其性能不亚于尼龙,价格比尼龙低廉。特别适合于制作轴承、凸轮、滚轮、辊子及齿轮等耐磨、传动零件,还可用于制造汽车仪表板、化工容器、泵叶轮、鼓风机叶片、配电盘、线圈座、各种输油管道阀门和塑料弹簧等
成型特点	吸水性比聚酰胺和 ABS 小,成型前可不进行干燥处理。成型收缩率大,熔体黏度低,在熔点附近聚甲醛的熔融或凝固十分迅速,注射速度要快,注射压力不宜过高。聚甲醛摩擦系数低、弹性高,浅侧凹槽可采用强制脱出,塑件表面可带有皱纹花样。热稳定性差,加工温度范围窄,应严格控制成型温度,以免引起温度过高或在允许温度下长时间受热而引起分解。冷却凝固时排除热量多,模具上应设计均匀冷却的冷却回路

2) 热固性塑料

(1) 酚醛塑料(PF)

基本特性	是酚类(常用苯酚)与醛类(常用甲醛)经过缩聚反应得到的高聚物。根据酚醛塑料中添加剂和用途的不同,酚醛塑料大致可分为 4 类:层压塑料、压塑料、纤维状压塑料和碎屑状压塑料。 酚醛树脂本身很脆,呈琥珀玻璃态,所以必须加入各种纤维或粉末状填料后才能获得具有一定性能要求的酚醛塑料。 与一般热塑性塑料相比,刚性好,变形小,耐热耐磨,能在 150～200℃ 的温度范围内长期使用。在水润滑条件下,摩擦系数极低,电绝缘性能优良。具有很高的黏结能力,是一种重要的黏结剂。 缺点:质脆,冲击强度差
主要用途	可制成各种型材和板材。根据所用填料不同,有纸质、布质、木质、石棉和玻璃布等各种层压塑料。布质及玻璃布酚醛层压塑料可用于制造齿轮、轴瓦、导向轮、无声齿轮和轴承及用作电工结构材料和电气绝缘材料;木质层压塑料适用于作水润滑冷却下的轴承及齿轮等;石棉布层压塑料主要用于制造高温下工作的零件;酚醛纤维状层压塑料可以加热模压成各种复杂的机械零件和电器零件,还可制作各种线圈架、接线板、电动工具外壳、风扇叶片、齿轮和凸轮等
成型特点	成型性能好,特别适用于压缩成型;模温对流动性影响较大,一般当温度超过160℃时流动性迅速下降;硬化时放出大量热,厚壁大型塑件易发生硬化不匀及过热现象

(2) 环氧树脂(EP)

基本特性	为含有环氧基的高分子化合物。在其未固化之前,是线型的热塑性树脂,只有在加入固化剂(如胺类和酸酐等)之后,才交联成不熔的体型结构的高聚物,才有作为塑料的实用价值。 黏结能力非常强,是“万能胶”的主要成分。耐化学药品、耐热、电气绝缘性能良好、收缩率小,比酚醛树脂有更好的力学性能。 缺点:耐候性差,耐冲击性低,质地脆
主要用途	用作金属和非金属材料的黏合剂,用于封装各种电子元件。环氧树脂配以石英粉等可用来浇注各种模具,还可作为各种产品的防腐涂料
成型特点	流动性好,硬化速度快;用于浇注时,浇注前应加脱模剂;热刚性差,硬化收缩小,难于脱模。硬化时不析出任何副产物,成型时不需排气

5.1.2　塑料成型工艺

塑料成型是塑料由原料成型为制品的过程。塑料成型工艺研究的主要内容包括塑料成型的工艺过程、工艺参数、工艺方法和工艺特点。塑料的成型加工方法包括一次成型和二次加工两大类。一次成型是将塑料材料(粉状、粒状、纤维状等)在一定的工艺条件下,使其成型为具有一定使用价值的塑料制品的过程,是塑料成型工艺的主要研究对象。一次成型中,热塑性塑料主要采用挤出成型、注射成型、压延成型、吹塑成型、发泡成型、滚塑成型、冷压成型和烧结成型等成型工艺。热固性塑料主要采用压塑成型、浸渍成型、压注成型、层压成型、浇铸成型和增强成型等成型工艺。塑料的二次加工是将一次成型的塑料制品或半成品,通过热成型、机械加工、连接、表面装饰等工艺手段,使其成为最终产品。

1. 注射成型工艺

塑料注射成型又称注塑成型,是热塑性塑料成型的一种重要方法,也是目前塑料加工中普遍采用的方法之一,60%～70%的塑料制件用该方法生产。

1) 注射成型原理

注射成型原理如图 5.2 所示(以螺杆式注射机为例)。将加入料斗 4 中的颗粒状或粉状的塑料送进加热料筒中,经过加热熔融塑化成黏流态塑料熔体,在注射机螺杆 7 的高压推动下经喷嘴压入模具模腔,塑料熔体充满型腔后,保压一定时间,使制件在型腔中冷却、硬化、定型,压力撤除后开模,并利用注射机的顶出机构使制件脱模,取出制件,完成一次注射成型制件循环。

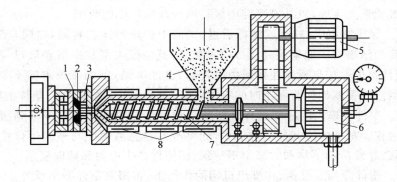

图 5.2　注射成型原理

1—动模；2—制品；3—定模；4—料斗；5—传动装置；6—油缸；7—螺杆；8—加热器

2) 注射成型工艺过程

注射成型工艺过程包括成型前的准备、注射成型、制件的后处理等。

(1) 注射成型前的准备

① 原料的预处理。对塑料原料进行外观检验,即检查原料的色泽、粒度及均匀度等,必要时还应对塑料的工艺性能进行测试。对于吸湿性强的塑料(如尼龙、聚碳酸酯、ABS 等),成型前应进行充分的预热干燥,除去物料中过多的水分和挥发物,防止成型后塑件出现气泡和银丝等缺陷。

② 设备的准备。生产中,如需改变塑料品种、调换颜色,或成型过程中出现了热分解或降解反应,则应对注射机料筒进行清洗。通常,柱塞式注射机料筒存量大,必须将料筒拆卸清洗;对于螺杆式料筒,可采用对空注射法清洗。

③ 嵌件的预热。当制件带有金属嵌件时,应对嵌件进行预热,防止嵌件周围产生过大的内应力。

④ 脱模剂的使用。脱模剂是使塑件容易从模具中脱出而覆在模具表面的一种助剂。对脱模困难的制件,要选用合适的脱模剂。常用的脱模剂有硬脂酸锌、液体石蜡、硅油等。

⑤ 若成型塑料对模具有预热要求,还须对模具进行预热。

(2) 注射成型过程

一个完整的注射成型过程包括加料、塑化、充模、保压、倒流、冷却和脱模等,每一过程均由相应的工艺参数控制。

① 加料。将粒状或粉状塑料加入注射机料斗,在自重或加料设备的作用下落入料筒,并在螺杆或活塞的作用下进入加热区。

② 塑化。塑化是指颗粒状塑料在注射机料筒中经过加热、压实以及混料后达到黏流状态,并且具有良好的可塑性。对塑料的塑化要求是:塑料熔体在进入型腔之前,要达到规定的成型温度,并在规定的时间内提供足够的量,且使熔体各处的温度尽量均匀一致,不发生或极少发生热分解,以确保生产的顺利进行。

③ 充模。塑化好的塑料熔体在注射机柱塞或螺杆的推进作用下,以一定的压力和速度经过喷嘴和模具的浇注系统进入并充满模具型腔。

④ 保压。充模结束后,在注射机柱塞或螺杆推动下,熔体仍然保持压力进行补料,使料筒中的熔料继续进入型腔,以补充型腔中塑料因冷却而产生的收缩。

⑤ 倒流。保压结束后,柱塞或螺杆后退,型腔中的熔料压力解除,这时,型腔中的熔料压力大于料筒预塑压力。如果此时浇口尚未冻结,就会发生型腔中熔料通过浇注系统倒流的现象,使塑件报废。如果撤除注射压力时,浇口已经冻结,则倒流现象就不会产生。倒流是否发生或倒流的程度如何与保压时间有关,保压时间越长,倒流越小,塑件的收缩越轻。

⑥ 冷却。塑件在模内的冷却过程是指从浇口处的塑料熔体完全冻结到塑件从模腔内推出的全部过程。塑件的冷却速度应适中,如果冷却过急或模腔与塑料熔体接触的各部分温度不同,则会导致冷却不均和收缩率不一致,使塑件产生应力和翘曲变形。

⑦ 脱模。塑件冷却后开模,在推出机构的作用下,将塑料制件推出模外。

(3) 塑件的后处理

对某些塑料或制品由于塑化不均匀或塑料在型腔内的结晶、取向和冷却不均匀及金属嵌件的影响等原因,塑件内部不可避免地存在一些应力,从而导致塑件在使用过程中产生变形或开裂,因此需要对塑件进行适当的后处理。常用的后处理方法有退火和调湿两种。

① 退火处理。退火是将塑件放在定温的加热介质(如热水、热油、热空气和液体石蜡等)中保温一段时间的热处理过程。利用退火时的热量,加速塑料中大分子松弛,从而消除塑件成型后的残余应力。

② 调湿处理。调湿处理是一种调整塑件含水量的后处理工序,主要用于吸湿性很强且又容易氧化的聚酰胺等塑料。调湿处理除了能在加热条件下消除残余应力外,还能使塑件在加热介质中达到吸湿平衡,以防止塑件在使用过程中发生尺寸变化。

3) 注射成型工艺参数

塑料制品成型质量的好坏与成型温度、压力和时间有关,我们称之为工艺参数。下面以图 5.3 所示的注射机为例,介绍工艺参数对成型的影响。

(1) 温度

塑料在常温下为固体,只有达到一定温度后才能成为熔融状黏流体,以满足塑料成型工艺的充填要求。但温度过高,将破坏塑料原有的物理化学性能,因此注射成型过程中温度的控制尤为重要。注射成型过程的温度包括料筒温度、喷嘴温度和模具温度等。前两种温度主要影响塑料的塑化和流动,模具温度主要影响塑料的流动和冷却。

① 料筒温度。料筒温度的选择主要与塑料的品种、特性有关,还与注射机的类型、塑件及模具结构相关。料筒温度从料斗后端到喷嘴前端逐渐升高,使塑料温度平稳上升、均匀塑

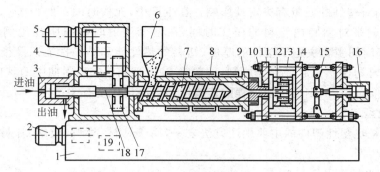

图 5.3　注射机示意图

1—机身；2—电机与液压泵；3—注射液压缸；4—齿轮箱；5—电机；6—料斗；7—螺杆；
8—料筒加热器；9—料筒；10—喷嘴；11—定模座；12—模具；13—拉杆；14—动模座；
15—合模机构；16—油缸；17—齿轮；18—螺杆花键；19—油箱

化。提高料筒(熔体)温度,可降低熔体黏度、增加流动性,有利于注射压力向模腔内的传递,从而改善成型性能,降低塑件的粗糙度。但料筒温度越高,时间越长,塑料热氧化降解量就越大。

② 喷嘴温度。在选择喷嘴温度时,考虑到塑料熔体与喷嘴之间的摩擦热能使熔体经过喷嘴后出现温升,喷嘴温度通常应稍低于料筒最高温度。否则,熔料容易在喷嘴处产生"流涎"现象,同时塑料也容易分解。但喷嘴温度过低,熔料可能发生早凝把喷嘴堵死,或由于早凝凝料进入型腔影响塑件的性能。

③ 模具温度。模具温度对塑料熔体的充模能力、塑件的冷却速度、成型后塑件的内在性能和表观质量都有很大影响。在满足注射要求的前提下,应采用尽可能低的模具温度,以加快冷却速度,缩短冷却时间,提高生产效率。

(2) 压力

注射成型过程中的压力包括塑化压力和注射压力。

① 塑化压力,又称螺杆背压,指注射机螺杆头部熔料在螺杆转动后退时所受到的压力。塑化压力可以通过液压系统中的溢流阀来调节,增加塑化压力将提高熔体密实程度,增大熔体内压力,减小螺杆后退速度,增加剪切作用,从而提高熔体温度,并使温度分布均匀。通常情况下,塑化压力在保证塑件质量的前提下越低越好。

② 注射压力。注射压力是指注射时,螺杆(柱塞)头部对塑料熔体所施加的压力。注射机上常用压力表显示注射压力的大小,可以通过注射机的控制系统调节。注射压力的作用是克服塑料熔体从料筒流向型腔的流动阻力,给予熔体一定的充模速率,以便充满型腔并对模具内熔料进行压实。注射压力直接影响充模速率,一般高压注射充模速率大,低压注射充模速率小。注射压力过高,虽然可以提高塑料的流动性,但塑件易产生溢料、溢边使脱模困难,使塑件产生较大的内应力,塑件容易变形;注射压力过低时,物料不易充满型腔,成型不足,塑件易产生凹痕、波纹、熔接痕等缺陷。型腔充满后,注射压力的作用就是对模内熔料进行压实。

(3) 时间(成型周期)

完成一次注射过程所需要的时间称为成型周期,包括注射时间、模内冷却时间和其他时间。生产中在保证质量的前提下应尽量缩短成型周期。在成型周期中,注射时间和冷却时间最重要,它们对塑件的质量有决定性影响。在生产中,充模时间一般为 3～5s。注射时间中的保压时间就是对型腔内塑料的压实时间,在整个注射时间内所占比例较大,一般为 20～25s。冷却时间主要决定于塑件的厚度、塑料的热性能和结晶性能以及模具温度等,其长短应以脱模时塑件不引起变形为原则,一般为 30～120s。成型周期中的其他时间(开模、脱模、安放嵌件、合模等)则与生产过程的连续性和自动化程度有关。

2. 挤出成型工艺

挤出成型是热塑性塑件的主要生产方法之一,用于管材、棒料、板材、片材、线材和薄膜等连续型材的生产。

1) 挤出成型原理及工艺特点

一般由挤出机、挤出模具、牵引装置、冷却定型装置、卷料或切割装置以及控制系统等组成挤出成型生产线,如图 5.4 所示。挤出成型时,首先将颗粒状或粉状塑料从挤出机的料斗送进料筒 1 中,在旋转的挤出机螺杆的作用下向前输送,同时塑料受到料筒的传热和螺杆对塑料的剪切摩擦热的作用逐渐熔融塑化,在挤出机的前端装有挤出模具 2,塑料在通过挤出模具时形成所需形状的制件,再经过一系列辅助装置(定型、冷却、牵引和切断等),从而得到等截面的塑料型材。

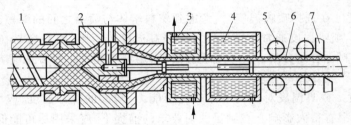

图 5.4　挤出成型原理

1—挤出机料筒;2—机头(模具);3—定型模具;4—冷却装置;5—牵引装置;6—制品;7—切割装置

挤出成型的塑件为恒定截面形状的连续型材,该工艺还可以用于塑料的着色、造粒和共混等。挤出成型方法有以下特点:

(1) 连续成型,产量大,生产率高,成本低,经济效益显著。

(2) 塑件的几何形状简单,截面形状不变,模具结构也较简单。

(3) 塑件内部组织均衡紧密,尺寸比较稳定。

(4) 适应性强,除氟塑料外,所有的热塑性塑料都可采用挤出成型,部分热固性塑料也可采用挤出成型。变更机头口模,产品的截面形状和尺寸相应改变,就能生产出不同规格的各种塑料制件。

2) 挤出工艺过程

热塑性塑料挤出成型的工艺过程可分为塑化、成型和定型 3 个阶段,如图 5.5 所示。第一阶段——塑化:塑料原料在挤出机的料筒温度和螺杆的旋转压实及混合作用下由粉状或粒状转变成黏流态物质(常称干法塑化)或固体塑料在机外溶解于有机溶剂中而成为黏流态物质(常称湿法塑化)再加入到挤出机的料筒中;第二阶段——成型:黏流态塑料熔体在挤出机螺杆螺旋力的推挤作用下,通过具有一定形状的口模即可得到截面与口模形状一致的连续型材;第三阶段——定型:通过适当的处理方法,如定径处理、冷却处理等,使已挤出的塑料连续型材固化为塑料制件。具体过程如下。

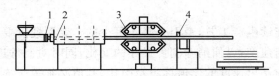

图 5.5　管材挤出线示意图
1—机头（模具）；2—冷却定型装置；3—牵引装置；4—切割装置

（1）原料的准备

为保证制件质量，在成型前对塑料原料应进行严格的外观检验和工艺性能测定，对易吸湿塑料还要进行预热和干燥处理，水分控制在 0.5% 以下，并尽可能除去塑料中的杂质。

（2）挤出成型

将挤出机预热到规定温度后，起动电动机带动螺杆旋转输送物料，同时向料筒中加入塑料。料筒中的塑料在外部加热和剪切摩擦热作用下熔融塑化。由于螺杆旋转时对塑料不断推挤，迫使塑料经过滤板上的过滤网，再通过机头口模成型为一定形状的连续型材。

（3）塑件的定型与冷却

热塑性塑料制件在离开机头口模以后，应该立即进行定型和冷却，否则，塑件在自重力作用下就会变形，出现凹陷或扭曲现象。在大多数情况下，定型和冷却是同时进行的，冷却一般采用气冷或水冷。冷却速度对塑件性能有很大影响，硬质塑件不能冷却过快，否则容易造成残余应力，并影响塑件的外观质量；软质或结晶型塑件则要求及时冷却，以免塑件变形。

（4）制件的牵引、卷取和切割

制件从挤出模具挤出后，一般都会出现因压力解除而膨胀、冷却后又会收缩的现象，使制件的形状和尺寸发生变化。同时，制件又被连续不断地挤出，如果不加以引导，会造成制件停滞而影响制件的顺利挤出，因此制件在挤出并冷却时应被连续引出，这就是牵引。通过牵引的制件可根据使用要求在切割装置上裁剪，或在卷曲装置上绕制成卷。

3）挤出工艺参数

挤出成型工艺参数主要包括压力、温度、挤出时间和牵引速度等。

（1）压力

在挤出过程中，由于螺杆槽的深度变化、塑料的流动阻力、过滤板、口模等的作用，塑料沿料筒轴线在其内部形成一定的压力，使塑料得以均匀密实并成型为制件。挤出时，料筒的压力可达 55MPa，压力呈周期波动，由螺杆的转速、加热和冷却装置控制。

（2）温度

挤塑成型温度是指塑料熔体的温度。塑料熔体的热量大部分由料筒外部的加热器提供，部分来源于料筒中螺杆旋转混合时产生的摩擦热。实际生产中，为了检测方便，经常用料筒温度近似表示成型温度。通常，机头温度必须控制在塑料热分解温度之下，但应保证塑料熔体具有良好的流动性。

（3）挤出速度

挤出速度用单位时间内从挤出机口模挤出的塑化好的塑料质量（kg/h）或长度（m/min）表示。它表征着挤出机生产能力的高低。挤出速度与挤出口模的阻力、螺杆与料筒的结构、螺杆转速、加热系统及塑料特性等因素有关，其中螺杆的结构与转速影响最大，调整螺杆转速是控制挤出速度的主要措施。

（4）牵引速度

挤出成型是一种连续生产工艺，牵引是必不可少的。牵引速度要与挤出速度相适应，一般牵引速度略大于挤出速度，以便消除制件尺寸的变化，同时对制件进行适当的拉伸可提高制件质量。牵引速度与挤出速度的比值称为牵引比，其值必须等于或大于 1。

表 5.2 列出了几种塑料管材的挤出成型工艺参数。

表 5.2　常用管材挤出成型工艺参数

工艺参数	塑料	硬聚氯乙烯（RPVC）	软聚氯乙烯（SPVC）	低密度聚乙烯（LDPE）	ABS	聚酰胺-1010（PA-1010）	聚碳酸酯（PC）
管材外径/mm		95	31	24	32.5	31.3	32.8
管材内径/mm		85	25	19	25.5	25	25.5
管材厚度/mm		5	3	2	3	—	—
料筒温度/℃	后段	80～100	90～100	90～100	160～165	200～250	200～240
	中段	140～150	120～130	110～120	170～175	260～270	240～250
	前段	160～170	130～140	120～130	175～180	260～280	230～255
机头温度/℃		160～170	150～160	130～135	175～180	220～240	200～220
口模温度/℃		160～180	170～180	130～140	190～195	200～210	200～210
螺杆转速/(r/min)		12	20	16	10.5	15	10.5
口模直径/mm		90.7	32	24.5	33	44.8	33
芯模内径/mm		79.7	25	19.1	26	38.5	26
稳流定型段长度/mm		120	60	60	50	45	87
牵引比		1.04	1.2	1.1	1.02	1.5	0.97
真空定径套内径/mm		96.5		25	33	31.7	33
定径套长度/mm		300		160	250	—	250
定径套与口模间距/mm		—		—	25	20	20

3. 压塑成型工艺

压塑成型又称压缩成型、模压成型，是塑料成型加工中传统的工艺方法，主要用于热固性塑料的加工。

1）压塑成型原理及其特点

（1）压塑成型原理

压塑成型的基本原理是将粉状、粒状、碎屑状或纤维状的热固性塑料原料直接加入敞开的模具加料室内，如图 5.6(a)所示；然后合模加热，使塑料熔化，在合模压力的作用下，熔融塑料充满型腔，如图 5.6(b)所示；型腔中的塑料产生化学交联反应，使熔融塑料逐步转变为不熔的硬化定型的塑件，最后将塑件从模具中取出，如图 5.6(c)所示。

（2）压塑成型的特点

① 压塑成型所使用的设备和模具以及生产过程的控制都比较简单。

② 塑件的耐热性好，收缩率小、变形小，各项性能比较均匀。

③ 适宜成型流动性差的塑料，比较容易成型大、中型制件。

④ 成型周期长、效率低，不易实现自动化。同时，由于模具要加热到高温，会引起原料中粉尘和纤维飞扬，故劳动条件差。

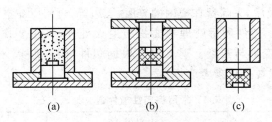

图 5.6　压塑成型原理示意图
(a) 加料；(b) 合模、加热、加压；(c) 取件

⑤ 不能模压尺寸精度要求较高的制件。因为制件常有较厚的飞边,溢边厚度的波动会影响制件高度尺寸的精度。另外,带有深孔、形状复杂和带有嵌件的制件难以成型。

2) 压塑成型的工艺过程

压塑成型一般分为准备、压塑和后处理 3 个阶段。

(1) 压塑成型前的准备

压塑成型前的准备分为预热和预压两部分。预压一般只用于热固性塑料。

① 预压。在室温下将松散的粉料或纤维状的热固性塑料在专用压坯机上压成质量一定、形状规整的密实型坯,这一工序称为预压。预压型坯多为圆片状,也有长条状的。

② 预热。在模压前有时需对塑料原料进行加热,一是为去除原料中的水分和其他挥发物,二是为提高料温,增进制件固化的均匀性,缩短压塑成型周期。预热的方法主要有加热板加热、烘箱加热、红外线加热和高频电加热等。

(2) 压塑成型过程

压塑成型过程可分为嵌件的安放、加料、合模、排气、固化和脱模等几个阶段。

① 嵌件的安放。若塑件带有嵌件,加料前应将预热嵌件放入模具型腔内。嵌件用手工或专用工具安放。

② 加料。加料是在模具型腔中加入已预热的定量物料,加入模具中的塑料原料应按塑料在型腔内的流动情况和各部位需要量合理地堆放,以免造成塑件密度不均或缺料现象。常用的加料方法有体积质量法、容量法和记数法三种。

③ 合模。合模是通过压力使模具内成型零部件闭合成与塑件形状一致的模腔。合模的原则是避免凸、凹模在闭合过程中形成不正常的高压。当凸模尚未接触物料前,应尽量加快闭模速度,而在凸模接触物料后,应放慢闭模速度,避免造成模具中嵌件、成型杆件的位移和损坏,利于空气的排放并避免物料被空气排出模外而造成缺料。

④ 排气。压塑热固性塑料时,成型物料在模腔中会放出相当数量的水蒸气、低分子挥发物以及在交联反应和体积收缩时产生的气体,因此,模具闭模后有时还需卸压以排出模腔中的气体,否则,会延长物料传热过程,延长熔料固化时间,且塑件表面还会出现烧焦和气泡等现象。排气的次数和时间应按需要而定,通常为 1～3 次,每次时间为 3～20s。

⑤ 固化。热固性塑料的固化需要在模塑温度下保持一段时间,保证制件完全硬化,且物理、力学性能达到最佳状态。模内固化时间一般为 30s 至数分钟不等。

⑥ 脱模。脱模主要靠推出机构来完成。将模具开启,推出机构将塑件推出模外。

(3) 压塑后处理

塑件脱模以后,应对模具进行清理,有时还要对塑件进行后处理。

① 清理模具。脱模后,去除留在模内的碎屑、飞边等,再用压缩空气吹净凸、凹模和台面。

② 塑件的后处理。塑件的后处理主要是指退火处理,其主要作用是清除应力,提高尺寸稳定性,减少塑件的变形与开裂。退火规范根据塑件材料、形状、嵌件等情况确定。常用的热固性塑件退火处理规范可参考表 5.3。

表 5.3　常用热固性塑件退火处理规范

塑件种类	退火温度/℃	保温时间/h
酚醛塑料制件	80~130	4~24
酚醛纤维塑料制件	130~160	4~24
氨基塑料制件	70~80	10~12

3）压塑成型工艺参数

（1）压塑成型温度

压塑成型温度是指压塑成型时的模具温度,对塑料成型及质量有较大影响。提高压塑成型温度可以缩短成型周期、减小成型压力,但是如果温度过高会加快塑料的硬化,影响熔体的流动,造成制件内应力增大,易出现变形、开裂和翘曲等缺陷,使熔体变色和分解。温度过低会使制件硬化不足,表面无光,物理性能和力学性能下降。表 5.4 所列为常用热固性塑料的压缩成型温度和成型压力。

表 5.4　热固性塑料的压缩成型温度和成型压力

塑料类型	压缩成型温度/℃	压缩成型压力/MPa
酚醛塑料（PF）	146~180	7~42
三聚氰胺-甲醛塑料（MF）	140~180	14~56
脲甲醛塑料（UF）	135~155	14~56
聚酯塑料（UP）	85~150	0.35~3.5
邻苯二甲酸二丙烯酯塑料（PDAP）	120~160	3.5~14
环氧树脂塑料（EP）	145~200	0.7~14
有机硅塑料（DSMC）	150~190	7~56

（2）压塑成型压力

压塑成型压力是指压缩时压机通过凸模迫使塑料熔体充满型腔和进行固化时单位面积上所施加的压力。制件的密度随成型压力的增加而增大,高密度制件的力学性能一般也较好。成型压力的大小与塑料品种、制件结构以及成型温度有关。一般情况下,塑料流动性较差、制件较厚、形状复杂时所需的成型压力就大；压缩比大的塑料压塑成型时需要较大的压力。

（3）压塑时间

热固性塑料压塑成型时,要在一定温度和一定压力下保持一定时间,才能使其充分交联固化,成为性能优良的塑件,这一时间称为压塑时间。压塑时间与塑料的种类、塑件形状、压塑成型的工艺条件以及操作步骤等有关。压塑成型温度升高,塑料固化速度加快,所需压塑时间减少；随着压力的增大,压缩时间略有减少；压缩时间会随塑件厚度的增加而增加。

4. 其他成型工艺

1）压注成型

压注成型又称传递成型,它是在压塑成型的基础上发展起来的热固性塑料成型方法。

其工艺类似于注射成型工艺,所不同的是压注成型时塑料在模具的加料腔内塑化,再经过浇注系统进入型腔。

（1）压注成型的原理

压注成型原理如图 5.7 所示。压注成型时,将热固性塑料原料装入闭合模具的加料室内,使其在加料室内受热塑化,见图 5.7(a);随即在柱塞挤压力的作用下,熔融的塑料通过加料室底部的浇注系统,进入闭合的型腔,见图 5.7(b);塑料在型腔内继续受热、受压而固化成型,然后开模取出制件,并清理型腔、加料室和浇注系统,见图 5.7(c)。

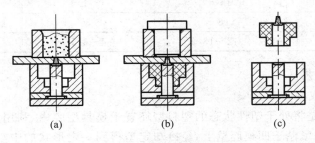

图 5.7　压注成型原理

(a) 加热、塑化；(b) 压注、成型；(c) 取件

（2）压注成型的特点

① 与压缩成型比较,塑料在进入型腔前已经塑化,因此能生产外形复杂、薄壁或壁厚变化很大、带有精细嵌件的塑件。

② 由于塑料在模具内的保压硬化时间较短,因此可缩短成型周期,提高生产效率,塑件的密度和强度也得到提高。

③ 由于塑料成型前模具完全闭合,分型面的飞边很薄,因而塑件精度容易保证,表面粗糙度值也较低。

④ 压注成型后,总会有一部分余料留在加料室内,使原料消耗增大;塑件上浇口痕迹的修整使工作量增大。

⑤ 模具的结构也比压缩模的结构复杂;工艺条件比压缩成型要求更严格,操作难度大。

压注成型的工艺过程和压塑成型基本相同,只是操作细节上略有不同。

（3）压注成型的工艺参数

压注成型与压塑成型工艺条件相似,但也有一定的区别。主要工艺参数包括成型压力、成型温度和成型周期等,它们均与塑料品种、模具结构、塑件情况等因素有关。

① 成型温度。成型温度包括加料室内的物料温度和模具本身的温度。为了保证物料具有良好的流动性,压注成型一般比压塑成型温度低 $15 \sim 30 \,^{\circ}\mathrm{C}$,所低出的温度可通过塑料熔体与浇注系统之间的摩擦热补偿。

② 成型压力。成型压力指压力机通过压柱或柱塞对加料室熔体施加的压力。压注成型时塑料熔体需经浇注系统进入型腔,压力损耗大,因而成型压力一般为压塑成型的 $2 \sim 3$ 倍。

③ 成型周期。压注成型周期包括加料时间、充模时间、交联固化时间、脱模取塑件时间和清模时间等。

表 5.5 所列为酚醛塑料压注成型的主要工艺参数。

表 5.5　酚醛塑料压注成型的主要工艺参数

工艺参数　　　　　模具	罐　　式		柱　塞　式
	未预热	高频预热	高频预热
预热温度/℃	—	100～110	100～110
成型压力/MPa	160	80～100	80～100
充模时间/min	4～5	1～1.5	0.25～0.33
固化时间/min	8	3	3
成型周期/min	12～13	4～4.5	3.5

2）气动成型工艺

（1）中空吹塑成型

中空吹塑成型是将处于塑性状态的塑料型坯置于模具型腔内，利用压缩空气注入型坯中将其吹胀，并使之紧贴于凹模腔壁上，经冷却定型得到一定形状的中空塑件的加工方法。根据成型方法不同，中空吹塑成型可分为挤出吹塑成型、注射吹塑成型和注射拉伸吹塑成型等，一般用于塑料瓶、罐及盒类制品的生产。

① 挤出吹塑成型。挤出吹塑成型工艺过程如图 5.8 所示。首先在挤出机上挤出管状型坯 3，见图 5.8（a）；将管坯趁热放于吹塑模具 2 中，闭合模具的同时夹紧型坯上下两端，见图 5.8（b）；然后向热管坯中通入压缩空气，使型坯吹胀并贴于型腔壁成型，见图 5.8（c）；最后经保压和冷却定型，即可开模取出塑件，如图 5.8（d）所示。

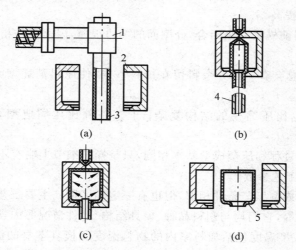

（a）　　　　　　　　　　　　　　　（b）

（c）　　　　　　　　　　　　　　　（d）

图 5.8　挤出吹塑中空成型

1—挤出机头；2—吹塑模；3—管坯；4—进气口；5—制品

挤出吹塑成型模具结构简单，投入少，操作容易，适于多种塑料的中空吹塑成型。挤出吹塑成型的缺点是塑件壁厚不均匀，需要后续加工去除飞边。

② 注射吹塑成型。注射吹塑成型的工艺过程如图 5.9 所示。首先，用注射机注射模内塑料管坯，管坯成型在周壁带有微孔的空心凸模上，如图 5.9（a）所示；接着趁热移至吹塑模

内,如图 5.9(b)所示;然后合模并从芯棒的管道内通入压缩空气,使型坯吹胀并贴于模具的型腔壁上,如图 5.9(c)所示;最后经保压、冷却定型后开模取出塑件,如图 5.9(d)所示。

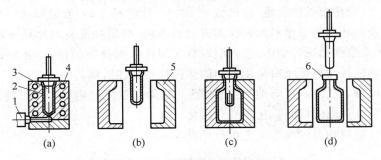

图 5.9　注射吹塑中空成型
1—注射喷嘴;2—注射管坯;3—凸模;4—加热器;5—吹塑模;6—制品

　　这种成型方法的优点是壁厚均匀、无飞边、不需后续加工。由于注射型坯有底,故塑件底部没有拼合缝、强度高、生产率高,能实现自动化生产,但设备与模具的投资较大,多用于小型塑件的大批量生产。

　　(2) 真空成型

　　真空成型是把热塑性塑料板、片固定在模具上,用辐射加热器加热至软化温度,然后用真空泵把板材和模具之间的空气抽掉,使板材贴在模腔上成型。冷却后,借助压缩空气使塑件从模具中脱出。

　　凹模真空成型是一种最常用的真空成型方法,如图 5.10 所示。把板材固定并密封在模腔的上方,将加热器移到板材上方将板材加热至软化,见图 5.10(a);然后移开加热器,在型腔内抽真空,板材就贴在凹模型腔上,见图 5.10(b);冷却后由抽气孔通入压缩空气将成型好的塑件吹出,见图 5.10(c)。

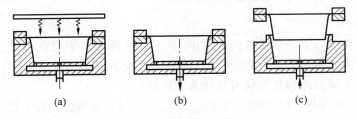

图 5.10　凹模真空成型
(a) 固定板料、加热;(b) 抽真空、成型;(c) 脱模

　　3) 热固性塑料注射成型

　　热固性塑料常采用压塑和压注方法成型。用注射方法成型热固性塑料制件,是对热固性塑料成型技术的重大改革,与常规的热固性塑料成型方法相比,它具有简化操作工艺、缩短成型周期、提高生产效率(5~20 倍)、降低劳动强度、提高产品质量以及延长模具使用寿命(10 万~30 万次)等优点。

　　从成型原理上讲,热固性和热塑性塑料注射成型的主要差异表现在熔体注入模具后的固化成型阶段。热塑性注射塑件的固化基本上是一个从高温液相到低温固相转变的物理过程,而热固性注射塑件的固化必须依赖于高温高压下的化学交联反应。正是由于这一主要差异,导致两者的工艺条件不同。

　　热塑性注射成型是利用料筒高温将粉状或粒状塑料进行加热,将高温塑料(温度高于150℃)注入模具,利用模具的低温(温度低于100℃)使塑料冷却,低温固化。热固性注射成型则是将粉状或粒状塑料及填料加入注射机的料斗内,在螺杆旋转的作用下将原料送入料筒,料筒外通热水或热油进行加热,在低温时将塑料注入到高温的模具,物料在此温度下迅速交联固化。热固性注射成型需采用专门的热固性塑料注射机。

　　两种注射成型工艺要点可归纳为:热塑性塑料是高温注射,低温冷却,物理凝固;热固性塑料则是低温注射,高温加热,化学交联固化。

　　热固性塑料注射物料的典型工艺参数见表 5.6。

表 5.6　热固性塑料注射物料的典型工艺参数

项目 ＼ 塑料	酚醛	聚甲醛	三聚氰胺	不饱和聚酯	环氧树脂	PDAP	有机硅	聚酰亚胺	聚丁二烯
螺杆转速/(r/min)	40～80	40～50	40～50	30～80	30～60	30～80	—	30～80	—
喷嘴温度/℃	90～100	75～95	85～95	—	80～90	—	—	120	120
料筒温度/℃ 前端	75～100	70～95	80～105	70～80	80～90	80～90	88～108	100～130	100
料筒温度/℃ 后端	40～50	40～50	45～55	30～40	30～40	30～40	65～80	30～50	90
模具温度/℃	160～169	140～160	150～190	170～190	150～170	160～175	170～216	170～200	230
注射压力/MPa	98～147	60～78	59～78	49～147	49～118	49～147	—	49～147	2.7
背压/MPa	0～0.49	0～0.29	0.2～0.5		<7.8				
注射时间/s	2～10	3～8	3～12					20	20
保压时间/s	3～15	5～10	5～10						
硬化时间/s	15～50	15～40	20～70	15～30	60～80	30～60	30～60	60～80	

　　注: ① 注射有机硅塑料时,料筒分三段控温,前段 88～108℃,中段 80～93℃,后段 65～80℃;
② 聚丁二烯为英国 BIP 化工公司的 INS/PBD 注射物料。

4) 共注射成型

　　使用两个或两个以上注射系统的注射机,将不同品种或者不同色泽的塑料同时或先后注射入模具型腔内的成型方法,称为共注射成型。该成型方法可以生产多种色彩或多种塑料的复合塑件。共注射成型用的注射机称多色注射机。

　　目前,国外已有八色注射机在生产中应用,国内使用的多为双色注射机。使用两个品种的塑料或者一个品种两种颜色的塑料进行共注射成型时,有两种典型的工艺方法,一种是双色注射成型,另一种是双层注射成型。

　　双色注射成型设备有两种形式。一种是两个注射系统和两副相同模具共用一个合模系统,如图 5.11 所示。模具固定在一个回转板 6 上,当其中一个注射系统 4 向模内注入一定量的 A 种塑料(未充满)后,回转板迅速转动,将该模具送到另外一个注射系统 2 的工作位置上,这个系统马上向模内注入 B 种塑料,直到充满型腔为止,然后塑料经过保压和冷却,定型后脱模。这种注射成型方法可以生产分色明显的混合塑料制件。

　　双色注射成型设备的另一种形式是两个注射系统共用一个喷嘴,如图 5.12 所示。喷嘴通路中装有启闭阀 2,当其中一个注射系统通过喷嘴 1 注射入一定量的塑料熔体后,与该注射系统相连通的启闭阀关闭,与另一个注射系统相连的启闭阀打开,该注射系统中的另一种颜色的塑料熔体通过同一个喷嘴注射入同一副模具型腔中直至充满,冷却定型后就得到了双色混合的塑件。实际上,注射工艺制定好后,调整启闭阀开合及换向的时间,就可生产出各种混合花纹的塑料制件。

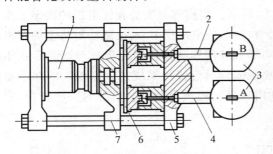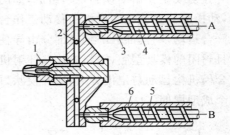

图 5.11　双色注射成型示意图之一　　　　　图 5.12　双色注射成型示意图之二
1—合模液压缸;2—注射系统 B;3—料斗;4—注射系统 A;　　　1—喷嘴;2—启闭阀;3—注射系统 A;
5—定模固定板;6—模具回转板;7—动模固定板　　　　　　　4—螺杆 A;5—螺杆 B;6—注射系统 B

双层注射,即混双色,两个喷嘴同时将两种材料或两种颜色的塑料注入同一副模具型腔。

5.1.3　塑料成型模具

塑料成型模具简称塑料模,它是高分子聚合物——塑料成型的专用模具。据统计,塑料模约占整个模具的 33%,而在模具进口方面,塑料模远远高于冲压模具。

1. 塑料模的种类

塑料模是按塑件的成型工艺命名的,如注射成型用模具称为注塑模。常用的塑料模有以下几类:

(1)注塑模,也称注射模。不仅用于热塑性塑料注射,还可用于热固性塑料注射、泡沫注射、反应成型注射和气辅注塑等。

(2)压塑模,也称压缩模。主要用于热固性塑料压缩成型,也可用于热塑性塑料压缩成型。

(3)压注模,也称传递模。它是热固性塑料压注成型的专用模具。

(4)挤出模,也称挤塑模。包括成型模和定型模,俗称成型模为机头或模头,是挤出生产线专用模具。可挤出成型塑料棒材、板材、管材、片材、薄膜、电线电缆、复合型材以及异型材等。

(5)中空吹塑模,也称吹塑模。是中空容器类制品吹塑成型用模具。此类模具一般只有凹模。

(6)真空成型模。塑料片材真空成型用模具,可用于塑料碗、塑料包装材料等的成型。

2. 注射模具简介

1)注射模的分类

(1)按其所用注射机的类型可分为卧式注射机用模具、立式注射机用模具和角式注射机用模具。

(2)按注射成型工艺特点可分为单型腔注射模、多型腔注射模、普通流道注射模、热流道注射模、热塑性塑料注射模、热固性塑料注射模、低发泡注射模和精密注射模等。

(3)按注射模具总体结构特征可分为单分型面注射模、双分型面注射模、斜导柱(弯销、斜导槽、斜滑块、齿轮齿条)侧向分型与抽芯注射模、带有活动镶件的注射模、定模带有推出装置的注射模和自动卸螺纹注射模等。

2) 注射模的结构组成

注射模主要由动模和定模组成,如图 5.13 所示。定模部分安装在注射机的固定工作台上,动模部分安装在注射机的移动工作台上。在注射成型过程中,动模随注射机上的合模系统开合运动,动模部分与定模部分由导柱导向形成开闭模状态。闭合构成与制品形状相似的且封闭的模具型腔,塑料熔体从注射机喷嘴压入模具经浇注系统进入型腔。冷却后动模随合模机构运动与定模分离,成开模状,再利用顶出机构顶出塑件。模具的一次开合,完成一个成型周期。

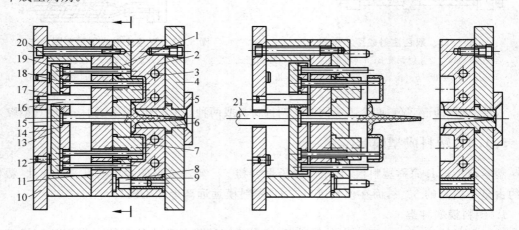

图 5.13　注射模的结构

1—动模板；2—凹模；3—冷却水道；4—定模座；5—定位圈；6—浇口套；7—凸模；8—导柱；
9—导套；10—动模座；11—支承板；12—支承钉；13—推板；14—推杆固定板；15—拉料杆；
16—推板导柱；17—推板导套；18—推杆；19—复位杆；20—垫块；21—注射机顶杆

(1) 成型部分。直接成型塑件的部分通常由凸模 7(成型塑件内表面)、凹模 2(成型塑件外表面)、型芯或成型杆、镶块以及螺纹型芯等组成。

(2) 浇注系统。指将塑料熔体由注射机喷嘴引向闭合型腔的流道。通常,浇注系统由主流道、分流道、浇口和冷料井组成。

(3) 导向机构。保证合模时动模与定模准确对合,以保证塑件的形状和尺寸精度,避免模具中其他零件发生碰撞和干涉。导向机构包括导柱 8 和导套 9。对于深腔、薄壁或精度要求较高的塑件,除了导柱导向外,经常还采用内外锥面定位导向机构。在大中型注射模具的脱模机构中,为了保证脱模中脱模装置不因变形歪斜而影响脱模,经常设置有导向零件,如推板导柱 16 和推板导套 17。

(4) 脱模机构。指开模时将塑件和浇注系统凝料从模具中推出,实现脱模的装置。常用的脱模机构有推杆、推管和推件板等。图 5.13 中脱模机构由推杆 18、推杆固定板 14、推板 13、主流道拉料杆 15 和复位杆 19 组成。

(5) 侧向分型抽芯机构。带有内外侧孔、侧凹或侧凸的塑件,需要由侧向型芯或侧向成型块成型。在开模推出塑件之前,模具必须先进行侧向分型,抽出侧向型芯或脱开侧向成型块后,塑件才能顺利脱模。负责完成上述功能的机构,称为侧向分型抽芯机构。

（6）温度调节系统。为了满足注射成型工艺对模具温度的要求,模具一般设有冷却和加热系统。冷却系统一般在模具内开设冷却水道 3,外部用橡皮软管连接。加热装置则在模具内或模具四周设置电热元件、热水（油）或蒸汽等具有加热结构的板件。模具中是开设冷却装置还是加热装置,需要根据塑料种类和成型工艺来确定。

（7）排气系统。注射充模时,为了让塑料熔体顺利进入,需要将型腔内的原有空气和注射成型过程中塑料本身挥发出来的气体排出模外,常在模具分型面处开设几条排气槽。小型塑件排气量不大,可直接利用分型面排气,不必另外设置排气槽。许多模具的椎杆或型芯与模板的配合间隙也可起到排气的作用,而大型塑件必须设置排气槽。

（8）标准模架。为了减少模具设计和制造工作量,注射模大多采用标准模架结构。标准模架组合构成了模具的基本骨架,主要包括支承零部件、导向机构以及脱模机构等。标准模架可以从相关厂家订购。在标准模架的基础上再加工、添加成型零部件和其他功能结构件即可。

3. 挤出模具简介

挤出模安装在挤出机的头部,因此,挤出模又称挤出机头（简称机头）。所有的热塑性塑料及部分热固性塑料（例如酚醛塑料、尿醛塑料等）都可以采用挤出方法成型。挤出可以成型各种塑料管材、棒材、板材、薄膜以及电线电缆等,挤出的塑件形状和尺寸由机头、定型装置来保证。

1）挤出模的结构组成

挤出成型模具主要由机头（口模）和定型装置（定型套）两部分组成。图 5.14 所示为管材挤出成型机头。

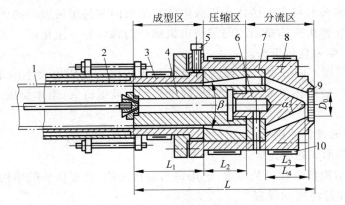

图 5.14　管材挤出成型机头

1—管材；2—定型套；3—口模；4—芯棒；5—调节螺钉；6—分流器；
7—分流器支架；8—机头体；9—过滤网；10—加热器

（1）机头

机头就是挤出模,是成型塑料制件的关键部分。它的作用是将挤出机挤出的熔融塑料由螺旋运动变为直线运动,并进一步塑化,产生必要的成型压力,保证塑件密实,通过机头后获得所需截面形状的塑料制件。机头主要由以下几个部分组成:

① 口模。它是成型塑件外表面的零件。

② 芯棒。它是成型塑件内表面的零件。口模与芯棒决定了塑件截面形状。

③ 过滤网和过滤板。机头中须设置过滤网和过滤板。过滤网的作用是改变料流的运

动方向和速度,将塑料熔体的螺旋运动转变为直线运动、过滤杂质、造成一定的压力。过滤板又称多孔板,起支承过滤网的作用。

④ 分流器和分流器支架。分流器俗称鱼雷头,作用是使通过它的塑料熔体分流变成薄环状,并平稳地进入成型区,同时进一步加热和塑化;分流器支架主要用来支承分流器及芯棒,同时也能对分流后的塑料熔体起加强剪切混合作用,小型机头的分流器与其支架可设计成一个整体。

⑤ 机头体。机头体相当于模架,用来组装并支承机头的各零部件,并且与挤出机筒连接。

⑥ 温度调节系统。挤出成型是在特定温度下进行的,机头上必须设置温度调节系统,以保证塑料熔体在适当的温度下流动及挤出成型的质量。

⑦ 调节螺钉。用来调节口模与芯棒间的环隙及同轴度,以保证挤出的塑件壁厚均匀。

(2) 定型装置

从机头中挤出的塑料制件温度较高,由于自重作用会发生变形,形状无法保证,须经过定型装置将从机头中挤出的塑件形状进行冷却定型及精整,才能获得所要求的尺寸、几何形状及表面质量的塑件。冷却定型通常采用冷却、加压或抽真空等方法。

2) 挤出机头的分类

(1) 按塑料制件形状分类。塑件一般有管材、棒材、板材、片材、网材、单丝、粒料、各种异型材、吹塑薄膜以及带有塑料包覆层的电线电缆等,所用的机头相应称为管机头、棒机头、板材机头、异型材机头和电线电缆机头等。

(2) 按塑件的出口方向分类。根据塑件从机头中的挤出方向不同,可分为直通机头和角式机头。直通机头的特点是熔体在机头内的挤出流向与挤出机螺杆的轴线平行;角式机头的特点是熔体在机头内的挤出流向与挤出机螺杆的轴线呈一定角度。当熔体挤出流向与螺杆轴线垂直时,称为直角机头。

(3) 按熔体受压不同分类。根据塑料熔体在机头内所受压力大小的不同,分为低压机头和高压机头。一般熔体受压小于 4MPa 的机头称为低压机头,熔体受压大于 10MPa 的机头称为高压机头。

3) 挤出机头的设计原则

(1) 机头结构形式的确定

根据塑件的结构特点和工艺要求,选用适当的挤出机,确定机头的结构形式。

(2) 过滤板和过滤网的设置

料筒内的熔体由于螺杆的作用而旋转,旋转运动的料流须变成直线运动才能进行成型流动,同时机头必须对熔体产生适当的流动阻力,使塑料制件密实。因此,机头内须设置过滤板和过滤网。

(3) 机头内流道应呈光滑流线型

为了减少压力损失,使熔体沿着流道均匀平稳地流动,机头的内表面必须呈光滑的流线型,不能有阻滞的部位(以免发生过热分解),表面粗糙度 Ra 应小于 $0.1\mu m$。

(4) 机头内应设置一定的压缩区

为了使进入机头内的熔料进一步塑化,机头内一般设置有分流器和分流器支架等分流装置,使熔体进入口模之前必须经过机头的分流装置。熔体经分流器和分流器支架后再汇合,会产生熔接痕,离开口模后会使塑件的强度降低甚至发生开裂。因此,在机头中须设置一段压缩区,以增大熔体的流动阻力,消除熔接痕。对于不需要分流装置的机头,熔体通过机头中间流道以后,其宽度必须增加,需要一个扩展阶段,为了使熔体或塑件密度不降低,机头中也需要设置一定的压缩区域,产生一定的流动阻力,保证熔体或塑件组织密实。

（5）口模的形状和尺寸设计

由于塑料熔体在成型前后应力状态的变化,会引起离模膨胀效应（挤出胀大效应）,使塑件长度收缩和截面形状尺寸发生变化,因此设计机头时,要进行适当的补偿,保证挤出的塑件具有正确的截面形状和尺寸。

（6）机头内要有调节装置

为了控制挤出过程中的挤出压力、挤出速度、挤出成型温度等工艺参数,要有调节装置,便于对挤出型坯的尺寸进行调节和控制,同时要求机头结构紧凑、操作和维修方便。

4）机头材料的选择

机头的结构分为两部分：成型零部件和结构零部件。

（1）成型零部件

成型零部件直接与塑料接触,成型塑件的内外表面。由于熔体流经机头成型零部件时对它产生摩擦作用,同时塑料在高温、高压的挤出成型过程中还产生一些刺激性的气体,对机头内的零部件会产生较强的腐蚀作用,所以成型零部件应采用耐热、耐磨、耐蚀、韧性好、硬度高、热处理变形小及加工性能好的材料,以提高模具的使用寿命。常使用镍铬钢、不锈钢、工具钢等。对于非不锈钢材料,还要进行淬火及表面抛光处理后的镀铬处理。对于熔融黏度高的塑料,一般使用硬度高的材料。

（2）结构零部件

结构零部件起支承作用,选用一般钢材即可。机头常用材料见表 5.7。

表 5.7　机头常用材料

钢　　号	供应状态/HB	淬火硬度/HRC	基 本 性 能
T8、T10、T8A、T10A	≤187	62	强度高,耐磨,切削性较差
T12、T12A	≤207	62	切削性好,耐磨,韧性较差
40Cr45Cr	≤217	45～50	耐磨,强度较好
40Cr2MoV	≤269	50～55	高级调质钢
38CrMoAlA	≤229	55～60	用于渗碳件,强度高,耐磨,耐温,耐腐蚀,热处理变形小
5CrMnMo、9CrMnMo	≤241	50	—
CrWMn、Cr12MoV	≤255	58	—
3CrAl、4WVMoW	≤244	50	—

4. 压塑模具简介

压塑模主要用于成型热固性塑料制件,但也可以成型热塑性塑料制件。用压塑模成型热塑性塑件时,模具必须交替地进行加热和冷却,才能使塑料塑化和固化,故成型周期长,生产效率低,仅适用于成型光学性能要求高的有机玻璃镜片、不宜高温注射成型的硝酸纤维汽车驾驶盘以及一些流动性很差的热塑性塑料。

1）压塑模的结构组成

压塑模的典型结构如图 5.15 所示。模具的上模和下模分别安装在压力机的上、下工作台上,上、下模通过导柱、导套导向定位。上工作台下降,使上凸模 5 进入下模加料室 4 与装入的塑料接触并对其加热。当塑料成为熔融状态后,上工作台继续下降,熔料在受热受压的作用下充满型腔并发生固化交联反应。塑件固化成型后,上工作台上升,模具分型,同时压力机下面的辅助液压缸开始工作,推出机构的推杆将塑件从下凸模 7 上脱出。压塑模按各零部件的功能作用可分为以下几大部分。

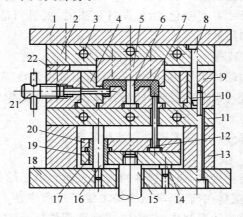

图 5.15　压塑模结构

1—上模座;2—上模板;3—加热孔;4—加料室(凹模);5—上凸模;6—型芯;
7—下凸模;8—导柱;9—下模板;10—导套;11—支承板(加热板);12—推杆;
13—垫块;14—支承钉;15—推出机构连接杆;16—推板导柱;17—推板导套;
18—下模座;19—推板;20—推杆固定板;21—侧型芯;22—承压块

（1）成型零件

成型零件是直接成型塑件的零件,也就是形成模具型腔的零件,与加料室一道起装料的作用。图 5.15 中模具的成型零件由上凸模 5、凹模 4、型芯 6、下凸模 7 等构成。

（2）加料室

压塑模的加料室是指凹模上方的空腔部分,凹模 4 的上部截面尺寸扩大的部分。由于塑料与塑件相比具有较大的比容,塑件成型前单靠型腔往往无法容纳全部原料,因此一般需要在型腔之上设有一段加料室。

（3）导向机构

由布置在模具上模的四根导柱 8 和下模导套 10 组成导向机构,它的作用是保证上模和下模两大部分或模具内部其他零部件之间准确对合定位。为保证推出机构上下运动平稳,该模具在下模座 18 上设有两根推板导柱,在推板上还设有推板导套。

（4）侧向分型与抽芯机构

当压塑塑件带有侧孔或侧向凹凸时,模具必须设有侧向分型与抽芯机构,塑件方能脱出。塑件有一侧孔,在推出塑件前用手动丝杠(侧型芯 21)抽出侧型芯。

（5）脱模机构

压塑模中一般都需要设置脱模机构(推出机构),其作用是把塑件推出模腔。脱模机构由推板 19、推杆固定板 20、推杆 12 等零件组成。

（6）加热系统

在压塑热固性塑料时,模具温度必须高于塑料的交联温度,因此模具必须加热。常见的加热方式有电加热、蒸汽加热、煤气或天然气加热等，其中电加热最为普遍。上模板 2 和支承板 11 中设计有加热孔 3，加热孔中插入加热元件（如电热棒）分别对上凸模、下凸模和凹模进行加热。

（7）支承零部件

压塑模中的各种固定板、支承板（加热板等）以及上、下模座等均称为支承零部件，如上模座 1、支承板 11、垫块 13、下模座 18、承压块 22 等。它们的作用是固定和支承模具中各种零部件，并且将压力机的压力传递给成型零部件和成型物料。

2）压塑模的分类

（1）按模具在压力机上的固定形式分类

① 固定式压塑模。固定式压塑模如图 5.15 所示，上、下模分别固定在压力机的上、下工作台上。开合模及塑件的脱出均在压力机上完成，因此生产率较高，操作简单，劳动强度小，模具振动小，寿命长。缺点是模具结构复杂，成本高，安放嵌件不方便。适用于成型批量较大或形状较大的塑件。

② 半固定式压塑模。半固定式压塑模如图 5.16 所示，一般将上模固定在压力机上，下模可沿导轨移进压力机进行压缩或移出压力机外进行加料和取件。下模移进时用定位块定位，合模时靠导向机构定位。这种模具结构便于放嵌件和加料，且上模不移出机外，从而减轻了劳动强度。也可按需要采用下模固定的形式，工作时移出上模，用手工取件或卸模架取件。

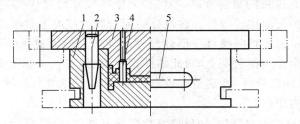

图 5.16　半固定式压塑模

1—凹模；2—导柱；3—凸模；4—型芯；5—手柄

③ 移动式压塑模。移动式压塑模如图 5.17 所示，模具不固定在压力机上。压塑成型前，打开模具把塑料加入型腔，然后合模，并送入压力机工作台上对塑料进行加热，再加压固化成型。成型后将模具移出压力机，使用专门卸模工具开模脱出塑件。这种模具结构简单，制造周期短，但因加料、开模、取件等工序均需手工操作，劳动强度大、生产率低、模具易磨损，适用于压缩成型批量不大的中小型塑件以及形状复杂、嵌件较多、加料困难及带有螺纹的塑件。

（2）根据模具加料室形式分类

① 溢式压塑模。无单独的加料室，型腔本身作为加料室，如图 5.18 所示。由于凸模和凹模之间无配合，完全靠导柱定位，塑件的径向尺寸精度不高，高度尺寸精度尚可。压塑成型时，多余的塑料易从分型面处溢出，塑件产生径向飞边。挤压环的宽度 B 应较窄，以减薄塑件的径向飞边。图 5.18 中环形挤压面 B（即挤压环）在合模开始时，仅产生有限的阻力，合模到终点时，挤压面才完全密合。因此，塑件密度较低，强度等力学性能不高，特别是合模太快时，会造成溢料量的增加，浪费较大。

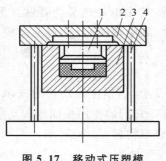

图 5.17　移动式压塑模

1—凸模；2—凸模固定板；
3—凹模；4—U 形支架

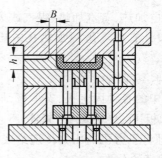

图 5.18　溢式压塑模

溢式压塑模结构简单,造价低廉,耐用(凸凹模间无摩擦);对加料量的精度要求不高,加料量一般仅大于塑件重量的 5% 左右,常用预压型坯进行压塑成型,适用于压缩流动性好或带短纤维填料以及精度与密度要求不高且尺寸较小的浅型腔塑件。塑件易取出,可用推出机构脱模,也可用压缩空气吹出塑件。

② 不溢式压塑模。不溢式压塑模如图 5.19 所示。其加料室在型腔上部延续,截面形状和尺寸与型腔完全相同,无挤压面。凸模和加料腔之间的配合段单面间隙为 0.025～0.075mm,成型时仅有少量的塑料流出,塑件径向壁厚尺寸精度较高,且塑件在垂直方向上形成的轴向飞边很薄,去除比较容易。在设计中配合段的高度不宜过大,不配合部分的凸模上部截面可以小一些,也可将凹模对应部分尺寸逐渐增大而形成 15′～20′ 的锥面。模具在闭合时,压力几乎完全作用在塑件上,因此塑件密度大、强度高。这类模具适用于成型形状复杂、精度高、壁薄的深腔塑件,特别是含棉布纤维、玻璃纤维等长纤维填料的塑件。也可成型流动性差、比容大的塑件。

不溢式压塑模塑料的溢出量少,加料量直接影响高度尺寸,每模加料都必须准确称量,否则塑件高度尺寸不易保证。另外,凸模与加料室的侧壁摩擦,不可避免地会擦伤加料室侧壁,同时,塑件推出模腔时经过有划伤痕迹的加料室也会损伤塑件外表面,并且脱模较为困难,故固定式压塑模一般设有推出机构。为避免加料不均,不溢式模具一般不宜设计成多型腔结构。

③ 半溢式压塑模。半溢式压塑模如图 5.20 所示。这种模具在型腔上方设有加料室,其截面尺寸大于型腔截面尺寸,两者分界处有一环形挤压面,其宽度为 4～5mm。凸模与加料室呈间隙配合,凸模下压时受到挤压面的限制,故易于保证塑件高度尺寸精度。凸模在四周开有溢流槽,过剩的塑料通过配合间隙或溢流槽溢出。此模具操作方便,加料量不必严格控制,只需简单地按体积计量即可。

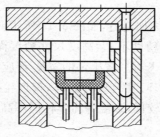

图 5.19　不溢式压塑模

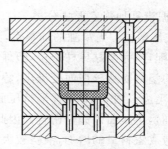

图 5.20　半溢式压塑模

　　半溢式压塑模兼有溢式和不溢式压缩模的优点,塑件径向壁厚尺寸和高度尺寸的精度均较好,密度较大,模具寿命较长,塑件脱模容易,塑件外表不会被加料室划伤。当塑件外形较复杂时,可将凸模与加料室周边配合面形状简化,从而减少加工困难。半溢式压塑模适用于压缩流动性较好及形状较复杂的塑件,但由于有挤压边缘,不适于压缩以布片或长纤维作填料的塑件。

5. 压注模具简介

　　压注模又称传递模,压注成型是热固性塑料常用的成型方法。压注模与压塑模结构较大区别之处在于压注模有单独的加料室。

　　1) 压注模的结构组成

　　压注模的结构组成如图 5.21 所示。主要由成型零部件(直接与塑件接触的零件)、加料装置(加料室和压柱)、浇注系统(主流道、分流道、浇口)、导向机构(导柱、导套)、推出机构(推杆、推管、推件板)、加热系统(加热元件主要是电热棒、电热圈,加料室、上模、下模均需要加热)和侧向分型与抽芯机构等部分组成。

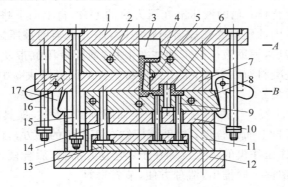

图 5.21　压注模结构

1—上模座;2—加热器安装孔;3—压柱;4—加料室;5—浇口套;6—型芯;
7—上模板;8—下模板;9—推杆;10—支承板;11—垫块;12—下模座;
13—推板;14—复位杆;15—定距导柱;16—拉杆;17—拉钩

　　2) 压注模的分类

　　(1) 按固定形式分类

　　① 固定式压注模。如图 5.21 所示,加料室在模具的内部,与模具不能分离。工作时,上模和下模分别固定在压力机的上、下工作台,分型和脱模随着压力机液压缸的动作自动进行。塑化后合模,上工作台带动上模座使压柱 3 下移,将熔料通过浇注系统压入型腔后硬化定型。开模时,压柱随上模座向上移动,A 分型面分型,加料室敞开,压柱把浇注系统的凝料从浇口套中拉出,当上模座上升到一定高度时,拉杆 16 上的螺母迫使拉钩 17 转动,使其与下模部分脱开,接着定距导柱 15 起作用,使 B 分型面分型,最后压力机下部的液压顶出缸开始工作,推出机构将塑件推出模外,完成一次压注成型。

　　② 移动式压注模。如图 5.22 所示,加料室与模具本体可分离。工作时,模具闭合后放上加料室 2,将塑料加

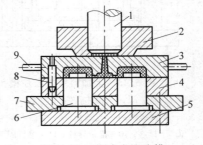

图 5.22　移动式压注模

1—压柱;2—加料室;3—凹模板;
4—下模板;5—下模座;6—凸模;
7—凸模固定板;8—导柱;9—把手

入到加料室并将压柱 1 放入其中,然后把模具推入压力机的工作台加热,接着利用压力机的压力,将塑化好的物料通过浇注系统高速挤入型腔,硬化定型后,取下加料室和压柱,用手工或专用工具(卸模架)将塑件取出。移动式压注模对成型设备没有特殊的要求,在普通的压力机上就可以成型。

（2）按机构特征分类

① 罐式压注模。罐式压注模用普通压力机成型,使用较为广泛。固定式压注模和移动式压注模都是罐式压注模。

② 柱塞式压注模。与罐式压注模相比,柱塞式压注模没有主流道,只有分流道,主流道变为圆柱形的加料室,与分流道相通。成型时,柱塞所施加的挤压力对模具不起锁模的作用,因此需要用专用的压力机,压力机有主液压缸和辅助液压缸,主液缸起锁模作用,辅助液压缸起压注成型作用。此类模具既可以是单型腔,也可以一模多腔。

③ 上加料室式压注模。上加料室式压注模如图 5.23 所示,压力机的锁模液压缸在压力机的下方,自下而上合模;辅助液压缸在压力机的上方,自上而下将物料挤入模腔。合模加料后,当加入加料室内的塑料受热成熔融状态时,压力机辅助液压缸工作,柱塞将熔融物料挤入型腔,固化成型后,辅助液压缸带动柱塞上移,锁模液压缸带动下工作台将模具分型开模,塑件与浇注系统凝料留在下模,推出机构将塑件从凹模镶块 5 中推出。此结构成型所需的挤压力小,成型质量好。

④ 下加料室式压注模。下加料室式压注模如图 5.24 所示,模具所用压力机的锁模液压缸在压力机的上方,自上而下合模;辅助液压缸在压力机的下方,自下而上将物料挤入型腔。与上加料室柱塞式压注模的主要区别在于:它是先加料,后合模,最后压注成型。由于余料和分流道凝料与塑件一同推出,清理方便,节省材料。

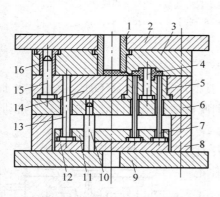

图 5.23　上加料室式压注模

1—加料室;2—上模座;3—上模板;4—型芯;
5—凹模镶块;6—支承板;7—推杆;8—垫块;
9—下模座;10—推板导柱;11—推杆固定板;
12—推板;13—复位杆;14—下模板;
15—导柱;16—导套

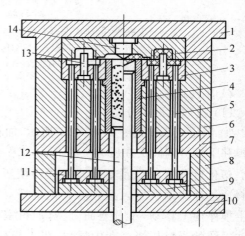

图 5.24　下加料室式压注模

1—上模座;2—上凹模;3—下凹模;4—加料室;
5—推杆;6—下模板;7—支承板(加热板);8—垫块;
9—推板;10—下模座;11—推杆固定板;12—柱塞;
13—型芯;14—分流锥

5.1.4　塑料成型设备

塑料成型设备主要包括模塑成型设备和压延机。模塑成型设备有注射机、挤出机、浇铸机、中空成型机、发泡成型机以及与之配套的辅助设备等,生产中应用最广的是注射机和挤出机。本节主要介绍注射机和挤出机。

1. 注射机简介

1）注射机的结构和组成

注射机主要由注射装置、合模装置、液压传动系统和电气控制系统等组成,如图 5.25 所示。

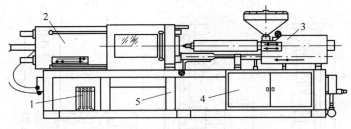

图 5.25　注射机的组成

1—液压系统；2—合模机构；3—注射装置；4—电器控制系统；5—床身

（1）注射装置。注射装置的主要作用是使塑料均匀地塑化成熔融状态,并以足够的压力和速度将一定量的熔料注射到模腔内。注射装置一般由塑化部件（螺杆或柱塞、料筒、喷嘴等）、料斗、计量装置、螺杆传动装置、注射液压缸等组成。

（2）合模装置。合模装置的主要作用是保证成型模具可靠地闭合、开启以及顶出塑料制品。合模装置主要由动模板、定模板、拉杆、合模机构、制品顶出装置和安全门等组成。

（3）液压传动和电气控制系统。液压传动和电气控制系统是为了保证注射成型机实现工艺条件（压力、速度、温度、时间）和动作程序的动力与控制装置。液压系统主要由动力液压泵、方向阀、压力控制阀、流量阀和管路及附属装置等部分组成。电气控制系统主要由各种电器元件、线路或计算机系统组成。

2）注射机的分类与特点

目前,注射机分类尚无统一的方法和标准,使用较多的是按机器主要部件排列形式分类,其主要根据注射装置与合模装置的模板运动方式不同进行分类,如图 5.26 所示。

（1）卧式注射机。其注射装置的轴线和合模装置的运动轴线呈一直线水平排列,如图 5.26（a）所示。其特点为机身低,稳定性好,便于操作和维修；制品顶出后可以利用自重自动落下,容易实现全自动操作；但设备占地面积大。大、中、小型均适用,是目前国内外注射机的最基本形式。

（2）立式注射机。它的注射装置轴线与合模装置的模板运动轴线呈一直线垂直排列,如图 5.26（c）所示。其特点是占地面积小；模具拆装方便；易于成型制品的嵌件安放。但制品顶出后常需用人工取出制品,不易实现自动化；设备稳定性较差,加料及维修不便。该结构主要用于注射量在 $60cm^3$ 以下的小型注射机上。

(3) 角式注射机。其注射装置轴线和合模装置运动轴线排列相互垂直（L 型），如图 5.26(b)、(d)、(e)所示。其优缺点介于立、卧两种注射机结构之间，在大、中、小型注射机中均有应用。其注料口在模具分型面的侧面，特别适合成型中心不允许留有浇口痕迹、外形尺寸较大的制品。

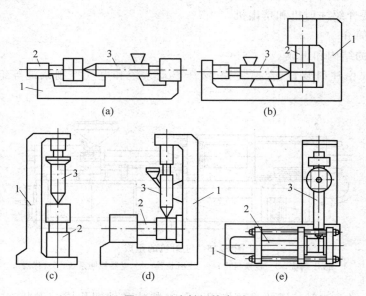

图 5.26　注射机的类型

(a) 卧式；(b) 角式(一)；(c) 立式；(d) 角式(二)；(e) 角式(三)

1—机身；2—合模装置；3—注射装置

(4) 多模注射机。是一种多工位操作的特殊注射机，其注射装置和合模装置的结构形式与前几种注射机相似，但合模装置有多个，按多种形式排列，如图 5.27 所示。常用的多模转盘形式为多个合模装置围绕同一回转轴均匀排列，工作时，一副模具与注射装置的喷嘴接触，注射保压后随转台的转动离开，在另一工位上冷却定型（同时，另一副模具转入注射工位），然后再转过一个工位进行开模取出制品，其他工位可进行安放嵌件、喷脱模剂、合模等工序。该结构注射机的优点是充分发挥了注射装置的塑化能力，提高生产效率，特别适合于冷却和辅助时间长的制品大批量生产，如旅游鞋、中空吹塑制品成型。其缺点是合模系统复杂而庞大，锁模力有限。

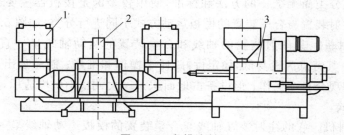

图 5.27　多模注射机

1—合模机构；2—换模机构；3—注射装置

3）注射机的规格型号

注射机的规格型号由基本型号和辅助型号两部分组成，其间用短线隔开，如图 5.28 所示。

型号中的第 1 项为类别代号，用"S"（塑）表示；第 2 项代表注射成型组，用"Z"（注）表示；第 3 项代表通用型或专用型，通用型省略，专用型用相应的大写汉语拼音字母表示，如多模注射机以"M"（模）表示，多色注射机以"S"（色）表示，混合多色注射机以"H"（混）表示，热固性塑料注射机以"G"（固）表示；第 4 项为主参数注射容量，以 cm³ 为单位，以阿拉伯数字表示。卧式基本型主参数前不加注代号，立式的注"L"（立），角式注"J"（角），不带预塑的柱塞式注射机在代号之前加注"Z"（柱）。

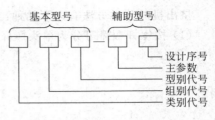

图 5.28　注射机型号

例如：注射量 30cm³ 立式柱塞式注射机，其型号表示为 SZ—ZL30。

注射机产品型号表示方法各国不尽相同，国内也没有完全统一。特别是其主参数的表示方法较多，如用注射量（cm³）、合模力（10kN）、注射容量与合模力共同表示（注射量/合模力）等。

2. 挤出机简介

1）挤出机的结构和组成

挤出机由主机、辅机及控制系统 3 部分组成。

（1）主机

挤出机主机由下列几部分组成。

① 挤出系统。主要由螺杆和料筒组成，是挤出机的心脏，完成对塑料的塑化和挤出工作。塑料经过挤出系统塑化成均匀的熔体，并在挤出压力作用下，连续、定量、定压、定温通过挤出机头。

② 传动系统。传动系统的作用是驱动螺杆旋转，保证螺杆在工作过程中所需要的扭矩和转速，它由传动齿轮、传动轴、轴承及电动机组成。

③ 加热冷却系统。其作用是对料筒（或螺杆）进行加热和冷却，以保证成型过程在工艺要求的温度范围内进行。

（2）辅机

成型塑件的形状不同，挤出机辅机的组成也不相同。辅机一般由以下几个部分组成。

① 冷却装置。由定型装置出来的塑料在此得到充分的冷却，获得最终的形状和尺寸。

② 牵引装置。作用是均匀地牵引制件，保证挤出过程连续，并对制件的截面尺寸进行控制，使挤出过程稳定地进行。

③ 切割装置。作用是将连续挤出的制件切割成一定的长度或宽度。

④ 卷取装置。作用是将制件（薄膜、软管、单丝）卷绕成卷。

（3）控制系统

挤出机的控制系统由各种电器、仪表和执行机构组成。控制挤出机的主机、辅机、驱动液压泵、液压缸（或汽缸）和其他各种执行机构，使其满足工艺所要求的转速和功率，保证主辅机协调运行，检测、控制主辅机的温度、压力、流量和制件的质量，实现整个挤出机的自动控制。

2) 挤出机的分类

挤出机的分类方法有以下几种：

(1) 按螺杆数目可分为单头螺杆挤出机(图 5.29)和双头螺杆挤出机(图 5.30)等；

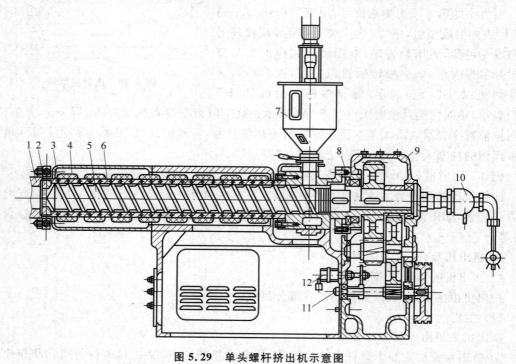

图 5.29　单头螺杆挤出机示意图

1—机头连接法兰；2—过滤板；3—冷却水管；4—加热装置；5—螺杆；6—料筒；
7—料斗；8—轴承；9—变速箱；10—螺杆冷却装置；11—液压泵；12—测速电机

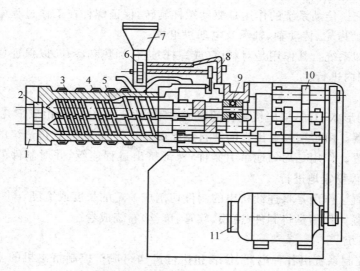

图 5.30　双头螺杆挤出机示意图

1—挤出机法兰；2—过滤板；3—料筒；4—加热装置；5—螺杆；6—视窗；
7—料斗；8—调节臂；9—轴承；10—变速箱；11—电机

（2）按挤出机中是否有螺杆存在可分为螺杆式挤出机和柱塞式挤出机（图 5.31）；

（3）按螺杆的转动速度可分为普通型挤出机（转速在 100r/min 以下）、高速挤出机（转速为 100～300r/min）和超高速挤出机（转速为 300～1500r/min）；

（4）按挤出机中螺杆或柱塞所处的空间位置可分为卧式挤出机（图 5.29）和立式挤出机（图 5.31）；

（5）按在加工过程中是否排气可分为排气式挤出机和非排气式挤出机，排气式挤出机可排出物料中的水分、溶剂、不凝气体等。

目前应用最广泛的是卧式单螺杆非排气式挤出机。

3）单螺杆挤出机的规格型号

挤出机规格型号中的第一项为类别代号，用"S"（塑）表示；第二项为组别代号，用"J"（挤）表示；第三项为型别代号，Z 为造粒机，W 为喂料机；第四项数字为主参数螺杆的直径；其后的 A、B、⋯表示机器结构或参数改进后的标记。

例如：SJ-120 表示螺杆直径为 120mm 的塑料挤出机；SJ-65/20A 表示螺杆直径为 65mm、螺杆的长径比为 20、经过一次结构改进的塑料挤出机。

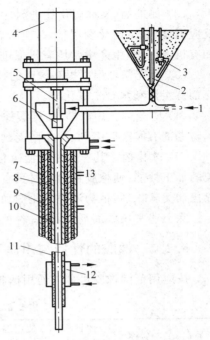

图 5.31　柱塞式立式挤出机

1—压缩空气；2—加料螺杆；3—搅拌器；
4—液压缸；5—柱塞杆；6—柱塞头；
7—绝热层；8—加热器；9—加热器支承管；
10—模管；11—制件；12—冷却装置；
13—热电偶

5.2　橡　胶　成　型

橡胶也是一种非常重要的高分子材料，其主要特点是在室温下具有高弹性。改性后的橡胶具有较高的强度、耐磨性、耐疲劳性和绝缘性，广泛应用于交通运输、国防工业、机械制造、医药卫生和日常生活等各个领域。

5.2.1　橡胶材料的组成

橡胶材料的主要成分是生胶（即天然橡胶和合成橡胶），其他组分统称为添加剂。添加剂既可改变生胶的物理性能、力学性能、加工性能，又可降低橡胶材料的成本，是橡胶材料必不可少的组成部分。常用的添加剂有以下几种。

（1）硫化剂。硫化剂是在一定条件下能使橡胶产生交联的添加剂。硫化是橡胶生产的重要工序，未经硫化的橡胶称为生胶，硫化后的橡胶称为熟胶或橡皮。生胶是线型高分子聚合物，随着温度的升高，生胶的永久变形量不断增大，其强度、耐磨性、抗撕裂性和稳定性都较差。经硫化后，生胶的线型高分子产生交联，生成比较稀疏的三维网状结构，使橡胶的强度、弹性、抗变形能力及稳定性得到很大提高。常用的硫化剂有硫黄、含硫化合物、金属氧化物和有机过氧化物等。

（2）促进剂（又称硫化促进剂）。其作用是加快硫化反应速率、缩短硫化时间、降低硫化反应温度、减少硫化剂用量，并改善硫化胶的物理性能和力学性能。促进剂分为无机促进剂和有机促进剂，生产中常用有机促进剂。

（3）填充剂。用以提高橡胶的拉伸强度、耐磨性和抗疲劳性，降低橡胶成本。常用的填充剂有炭黑和水合二氧化硅。

（4）防老剂。用以抑制、延缓橡胶老化，提高橡胶的抗老化能力，延长使用寿命。常用的防老剂有胺类防老剂、酚类防老剂和有机硫化物防老剂。

（5）软化剂。其作用是降低硫化胶的强度和硬度，提高橡胶制品的耐寒性能；改善橡胶的加工性能，使橡胶在加工时具有较好的塑性和较低的黏度。软化剂分为石油类软化剂、煤焦油类软化剂、植物油类软化剂和合成软化剂（增塑剂）。

除上述常用添加剂外，还有着色剂、发泡剂、脱模剂等多种添加剂。

5.2.2　橡胶的性能与用途

按应用范围橡胶可分为通用橡胶和特种橡胶。常用橡胶材料的性能与用途见表 5.8。

表 5.8　常用橡胶材料的性能与用途

类别	名称	伸长率/%	使用温度/℃	性　能	用　途
通用橡胶	天然橡胶（NR）	650~900	-50~120	综合性能好，加工工艺性好；耐油性、耐臭氧性、耐热性、耐老化性差，不耐高温	可用于制造轮胎、减振零件、水和气体密封件等
	丁苯橡胶（SBR）	500~600	50~140	耐磨性、耐热性、抗老化性好；抗撕裂性、耐寒性、黏结性差，成型困难	用途广泛，可制造轮胎、橡胶板、电缆、绝缘件等
	丁腈橡胶（NBR）	300~800	-35~175	耐油性、耐溶剂性、耐热性、耐磨性、耐老化性好；耐寒性、电绝缘性、耐臭氧性差	主要用于制作耐油制品，如制造输油管、密封件、油箱等
	氯丁橡胶（CR）	800~1000	-35~130	耐油性、耐溶剂性、耐酸碱性、耐老化性、耐水性好；电绝缘性、储存稳定性差	可制造电缆、运输胶带、耐腐蚀件及耐燃安全制品等
特种橡胶	氟橡胶	100~500	-100~350	耐高温、耐油性、耐腐蚀性、耐老化性、阻燃性好；耐寒性、弹性、耐水性差	制造耐高温、耐腐蚀密封件以及高真空耐蚀件等
	硅橡胶	50~500	-70~275	耐高温和低温，透气性、电绝缘性、耐老化性好，加工性能好；强度低，价格昂贵	用于制造航空航天密封件、绝缘件、医疗器械等
	乙丙橡胶（EPDM）	400~800	150	耐热性、耐腐蚀性、耐低温性、电绝缘性好；黏着性、阻燃性、加工工艺性差	制造蒸汽管、耐腐蚀密封件、绝缘件、汽车部件等
	聚氨酯橡胶（UR）	300~800	80	弹性、耐磨性、耐撕裂、耐老化、耐臭氧、耐辐射、导电性好；在醇、酯、酮类及芳烃中的溶胀性较大	耐磨件、低温密封件、弹性件、耐油辊筒、汽车保险杆、方向盘及汽车外围部件

5.2.3　橡胶制品的成型

橡胶制品是由生胶及其添加剂经过一系列化学和物理作用制成的产品,分为干胶制品和胶乳制品两大类。橡胶加工是由生胶制成干胶制品或由胶乳制得胶乳制品的生产过程,其主要工序包括生胶的塑炼、塑炼胶与各种添加剂的混炼、成型和硫化等。

1. 塑炼

生胶材料的高弹性对成型加工是不利的。为便于加工,须使橡胶材料具有可塑性。在一定条件下对生胶进行机械加工,使其由强韧的弹性状态转变为柔软可塑的状态,这种加工工艺称为塑炼。

塑炼常用机械塑炼法,即通过机械作用破坏橡胶的高分子链,使其断链,最终使生胶的弹性和黏度降低,可塑性和黏结性提高,并获得适当的流动性以满足加工需要。常用的塑炼设备有开炼机、密炼机和螺杆炼塑机等。

开炼机的结构如图 5.32 所示,主要由挡料板、两个空心辊筒、调距装置、刹车装置、机架和底座组成。通过调距装置调节两个空心辊筒之间的距离,电动机带动两个辊筒以不同速度旋转。冷却水或蒸汽可接入辊筒内部,对辊筒冷却或加热,以保证辊筒的温度。塑炼时,胶料与辊筒表面的摩擦力将胶料带入两个辊筒的间隙中,因为两个辊筒的速度不同,使胶料受到强烈的摩擦剪切,橡胶的分子链断裂,在周围氧气或塑解剂的作用下生成相对分子质量较小的稳定分子,橡胶的可塑性得到提高。

图 5.33 所示为密炼机的结构原理图。其核心部件是密炼室,密炼室内有一对横截面呈梨形的转子,转子以螺旋的方式沿轴向排列,其转动方向相反,并有一定的速度差。密炼室上部的活塞和汽缸对生胶实施压紧作用,使塑炼连续进行。密炼室的外部和转子的内部都有加热和冷却介质的通道,可以对密炼室和转子进行加热或冷却,以保持一定的温度。与开炼机相比,密炼机有很好的密封性,塑炼胶料的质量好、生产效率高、污染少、能耗低、安全性好。

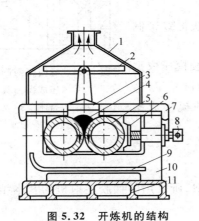

图 5.32　开炼机的结构

1—排风罩；2—刹车装置；3—挡料板；
4—生胶料；5—辊筒；6—轴承；7—横梁；
8—调距装置；9—接料盘；10—机架；11—底座

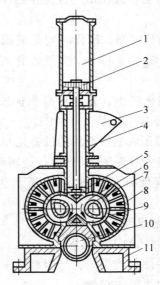

图 5.33　密炼机的结构

1—上顶栓汽缸；2—活塞；3—加料斗；4—加料口；
5—上顶栓；6—密炼室；7—转子；8—冷却水喷淋头；
9—下顶栓；10—下顶栓汽缸；11—底座

2. 混炼

混炼是将各种添加剂混入生胶中,并使其均匀分散,获得成分均匀的混炼胶的过程。混炼好的胶料要求具有良好的物理和力学性能,同时须有后续加工所需要的最低可塑性。混炼一般在密炼机或开炼机上进行,加工过程与塑炼类似。混炼时,要注意添加剂的加入顺序,一般顺序为:固体软化剂→防老剂→促进剂、活性剂→填充剂、液体软化剂→硫黄、促进剂。若加入顺序不当,会影响添加剂的分散均匀性。另外,混炼后的胶料应立即进行强制冷却,以防止相互粘连或焦烧。通常的冷却方法是将胶片浸入液体隔离剂(如膨润土悬浮液)中,也可将隔离剂喷洒在胶片或粒料上,然后用冷风吹干。

3. 模压成型

模压成型是将准备好的预成型胶料置于压模内,在加热、加压的条件下,使胶料产生塑性流动而充满模具型腔,经过一定时间的持续加热后完成硫化,再经脱模和修边获得成型制品的工艺过程。

1) 预成型

生胶经塑炼、混炼放置 24h 后可进行预成型。预成型通常使用压延机、开炼机、压出机等进行。胶料可在压延机或开炼机上制成所要求尺寸的胶片,然后用冲床裁切成半成品。胶料半成品的大小和形状应根据模具型腔确定,半成品的质量应超出产品质量的 5% ～ 10%,以保证胶料充满型腔,且在成型时排除型腔内的空气和保持足够的压力。

2) 模压硫化

在模压成型中,硫化是非常重要的工序。要想获得最佳综合性能的模压制品,必须控制交联程度,亦即硫化程度。硫化过程的控制因素有硫化温度、硫化时间和硫化压力。

(1) 硫化温度。当温度升高时,硫化速度加快,硫化时间缩短,生产效率提高。但硫化温度过高时会使胶料由于自身导热性差而产生较大的温度梯度,使硫化程度不均匀,影响制品的质量。

(2) 硫化时间。硫化时间是完成硫化过程所需的时间。硫化时间与硫化温度密切相关,在一定温度范围内,控制硫化时间可以控制制品的硫化程度。

图 5.34　橡胶密封圈模压成型模具

1—凸模;2—制件;3—外套;4—型芯;5—模座

(3) 硫化压力。其作用是保证胶料充满模腔,获得致密制品。硫化压力一般为 5～8MPa。

橡胶模压成型所使用的设备是平板硫化机。橡胶模压成型工艺适合各种橡胶制品、橡胶与金属或与织物的复合制品生产,制品的致密性好。如图 5.34 所示为橡胶密封圈的模压成型模具。

4. 注射成型

1) 注射成型工艺流程

橡胶的注射成型工艺与塑料的注射成型工艺类似,所采用的橡胶注射机的基本结构也与塑料注射机结构相似。

　　(1) 喂料塑化。将胶料从注射机料斗喂入料筒,在螺杆的旋转作用下,胶料沿螺旋槽被送到料筒前端,在这一过程中,胶料受到剧烈的剪切和变形,再加上料筒外部的加热,使胶料温度快速升高,可塑性增加。胶料在料筒前端聚集并被压缩,使胶料内部残留的空气排出,密度增加,为注射做好准备。

　　(2) 注射保压。当料筒前端聚集了足够的胶料后,螺杆向前推动胶料经注射机喷嘴进入模具型腔并迅速充满。充满后,再保压一段时间,以保证制品的密实和均匀。

　　(3) 硫化出模。在保压过程中胶料开始硫化过程,硫化完成后,打开模具取出制品。

　　2) 注射成型工艺参数

　　(1) 料筒温度。料筒温度是最重要的温度条件。料筒温度提高,则注射温度提高,注射和硫化时间缩短,生产效率提高。生产时,应保证在不产生焦烧的前提下,尽可能提高料筒温度。一般柱塞式注射机料筒温度为 70～80℃,螺杆式注射机为 80～110℃。

　　(2) 注射温度。注射温度是指胶料通过注射机喷嘴后的温度,注射温度受到料筒温度和喷嘴剪切摩擦热的影响。

　　(3) 模具温度。模具温度即硫化温度。模具温度影响制品的硫化时间和硫化均匀性。注射天然橡胶时,模具温度可取 170～190℃;注射丁腈橡胶时,模具温度可取 180～205℃;注射乙丙橡胶时,模具温度可取 190～220℃。

　　(4) 注射压力。注射压力推动胶料充模。注射压力大,使胶料通过喷嘴速度提高,剪切摩擦热增加,有利用充满模腔和加快硫化。一般螺杆式注射机注射压力为 80～110MPa。

　　(5) 螺杆背压及转速。螺杆的背压影响胶料的排气和致密性,背压增加会使螺杆的剪切摩擦热增大。一般螺杆式注射机背压为 20MPa 左右。螺杆转速提高会使胶料受到的剪切摩擦增强,有利于提高塑化质量。但转速过大会使胶料的推进速度增大,塑化时间下降,从而影响塑化质量。螺杆转速一般不超过 100r/min。

5.3　陶 瓷 成 型

　　陶瓷材料是将黏土等物料经过成型及高温处理而获得的。陶瓷材料是一种硬而脆的高熔点材料,具有良好的绝缘性和隔热性、良好的化学稳定性和热稳定性,以及较高的压缩强度。

5.3.1　陶瓷材料的组成与制备

　　陶瓷原料大部分为粉体材料,粉体是指大量固体颗粒的集合体,它由微粒固相和气相组成。

1. 陶瓷制品的原料

　　陶瓷制品使用的原料可分为天然原料和化工原料。天然原料是指天然获得的黏土或矿石;化工原料是指将天然原料通过化学或物理的方法进行加工提纯后获得的原料。常用的陶瓷制品原料见表 5.9。

表 5.9　常用的陶瓷制品原料

原料类别	主要组成
氧化物类	SiO_2(俗称石英)、ZrO_2(多为化工原料)、TiO_2(俗称金红石)、Al_2O_3(俗称刚玉)、PbO 和 ZnO(为人工制造)、稀土氧化物及着色氧化物等
硅酸铝类矿物	黏土、高铝矾土
碱土硅酸盐类	滑石、硅灰石、透灰石岩等
含碱硅酸铝类	长石、霞石、锂质矿物
碳酸盐	方解石(石灰石、大理石的主要矿物)、菱镁矿、白云石
硫酸盐	天然石膏($CaSO_4 \cdot 2H_2O$)(注浆、滚压等方法成型时大量采用石膏模型)
硼酸盐	硼酸或硼砂(釉料的熔剂)

2. 陶瓷粉体的制备

陶瓷粉体的制备有物理制备和化学制备两种方法。

1) 物理制备法

物理制备法包括机械粉碎法、气流粉碎法、气相沉积法等。

机械粉碎法采用球磨机、振动筛等设备对陶瓷原料进行粉碎,获得的陶瓷粉体粒径一般在微米量级,进一步细化效率很低而且很困难。机械粉碎法成本低、效率高,但粉碎中易混入杂质,质量不高,不能满足高品质陶瓷对原料粒度和纯度的要求。

气流粉碎法采用气流磨,利用在高速气流中粉粒相互碰撞的原理使陶瓷原料粉碎细化。气流粉碎法能制得亚微米级粉体,且粒度分布均匀,生产效率高。

气相沉积法是将固体物质加热汽化,然后再使气相物质激冷凝聚形成超细粒子。这种方法需要专用设备,生产效率低。

2) 化学制备法

化学制备法包括沉淀及共沉淀法、水解法、化学气相沉积法等。

沉淀法是利用各种水溶性化合物经反应生成不溶于水的氢氧化物、碳酸盐、硫酸盐或有机盐类沉淀物,然后将这些沉积物洗涤去除其中的有害离子,再经过热分解形成超细粉体。

水解法是用盐类遇水分解获得胶体,在低温下干燥除去水和溶剂,即可获得超细粉体。水解法获得的粉体纯度高、均匀性好、颗粒形状尺寸可控及烧结温度低,但化学过程复杂、易污染、成本高。

化学气相沉积法是利用挥发性金属化合物的蒸气,通过化学反应合成所需超细粉体的方法。气相沉积的反应速率快,反应物在高温滞留时间短,制备的超细粉体多为不定形态。

5.3.2　陶瓷的分类及性能

陶瓷材料可分为普通陶瓷和特种陶瓷两大类。普通陶瓷按其用途分为日用陶瓷、建筑陶瓷、工艺美术陶瓷等。特种陶瓷又可分为结构陶瓷和功能陶瓷。结构陶瓷有很好的力学性能和机械性能;功能陶瓷具有电、磁、声、光、热、化学及生物特性,而且有相互转化的功能。各种陶瓷的性能特点及应用见表 5.10。

表 5.10　陶瓷的性能与应用

陶瓷分类	陶瓷名称	性　　能	应　　用
普通陶瓷		质地坚硬,不氧化生锈,耐腐蚀,不导电,加工成型性好,成本低。但强度低,耐高温性能不如其他陶瓷	工业上主要用于绝缘的电瓷和对耐酸碱要求较高的化学瓷,以及承载要求较低的结构零件用瓷,如绝缘子、耐蚀容器等
特种陶瓷	氧化铝陶瓷（Al_2O_3）	熔点高、硬度高、强度高,抗化学腐蚀能力和介电性能好;脆性大,抗冲击性能和抗热振性差,耐温度变化性能差	制作耐磨、抗蚀、绝缘和耐高温材料。如高速切削刀、喷砂用喷嘴、高温炉零件等
	氧化锆陶瓷（ZrO_2）	室温力学性能优异,韧性高,硬度、抗弯强度高,耐磨、耐化学腐蚀;在 1000℃以上高温蠕变速率高,力学性能显著降低	陶瓷切削刀具、陶瓷磨料球、密封圈、耐腐蚀轻载中低速耐腐蚀轴承等
	碳化硅陶瓷（SiC）	高熔点,高硬度,抗氧化性强,耐磨,热稳定性好,热膨胀系数小,热导率大,抗热振、耐化学腐蚀	各类轴承、滚珠、喷嘴、密封件、切削工具、燃气涡轮机叶片、涡轮机增压转子、反射屏、火箭燃烧内衬等
	氮化硼（BN）	六方氮化硼:耐热性、热稳定性好,硬度低,有自润滑性;立方氮化硼:硬度仅次于金刚石,但耐热性和化学稳定性大大高于金刚石,能耐 1300～1500℃ 的高温	六方氮化硼:高温耐腐蚀轴承、高温热电偶套管、半导体散热绝缘零件、玻璃制品成型模具;立方氮化硼:制造精密磨砂轮、切削难加工金属材料的刀具
	氮化硅（Si_3N_4）	硬度极高、极耐高温,化学稳定性、电绝缘性能、耐磨性好,热膨胀系数小,抗振性好,抗高温蠕变	制造耐磨、耐腐蚀、耐高温绝缘零件,轴承,高温燃气轮机叶片,高温坩埚,雷达天线罩,金属切削刀具等
	氧氮化硅铝陶瓷（Sialon）	耐高温,强度高,硬度超高,耐磨损,抗腐蚀	新型刀具材料,如钻头、丝锥、滚刀;内燃机挺杆,电热塞,透明陶瓷;用于人体硬组织修复

5.3.3　陶瓷材料成型

陶瓷材料成型是将制备好的粉体成型为陶瓷制品坯体的生产过程。

1. 成型前的准备

（1）配料。配料是将选定的陶瓷制品材料按照计算所得的配方进行调配。配料前须对所使用原料的化学组成、矿物组成、物理性质、工艺性能以及产品的质量要求等进行全面了解,科学合理地进行配料计算。

（2）混料。将配料经过一定方法混合达到成分基本均匀的过程称为混料。混料有机械混合法和化学混合法之分。机械混合法采用球磨或搅拌的方法将物料混合均匀;化学混合即将化合物粉体与添加组分的盐溶液进行混合,或将各组分全部以盐溶液的形式进行混合。

（3）造粒。陶瓷粉料非常细小,易飞扬,成型时的流动性和填充模具能力差。造粒即要改善粉体的流动性。造粒就是在粉料中加入一定量的塑化剂(如水),制成粒度较粗、流动性好的大颗粒或团粒。造粒方法有一般造粒法、加压造粒法、喷雾造粒法和冷冻干燥法等。

(4)塑化。对于一些特种陶瓷,其原料的可塑性很差,成型前要进行塑化。塑化是利用塑化剂使原料坯料具有可塑性,使其在外力作用下可以产生一定程度的无裂纹变形。塑化剂一般对坯体的性能有一定影响,其选择的原则是在保证成型质量的前提下尽量减少增塑剂的加入量。

(5)悬浮。悬浮是将粉体分散于液体介质形成稳定均匀、流动性好的浆料,方便采用浆料法成型。配制好的浆料应具有良好的流动性、稳定性和触变性,含水量小,渗透性好,气体含量低。

2. 陶瓷材料的成型方法

成型是将准备好的陶瓷原料制成坯料,并进一步加工成一定形状和尺寸的半成品过程。主要成型方法如下:

(1)注浆成型。注浆成型是将陶瓷悬浮浆料注入多孔质模型内,利用模型的吸水能力将浆料中的水分吸出,从而获得坯体的成型方法,如图 5.35 所示。注浆成型方法分为实心注浆(获得实心坯体)、空心注浆(获得空心坯体)及强化注浆(使坯体致密)。

注浆成型工艺简单,适用于制造大型厚胎、薄壁、形状复杂不规则的制品。但劳动强度大,不易实现自动化,并且坯体烧结后密度较小,强度较低,收缩、变形较大,制品的尺寸精度较差,不适宜成型性能、质量要求高的陶瓷制品。

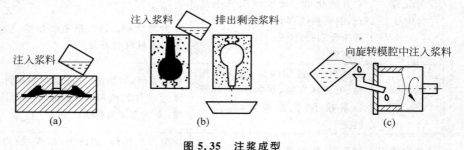

图 5.35　注浆成型

(a)实心注浆;(b)空心注浆;(c)离心注浆

(2)模压成型法(又称干压成型)。成型前在粉料中加入少量的黏结剂,一般加入量为7%～8%(质量分数),然后进行造粒。造粒后加入到钢制模具中,在压力机上压成一定形状的坯体。

模压成型有单向加压和双向加压两种方式,如图 5.36 所示。单向加压时,靠近压头部分的密度较高,远离压头部分的密度较低,成型高径比较大的坯体时,不宜采用单向加压的方式。双向加压时,坯体内部密度的不均匀有所减缓。

模压成型工艺简单、操作方便、成型周期短、生产效率高,便于实现自动化。由于模压成型的压力分布和密度分布不均匀,故不适宜生产大型复杂的制件。

(3)热压注成型。利用蜡类材料热熔冷固的特点,将配料混合后的陶瓷粉料与熔化的蜡料黏合剂加热搅拌成具有流动性与热塑性的蜡浆,在热压注机中用压缩空气将热熔蜡浆注满金属模腔,蜡浆在模腔内冷凝形成坯体,再脱模取出。图 5.37 所示为热压注成型装置示意图。

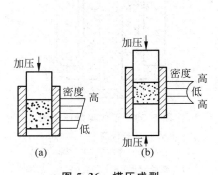

图 5.36　模压成型

（a）单向加压；（b）双向加压

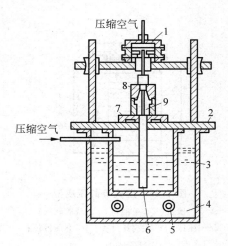

图 5.37　热压注成型装置

1—压紧装置；2—工作台；3—浆料桶；
4—恒温槽；5—加热元件；6—供料管；
7—供料装置；8—注模；9—注件（坯体）

热压注成型方法适合于批量生产外形复杂、表面质量和尺寸精度要求高的中小制件。该方法设备简单、生产效率高。但坯体烧结收缩变形大，不适宜制作薄、长、大的制件；工序较繁、能耗大、生产周期较长。

（4）注射成型。注射成型是在塑料注射成型原理的基础上发展而来的。将陶瓷粉料与热塑性树脂、增塑剂等有机混炼后造粒；再经注射机，以一定温度和压力将流动的混合料高速注射到金属模具型腔中；经保压、冷却固化后，开模脱出坯体。坯体经高温脱脂（去除坯体内的有机物）后，再烧结成型。

注射成型可制作形状复杂、尺寸精确的坯体，其生产效率高，易于实现自动化；但不适合生产大截面尺寸的制品。

（5）等静压成型（又称静水压成型）。利用液体或气体介质均匀传递压力的性质，将陶瓷粉料置于有弹性的软模中，使其受到液体或气体介质传递的均衡压力而被压实成型。等静压成型分为冷等静压成型和热等静压成型两种。冷等静压成型又可分为湿式等静压成型和干式等静压成型。

湿式等静压成型是将预压好的坯体包封在具有弹性的橡胶或塑料软模内，然后放入高压容器，通过进液口用高压泵输入高压液体（可达 100MPa 以上），软模内的坯体在各个方向都受到同等大小的静压力，从而获得高度密实的制品，如图 5.38 所示。湿式等静压成型主要用于成型形状较为复杂的大型制件。

干式等静压成型如图 5.39 所示，在高压容器内封紧一个加压橡胶袋，加料后的成型橡胶软模放入橡胶袋中加压成型，成型后从橡胶袋中取出模具脱出坯体。干式等静压成形中模具不与高压液体直接接触，坯体在干态下成型。此方法特别适用于薄壁、管状坯体的成型。

热等静压成型是在高温下进行的，使用金属箔代替橡胶软模，采用惰性气体作为压力传递介质，用惰性气体向密封容器内的坯体同时施加各向均匀的高压高温，可使成型与烧结同时完成。该方法成型制品的质量好，但成本高、设备复杂、生产效率低。

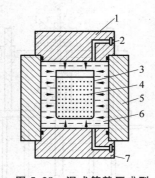

图 5.38　湿式等静压成型

1—顶盖；2—进液口；3—橡胶软模；

4—坯体；5—耐高压外壳；6—高压液体；

7—底座

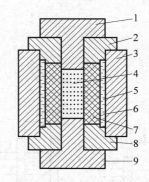

图 5.39　干式等静压成型

1—上活塞；2—顶盖；3—耐高压外壳；

4—坯体；5—橡胶袋；6—高压液体；

7—橡胶软模；8—底盖；9—下活塞

（6）滚压成型法。通过有一定倾斜角的旋转滚压头与成型模型分别绕自己的轴线以一定的速度同方向旋转，滚压头对坯料施加压力滚压成型，如图 5.40 所示。滚压成型坯体致密均匀、强度高、生产效率高、易实现自动化。

（7）挤压成型。利用挤压筒和挤压嘴将浆料挤压成棒、管等型材，如图 5.41 所示。挤压成型对浆料的要求较高，颗粒要细而圆，溶剂、增塑剂、黏结剂的用量要适当。

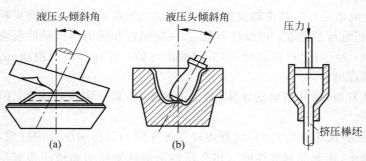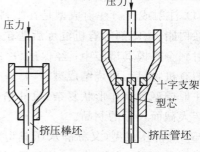

图 5.40　滚压成型

（a）凸模滚压成型；（b）凹模滚压成型

图 5.41　挤压成型

（8）轧膜成型。将坯料添加一定量的有机黏结剂（如聚乙烯醇），然后置于轧膜机的两轧辊之间进行多次辊轧，通过调整轧辊之间的间隙，达到要求的厚度，如图 5.42 所示。轧膜成型是生产薄片瓷坯的工艺方法。

轧膜成型时，坯料只在厚度方向和前进方向受到轧制，而在宽度方向上没有外力，使轧膜的粉粒有一定的方向性，导致坯体的机械强度和致密度的各向异性。因此，轧制时应将坯片作 90°旋转送料，以减少各向异性。

（9）流延成型。将陶瓷粉料与黏结剂、增塑剂、分散体、溶剂等进行混磨，得到流动性良好的陶瓷浆料，然后将浆料加入流延机的料斗，浆料从料斗下部流至向前移动着的基带上，用刮刀控制厚度，再经干燥炉干燥，即可形成一定塑性的坯膜，如图 5.43 所示。

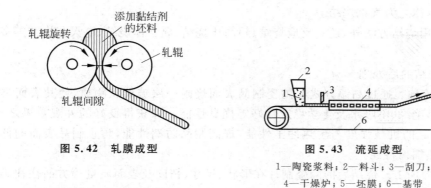

图 5.42　轧膜成型　　　　　　　　图 5.43　流延成型

1—陶瓷浆料；2—料斗；3—刮刀；
4—干燥炉；5—坯膜；6—基带

流延成型主要用于生产厚度在 0.2mm 以下、表面粗糙度小的超薄制品。其生产设备简单、工艺稳定；便于实现自动化，生产效率高。但由于含黏结剂较多，制品的收缩率大。

3. 坯体的干燥与脱脂

1）干燥

干燥的目的是提高坯体的强度，便于后续检查、修坯、搬运、施釉和烧结等工序的进行。陶瓷坯体常用的干燥方法有热气干燥、电热干燥、高频干燥、微波干燥和红外干燥等。实际生产中，应根据具体情况选择合适的干燥速率，干燥速率高，可节省时间和能源，但干燥速率不宜过高。干燥速率的选择与坯体特性有关，包括坯体的干燥敏感度，坯体的形状、尺寸、厚度及临界水分点等。另外，干燥介质的温度、湿度、流速、流量也对干燥速度有很大影响。

2）脱脂

采用热压注、注射成型时，坯料中加入了塑化剂等有机物，烧结前须排除掉，称这一排除过程为脱脂或排蜡。脱脂是将坯体埋入疏松、惰性粉料构成的吸附剂中，然后按一定速率加热升温，当达到一定温度时，坯体中的有机物开始熔化或氧化分解，并向吸附剂扩散，坯体则逐渐收缩。随着温度的升高和时间的延长，坯体中的有机物逐渐减少，当有机物基本排除后，脱脂过程结束。

4. 陶瓷的烧结

烧结通常是指在高温作用下坯体表面积减少、气孔率降低、致密度提高、颗粒间接触面积加大以及机械强度提高的过程。烧结温度通常为原料熔点温度的 $1/2 \sim 3/4$，高温持续时间通常为 $1 \sim 2h$。经过高温烧结的坯体一般为脆而致密的多晶体。

1）常用的烧结方法

（1）普通烧结（又称常压烧结）。指在大气条件下进行的烧结。传统陶瓷在隧道窑中进行烧制，而特种陶瓷可以在电窑中烧制。普通烧结工艺简单，但制品中气孔较多，制品的机械强度较低。

（2）热压烧结。在加热的同时进行加压，压力使坯体颗粒产生塑性流动而重新排列。热压一般是在材料熔点温度的 $1/2$ 温度以下进行，比普通烧结的温度低，所需的时间也短，而且得到的材料晶粒度比较细小，力学性能提高。热压烧结的缺点是热压模具成本高，生产效率低，只能生产形状不太复杂的制品。

（3）气氛烧结。对于在空气中很难烧结的制品（如非氧化物陶瓷、透光陶瓷等），为保证制品的成分、结构和性能，须使坯体在特殊气氛下烧结，即要向烧结炉内通入一定气体，形成所要求的气氛,称之为气氛烧结。

　　除上述常用烧结方法外,还有反应烧结、超高压烧结、离子体烧结、电火花烧结等多种烧结方法。

　　2) 陶瓷烧结的后处理

　　(1) 表面施釉。通过高温方式在陶瓷制品表面烧附一层玻璃状物质,使其表面具有光亮、美观、致密、绝缘、不吸水及化学稳定性好等优良性能。除获得良好的外观效果之外,还可提高陶瓷制品的机械强度与耐热冲击性能,提高制品防潮性能,防止制品表面的低压放电,改善制品热辐射特性。

　　(2) 陶瓷的加工。烧结后的陶瓷制件在形状、尺寸、精度及表面质量等方面往往难以满足较高的使用要求,需对其进行机械加工。常用的加工方法有磨削加工、激光加工、超声波加工等,还可以采用化学刻蚀、放电加工、热锻、热挤以及热轧等方法。

　　(3) 陶瓷的金属化与封接。在陶瓷表面牢固地涂覆一层金属薄膜,使之满足电性能的要求,称之为陶瓷的金属化。常用的金属化方法有被银法、钼锰法和电镀法。陶瓷材料常与金属材料配合使用,这就要求陶瓷能与金属能很好地封接,以保证使用功能(一般认为两者的膨胀系数差在$\pm 2 \times 10^{-7}/℃$之内时,封接的热稳定性良好)。陶瓷与金属的封接形式有对封、压封、穿封等。

习题与思考题

1. 根据塑料中树脂的分子结构和热性能,塑料可分为哪几种? 其特点是什么?
2. 塑料的主要使用性能有哪些?
3. 简述注射成型的原理。
4. 注射成型分为哪几个阶段?
5. 简述挤出成型的工艺过程。
6. 压缩成型过程分为哪几个阶段?
7. 简述压注成型的原理。
8. 简述注射机的分类及工作过程。
9. 简述橡胶的性能、用途及成型方法。
10. 简述陶瓷的分类及成型过程。

第6章　3D打印成形

物体的成形方式可以分四类：减材成形、受压成形、增材成形和生长成形。减材成形主要是运用分离技术把多余部分的材料有序地从基体上剔除，如传统的车、铣、钻、刨、电火花和激光切割等都属于减材成形；受压成形主要是利用材料的可塑性在特定外力下的成形，如前所述的金属液态成形、金属塑性成形以及非金属材料成形等；增材成形又称堆积成形，主要利用机械、物理、化学等方法通过有序地添加材料而堆积成形的方法；生长成形是指利用材料的活性进行成形的方法，自然界中的生物个体发育等属于生长成形。

3D打印成形属于增材成形，是计算机辅助设计、计算机辅助制造、计算机数字控制、激光、精密伺服驱动等先进技术以及材料科学的集成。3D打印成形，不需要传统的刀具、夹具以及多道加工工序，可实现任意复杂物体的快速、精密"自由制造"，解决了许多复杂结构物体的成形难题，减少了加工工序，缩短了加工周期，能更好地响应市场需求，提高企业的竞争力。

6.1　3D打印成形的原理

3D打印成形是基于离散和材料累加原理，并由CAD模型直接驱动完成任意复杂形状产品的快速制造。3D打印成形技术彻底摆脱了传统的"去除"加工方法，而采用全新的"增材"成形方法。依据计算机构造的三维数模，利用3D打印系统对其进行分层切片，得到各层截面的二维轮廓，并按照这些轮廓图，进行分层自由成形，构成各个截面，逐步顺序叠加成三维工件，如图6.1所示。3D打印成形的工作流程如图6.2所示。

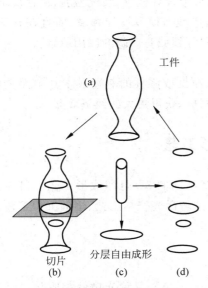

图6.1　3D打印成形原理图

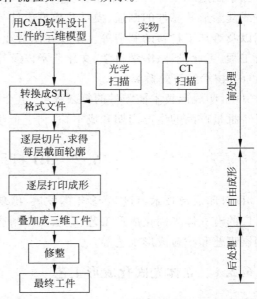

图6.2　3D打印成形流程图

前处理：包括工件三维模型的构造、三维模型的近似处理、模型成形方向的选择和三维模型的切片处理。

分层叠加自由成形：包括模型轮廓的制作与截面轮廓的叠合，它是 3D 打印成形的核心。

后处理：包括工件的剥离、后固化、修补、打磨、抛光和表面强化处理等。

3D 打印成形技术开辟了不用刀具、模具而制作原型和各类零部件的新途径，创造了产品开发研究的新模式，其具有如下主要特点：

（1）制造快速

3D 打印成形技术从产品 CAD 或从实体反求获得数据到制成原型，一般只需要几小时至几十个小时，速度比传统成形加工方法快得多。采用该技术缩短了产品设计、开发的周期，加快了产品更新换代的速度，大大地降低了新产品的开发成本和企业研制新产品的风险。

（2）自由成形制造

自由成形有两个含义：一是指可以根据原型或零件的形状，无须使用工具、模具而自由地成形，大大缩短新产品的试制时间并节省工具或样件模具费用；二是指不受形状复杂程度限制，能够制造任意复杂形状与结构、不同材料复合的原型或零件。

（3）制造过程高柔性

对于整个制造过程，仅需改变 CAD 模型或反求数据结构模型，重新调整和设置参数即可生产出不同形状的原型或零件，还能借助电铸、电弧喷涂等技术进一步将塑胶原型制成金属模具，或者直接打印出铸型、模具等。

（4）可选材料繁多

3D 打印成形技术可以采用的材料十分广泛。如采用树脂类、塑料类原料，纸类、石蜡类原料，用复合材料、金属材料或陶瓷材料的粉末、箔、丝等涂覆某种黏结剂的颗粒、板、薄膜等材料。

（5）应用领域广泛

除了制造原型外，该技术还特别适合新产品开发、快速单件及小批量零件制造、不规则零件或复杂形状零件的制造、模具及模型设计与制造、外形设计检查、装配检验、快速反求与复制以及难加工材料的制造等。不仅在制造业的产品造型与模具设计领域，而且在材料科学与工程、工业设计、医学科学、文化艺术以及建筑工程等领域有广阔的应用前景。

（6）技术经济效益突出

3D 打印成形技术使零件的复杂程度、生产批量与原型或零件的制造成本基本无关，降低了小批量产品的生产周期和成本，有利于企业把握商机，获得更大的经济效益。

6.2　3D 打印成形工艺

3D 打印成形技术经过 30 多年的发展，出现了许多不同的 3D 打印成形工艺。目前，应用最广的有立体光固化成形工艺、分层实体制造工艺、选域激光烧结工艺、熔融沉积工艺、三维印刷工艺和喷射成形工艺等。

6.2.1　立体光固化成形工艺

立体光固化成形工艺（stereo lithography apparatus，SLA），又称光敏液相固化、立体光刻等。该工艺最早由 Charler W. Hull 于 1984 年提出,并获得美国国家专利,是世界上最早发展起来的 3D 打印技术之一。SLA 的工艺原理如图 6.3 所示。

SLA 的基本工艺原理是借助产品的三维几何造型,产生数据文件并处理成平面化的模型。将模型内外表面用小三角平面片离散化,每个平面片由 3 个顶点和 1 个指向体外的法向量描述,得到的数据便是 3D 打印系统普遍采用的、默认为工业标准的 STL(stereo lithography)文件格式。按等距离或不等距离的处理方法剖切模型,形成从底部到顶部一系列相互平行的水平截面片层,并利用扫描线算法对每个截面片产生截面轮廓和内部扫描的最佳路径。

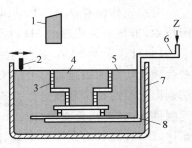

图 6.3　SLA 的工艺原理图
1—激光器及扫描系统;2—刮刀;
3—工件;4—液态光敏聚合物;
5—液面;6—升降臂;7—液槽;
8—可升降工作台

SLA 技术以光敏树脂(如丙烯基树脂)为原料,液槽中盛满液态光敏树脂。光敏树脂在一定波长(如 325nm)和强度的紫外激光照射下会在一定区域内固化,即形成固化点。在计算机控制下的紫外激光以原型各分层截面的轮廓为轨迹逐点进行扫描,使被扫描区的树脂薄层产生光聚合反应而固化,从而形成一个薄层截面,而未被激光照射的树脂仍然是液态的。当一层固化后,向上(或下)移动工作台,在刚刚固化的树脂表面布放一层新的液态树脂,然后由刮刀将黏度较大的树脂液面刮平,再进行新一层扫描、固化。新固化的一层牢固地黏合在前一层上,如此重复直至整个原型打印完毕,得到产品的三维实体原型。

当实体原型打印完成后,先将原型取出,并将多余的树脂排净。去掉支撑后,再将实体原型放在紫外激光下整体固化。图 6.4 所示为 SLA 成型设备和产品实例。

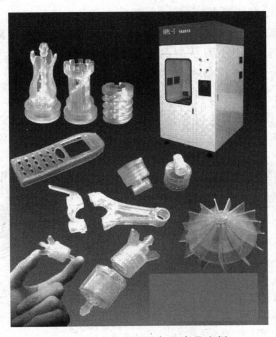

图 6.4　SLA 成型设备及产品实例

6.2.2　分层实体制造工艺

分层实体制造(laminated object manufacturing,LOM)是历史上最为悠久的 3D 打印成形技术,也是最为成熟的 3D 打印技术之一。

LOM 工艺与 SLA 工艺的主要区别在于将立体印刷成型中的光敏树脂固化的扫描运动变为激光切割薄膜运动。分层实体制造中激光束只需按照分层信息提供的截面轮廓线逐层切割而无须对整个截面进行扫描,且不需考虑支撑。这种工艺使用低能 CO_2 激光器,成型的制件无内应力、无变形,因而精度较高,可达 $\pm 0.1mm/100mm$。与其他 3D 打印成形技术相比,LOM 还具有制作效率高、速度快、成本低等优点,具有广阔的应用前景。这一技术常用的材料是纸、金属箔、塑料膜、陶瓷膜等,除了制造模具、模型外,还可以直接制造结构件或功能件。但由于材料薄膜厚度不能太薄,未经处理的侧表面不够光洁,需要进行再处理,如打磨、抛光、喷油等。另外,当采用的金属片的厚度太薄时,所形成的零件的力学性能也会受到很大的影响。

LOM 的工艺原理如图 6.5 所示。系统由计算机、原材料存储及送进机构、热黏压机构、激光切割系统、可升降工作台、数控系统和机架等组成。将欲制产品的 CAD 模型输入 3D 打印系统,再用系统中的切片软件对模型进行切片处理,从而得到产品在高度方向上一系列横截面的轮廓线。由控制系统控制步进电机带动主动辊转动,使纸卷转动并在切割台面上自右向左移动预定的距离。同时,工作台升高至切割位置。之后热压装置中的热压辊自左向右滚动,对工作台上方的纸及涂敷于纸下表面的热熔胶加热、加压,使纸粘于基底上。激光切割头依据分层截面轮廓线切割纸,并在余料上切出长方形边框。工作台连同被切出的轮廓层下降至一定高度后,步进电机驱动主动辊再次沿逆时针方向转动,重复下一次工作循环,直至完成最后一层轮廓切割和层合。

从工作台上取下被边框所包围的长方体,用小锤轻轻敲打使大部分由小网格构成的小立方块废料与制品分离,再用小刀从制品上剔除残余的小立方块,得到三维原型制品,如图 6.6 所示。图 6.7 为 LOM 设备和产品实例。

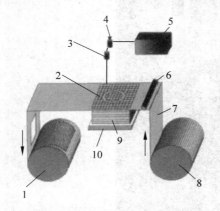

图 6.5　LOM 的工艺原理图
1—废料存储机构;2—切割的轮廓;3—激光切割系统;
4—光学系统;5—激光器;6—热粘压机构;
7—原材料;8—原材料送进机构;
9—工件;10—可升降工作台

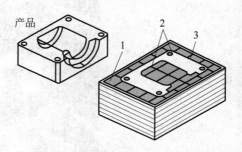

图 6.6　LOM 工艺后处理前的制件
1—网格废料;2—内轮廓线;3—外轮廓线

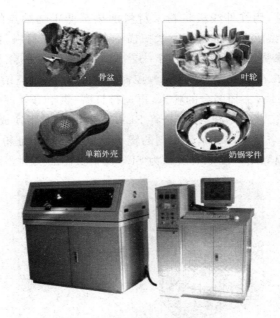

图 6.7　LOM 设备及产品实例

6.2.3　选域激光烧结工艺

选域激光烧结(selected laser sintering,SLS)最早是由美国得克萨斯大学奥斯汀分校的 C. R. Dechard 于 1989 年在其硕士论文中提出的,随后 C. R. Dechard 创立了 DTM 公司,并于 1992 年发布了基于 SLS 技术的工业级商用 3D 打印机 Sinterstation。

SLS 工艺使用的是粉末状材料,它借助精确引导的激光束使材料粉末烧结或熔融后凝固形成三维原型或制件。即打印机按照计算机输出的原型分层轮廓,采用激光束在指定路径上有选择性地扫描并熔融工作台上很薄(100~200μm)且均匀铺层的材料粉末。分层图形所选择的扫描区域内的粉末被激光束熔融连接在一起,而未在该区域内的粉末仍然是松散的。其系统由 CO_2 激光器和光学系统、粉料送进和回收系统、升降机构、工作台等组成,如图 6.8 所示。

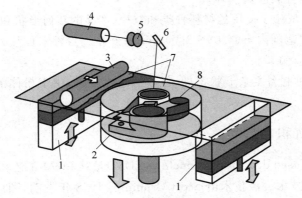

图 6.8　选域激光烧结系统的组成

1—粉料送进与回收系统;2—工作台;3—铺粉辊;4—CO_2 激光器;

5—光学系统;6—扫描镜;7—未烧结的粉末;8—零件

　　SLS 的工艺过程是,用红外线板将粉末材料加热至低于烧结点的某一温度,然后用计算机控制激光束,按原型或零件的截面形状扫描平台上的粉末材料,使其受热熔化或烧结,而未在该区域内的粉末仍然是松散的。当一层扫描完毕,继而平台下降一个层厚,用热辊将粉末材料均匀地分布在前一个烧结层上,控制完成新一层的烧结。全部烧结并在原型充分冷却后,取出粉末块,去掉多余的粉末,再进行打磨、烘干等处理便获得原型或零件。

　　SLS 工艺与 SLA 工艺基本相同,只是将 SLA 中的液态树脂换成在激光照射下可以烧结的粉末材料,并由一个温度控制单元控制的辊子铺平材料以保证粉末的流动性,同时控制工作腔热量使粉末牢固黏结。图 6.9 所示为 SLS 设备及制品实例。

图 6.9　选域激光烧结设备及制品实例

　　选域激光烧结工艺具有以下特点:

　　(1) 可采用多种材料。从原理上说,这种方法可采用加热时黏度降低的任何粉末材料,通过材料或各类含粘结剂的涂层颗粒制造出任何原型,可适应不同的需要。SLS 工艺常用原料是塑料、蜡、陶瓷、金属,以及它们的复合物粉体。用蜡可做精密铸造蜡模,用热塑性塑料可做消失模,用陶瓷可做铸造型壳、型芯和陶瓷件,用金属可做金属件。目前大多数选域激光烧结技术研究集中在生产金属零件上。

　　(2) 制造工艺比较简单。由于可用多种材料,选域激光烧结工艺按采用的原料不同可以直接生产复杂形状的原型、部件及工具。例如,制造概念原型、蜡模铸造模型及其他少量母模生产和直接制造金属注塑模等。

　　(3) 精度较高。依赖于使用的材料种类和粒径、产品的几何形状和复杂程度,这种工艺一般能够达到全工件范围内±(0.05～2.5)mm 的公差。当粉末粒径为 0.1mm 以下时,成型后的原型精度可达±1%。

　　(4) 成本较低,可制备复杂形状零件,但成型速度较慢,由于粉体铺层密度低导致强度较低。

6.2.4　熔融沉积工艺

　　熔融沉积造型(fused deposition modeling,FDM)是继 LOM 工艺和 SLA 工艺之后发展起来的一种 3D 打印技术。该技术由 Scott Crump 于 1988 年发明,随后 Scott Crump 创立了 Stratasys 公司。1992 年,Stratasys 公司推出了世界上第一台基于 FDM 技术的 3D 打印机——3D Modeler。

FDM 工艺采用一个加热器将热塑性材料加热成液态,并根据片层参数控制加热喷头沿模型断面层扫描,同时挤压并控制液体流量,使黏稠液体均匀地铺撒在断面层上。FDM 工艺在原型制作时需要同时制作支撑,为了节省材料成本和提高沉积效率,一般采用两个喷嘴的喷头,如图 6.10 所示。其中一个喷嘴用于挤出成型材料,另一个用于挤出支撑材料。随着喷头的扫描,喷嘴按扫描路径准确地挤出一定尺寸、形状的材料。由于需要考虑制造精度,应控制使液流直径非常细小,以使固化十分迅速,不致发生流淌。如此逐层叠加,最后形成整个原型或零件。

熔融沉积造型技术用液化器代替了激光器,其技术关键是得到一定黏度、易沉积、挤出尺度易调整的熔体。熔融沉积造型技术具有系统成本低、体积小、无污染等优点,是办公室环境的理想桌面制造系统。但成型速度较慢,精度也较低。

FDM 工艺作为非激光的 3D 打印成形工艺,所用材料主要是石蜡、塑料等低熔点材料和低熔点金属、陶瓷等的线材或粉料,可直接制备金属或其他材料的原型,可以制造蜡、尼龙和 ABS 塑料零件,制得的石蜡原型能够直接制造精铸蜡模,用于失蜡铸造工艺生产金属件。图 6.11 所示为 FDM 设备和产品实例。

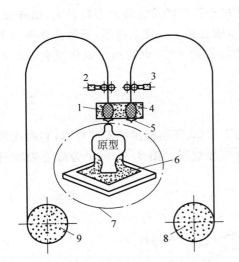

图 6.10　熔融沉积工艺原理图

1—熔腔;2—伺服电动机;3—送丝机构;
4—FDM 喷头;5—喷嘴;6—支撑材料;
7—温度控制空间;8—支撑材料辊;
9—原型材料辊

冰箱面板

头盔

底座

图 6.11　熔融沉积设备及制品实例

6.2.5　三维印刷工艺

三维印刷工艺(three-dimension printing,3DP)由美国麻省理学院的 Emanual Sachs 教授于 1993 年发明。3DP 的工作原理类似于喷墨打印机,是形式上最为贴合 3D 打印概念的成形技术之一。3DP 工艺与 SLS 工艺类似,采用的都是粉末状材料,如陶瓷、金属、塑料等,但与其不同的是 3DP 使用的粉末并不是通过激光烧结黏合在一起的,而是通过喷头喷射的胶黏剂将工件的截面"打印"出来,并一层层地堆积成形的。图 6.12 所示为 3DP 的技术原理。

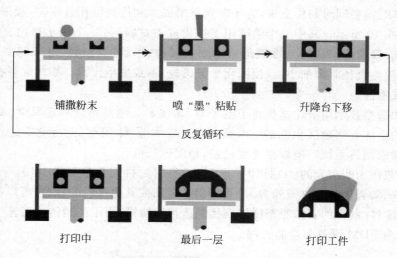

铺撒粉末　　　　　喷"墨"粘贴　　　　　升降台下移

反复循环

打印中　　　　　　最后一层　　　　　打印工件

图 6.12　三维印刷工艺过程

　　首先,将打印机工作槽中的粉末铺平,接着喷头按照指定的路径将液态胶黏剂(如硅胶)喷射在预铺粉层的指定区域中,此后不断重复上述步骤直到工件完全成形,最后去除模型上多余的粉末。3DP 技术成形速度快,适用于制造结构复杂工件,也适用于制作复合材料或非均质材料的零件。

6.2.6　喷射成形工艺

　　聚合物喷射成形(PolyJet)是以色列 Objet 公司于 2000 年初推出的专利技术,它的成形原理与 3DP 类似,不过喷射的不是黏合剂而是聚合成形材料。图 6.13 所示为聚合物喷射系统的结构。

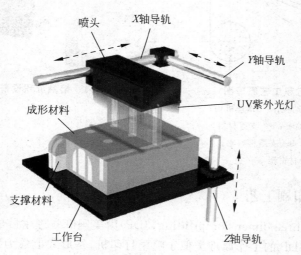

图 6.13　聚合物喷射系统的结构

聚合物喷射系统的打印头（喷头）沿 X 轴方向来回运动，工作原理与喷墨打印机十分类似，不同的是喷头喷射的不是墨水而是光敏聚合物。当光敏聚合材料被喷射到工作台上后，UV 紫外光灯将沿着喷头工作的方向发射出 UV 紫外光对光敏聚合材料进行固化。

完成一层的喷射打印和固化后，工作台下降一个成形层厚，喷头继续喷射光敏聚合材料进行下一层的打印和固化，直到整个工件打印制作完成。

工件成形过程中将使用两种不同类型的光敏树脂材料，一种是用来生成实际的模型的材料，另一种是类似胶状的用来作为支撑的树脂材料。

聚合物喷射成形工件的精度高，最薄层厚能达到 $16\mu m$。设备提供封闭的成形工作环境，适合普通的办公室环境。此外，PolyJet 技术还支持多种不同性质的材料同时成形，能够制作非常复杂的模型或零件。

6.3　3D 打印成形技术的应用

3D 打印成形技术在模具、家用电器、汽车、航空航天、工业造型、建筑工程、医疗器具、人体器官模型、考古、电影制作以及社会生活等领域得到了广泛应用。其应用主要包括生产研制、市场调研和产品使用。在生产研制方面，主要通过制作原型来验证概念设计、确认设计、性能测试，制造模具的母模和靠模等；在市场调研方面，将制造的原型展示给用户和相关部门，广泛征求意见，尽量在新产品投产之前，完善设计；在产品使用方面，可直接利用制造的原型、零件或部件作为最终产品。按 3D 打印成形的产品功能，其应用可以分为原型、模具、模型和零部件的制造等。

6.3.1　原型制造

通过原型，设计者可以评估设计的可行性并充分表达其构想，使设计评估及更改在很短的时间内完成。传统原型制作方法是制作陶模、木模或塑料模，成本高、周期长。而 3D 打印可将原型制作时间缩短到几小时至几十小时，并可大大提高制作精度。

1）模型、零件的观感评价

新产品的开发总是从外形设计开始的，外观是否美观、实用往往决定了该产品是否能够被市场接受。传统的加工方法是根据设计师的思想，先制作出效果图及手工模型，经决策层评审后再进行后续设计。但二维工程图或三维观感图不够直观，表达效果受到限制，手工制作模型耗时长，精度较差，修改也困难。3D 打印成形技术能够迅速地将设计师的设计思想变成三维实体模型，既可节省大量的时间，又能精确地体现设计师的设计理念，为产品评审决策工作提供直接、准确的模型，减少了决策工作中的失误。利用 3D 打印成形技术制作出的样件能够使用户非常直观地了解尚未投入批量生产的产品外观及其性能并及时作出评价，使厂方能够根据用户的需求及时改进产品，避免由于盲目生产可能造成的损失。同时，投标方在工程投标中采用样品，可以直观、全面地提供评价依据，为中标创造有利条件。

2）结构分析与装配校核

进行结构分析、装配校核、干涉检查等对新产品开发尤为重要。制造的原型或零件可直接用来装配、分析和检验，及时发现并解决设计中的问题。如果一个产品的零件多而且复杂就需要作总体装配校核。投产之前，先用 3D 打印成形技术制作出全部零件，进行试安装，验证设计的合理性,将所有问题解决在投产之前。

　　3)性能和功能测试

　　原型可用来进行设计验证、配合评价和功能测试,也可直接作性能和功能参数试验与相应的研究(如流动分析、应力分析、流体和空气动力学分析等)。例如,涉及各种复杂的流线设计(如飞行器、船舶、高速车辆等),需做空气动力学、流体力学试验以及发动机、泵等的功能测试,制造的原型即可用来进行相关试验和测试。

6.3.2　模具制造

　　模具的设计与制造是一个多环节、多反复的复杂过程。长期以来,模具设计大都是凭经验或使用传统的 CAD 进行的,模具制造往往需要经过由设计、制造到试模、修模的多次反复,致使模具制作的周期长、成本高,甚至可能造成模具的报废,难以适应市场需要。3D 打印成形技术可适应各种复杂程度的模具制造,主要制造方式可分为直接制模和间接制模。

　　1. 直接制造模具

　　对于小批量生产,模具的费用占有很大的比重,如果再考虑制造模具本身所用的工装和工具的费用,小批量生产的成本会很高。短周期、小批量零件模具制造的较好方法就是用 3D 打印直接制造,利用它能在几天之内完成模具的制造,而且越复杂越能显示其优越性。

　　1)直接制造钢模具和熔模铸造的型壳

　　直接成型的金属模具往往是低密度的多孔状结构,可将低熔点相的金属渗入后直接形成金属模具,但制件的强度与精度问题一直是难以逾越的障碍。Optomec 公司推出的 LENS-1500 机型,以钢、钢合金、铁镍合金、钛钽合金和镍铝合金为原料,采用激光技术,将金属直接沉积成型,其生产的金属零件强度超过了传统方法生产的金属零件,精度 X-Y 平面可达 $0.13mm$,Z 方向 $0.4mm$,但表面粗糙。DTM 公司开发的在钢粉外表面包裹薄层聚酯的 Rapid-Steel 2.0 快速原型烧结材料,经选域激光烧结工艺快速烧结成型后可直接制造金属模具。

　　新的分层实体制造工艺采用金属箔作为成形材料,可以直接加工出铸造用 EPS 汽化模,批量生产金属铸件。利用原型直接作为汽化模或替代蜡模进行熔模铸造,简化了制模工序,节省了制模时间。此外,也可用原型代替木模制作砂型,不仅降低了制模成本,还大大提高了模具的精度。

　　2)直接制造注塑模、型腔模

　　真空成型模由立体光固化成形后,本身就可以作为批量不大的真空吸塑模。也可利用 3D 打印成形技术制造的原型直接作为模具型腔,用电化学原理,通过电解液使金属沉积在原型表面,背衬其他填充材料而制成模具。其具有复制性好、尺寸精度高的优点,适宜形状花纹不规则的型腔模具,如人物造型、不易加工的奇特形状的塑料模型腔等。

　　2. 间接制造模具

　　间接制模指利用 3D 打印成形技术首先制作模芯,然后用该模芯复制硬模具(如铸造模具,或采用喷涂金属法获得轮廓形状),或者制作母模复制软模具等。对 3D 打印成形技术得到的原型表面进行特殊处理后代替木模,直接制造石膏型或陶瓷型,或由原型经硅橡胶模过渡转换得到石膏型或陶瓷型,再由石膏型或陶瓷型浇注出金属模具。

根据零件生产批量大小的不同,常用的间接制模有:硅橡胶模(批量 50 件以下)、环氧树脂(数百件以下)、金属冷喷涂模(3000 件以下)、快速制作 EDM 电极加工钢模(5000 件以上)等。

1) 硅橡胶模具

以原型为样件,采用硫化的有机硅橡胶浇注制作硅橡胶模具,即软膜(soft tooling)。由于硅橡胶有良好的柔性和弹性,对于结构复杂、花纹精细、无拔模斜度或具有倒拔模斜度以及具有深凹槽的模具来说,制件浇注完成后均可直接取出。其工艺过程为:制作原型→原型表面处理→固定放置原型和模框→在原型表面施脱模剂→在抽真空装置中抽去硅橡胶混合体中的气泡→浇注硅橡胶混合体得到硅橡胶模具→硅橡胶固化→取出原型。

硅橡胶模具制作完成后,向模中灌注双组分的聚氨酯,固化后即得到所需的零件。得到的聚氨酯零件的力学性能接近 ABS 或 PP。

2) 树脂型复合模具

将液态的环氧树脂与有机或无机材料复合作为基体材料,以原型为基准浇注的模具,可直接用于注塑生产。工艺过程为:制作原型→表面处理→设计、制作模框→选择、设计分型面→在原型表面、分型面刷脱模剂→刷胶衣树脂→浇注凹模→浇注凸模。

与传统注塑模具相比,环氧树脂模的制作成本只有传统制作方法的几分之一,生产周期大大缩短。模具寿命不及钢模,但比硅胶模高,可达 1000~5000 件,可满足中小批量生产的需要。

3) 金属冷喷涂模

以原型为样模,将低熔点金属充分雾化后以一定的速度喷射到样模表面,形成模具型腔表面,背衬充填环氧树脂或硅橡胶复合材料支撑,将壳与原型分离,得到精密的金属模具,也称硬模(hard tooling)。其特点是工艺简单、周期短;型腔及其表面精细花纹一次同时形成;省去了传统模具加工中的制图、数控加工和热处理等昂贵、费时的步骤,不需机加工;模具尺寸精度高,成本低。

4) 陶瓷型精铸模

可以利用原型和特制的陶瓷浆料浇注成陶瓷铸型,制作模具。

(1) 化学黏结陶瓷浇注型腔

用纸质母模原型,浇注硅橡胶、环氧树脂、聚氨酯等软材料,构成软模,移去原型,在软模中浇注化学黏结陶瓷型腔,在 205℃下固化型腔并抛光型腔表面,加入浇注系统和冷却系统后便制成小批量生产用注塑模。

(2) 用陶瓷或石膏模浇注钢型腔

用纸质母模原型,浇注硅橡胶、环氧树脂等软材料,构成软模,移去母模,在软模中浇注陶瓷或石膏模。浇注钢型腔,型腔表面抛光后加入浇注系统和冷却系统等,便可生产出钢制注塑模。

5) 熔模铸造法制造钢模

(1) 制作单件钢型腔

制作原型母模,将母模浸入陶瓷砂液,形成模壳。在炉中固化模壳,烧去母模。之后在炉中预热模壳并在模壳中浇注钢型腔,进行型腔表面抛光,加入浇注系统和冷却系统等后,铸造批量生产用注塑模。铸造铝、铜之类的失蜡浇注模也可以用此法制造。

（2）制造多件钢型腔

用3D打印制作原型母模。用金属表面喷镀，或用铝基复合材料、硅橡胶、环氧树脂、聚氨酯浇注法，构成蜡模的成型模。在成型模中，用熔化蜡浇注蜡模。浸蜡模于陶瓷砂液，形成模壳。在炉中固化模壳，熔化蜡模。在炉中预热模壳并在模壳中浇注钢型腔。进行型腔表面抛光，加入浇注系统和冷却系统等，铸造批量生产用注塑模。其中蜡模的成型模可反复使用，从而制造多件钢型腔。

6）化学黏结钢粉浇注型腔模

用纸质母模原型浇注硅橡胶、环氧树脂、聚氨酯等软材料，构成软模。移去母模，在软模中浇注化学黏结钢粉的型腔。然后在炉中烧去型腔用材料中的黏结剂并烧结钢粉，在型腔内渗铜，抛光型腔表面，加入浇注系统和冷却系统等就可批量生产用注塑模。

7）电铸、电镀制造模具

在原型零件上电镀一层铬硬壳，将其作为内腔，外铸低熔点合金，或用镶拼合方法而做成注塑模。

6.3.3　模型制造

1. 工程结构模型

大型工程可以制造比例模型进行分析校核、实验取证，从而确保工程的可造性。在建筑工程领域，可以制作建筑物模型，评价建筑设计美学与工程方面的合理性，更改也很容易。尽管现代数值分析代替了许多弹性范围内的模型试验，但对具有复杂边界和不确定因素的问题在数值分析后还需要进行模型试验。采用3D打印成形技术可以使数值分析与模型实验一体化，在CAD的几何造型阶段，即可对其中的危险部分和不确定部分立即做出模型进行实验，取得实验数据后再返回进一步修改设计。

2. 医学模型

模型在医学上的应用主要有：①提供视觉和触觉模型，用于教学、诊断；②复杂手术方案制定；③器官修复。

利用CT扫描和MRI核磁共振所得的人体器官数据，用3D打印成形技术制造具有生物活性和可移植性的人体组织和器官。

3. 艺术品、商业展示模型

以模型作为展示物品可用于零售商、顾客信息反馈、展品服务、大型装饰品的彩色制件等。在艺术创作方面，可以利用3D打印成形技术将瞬时的创造激情永久地记录下来，还可以制造珍贵的金玉类艺术品的廉价原始样本。在文化、艺术领域，3D打印成形技术用于文物复仿制及雕塑、工艺美术装饰品的制造。

6.3.4　零部件及工具制造

可以利用3D打印成形技术直接制造各种材料零部件和加工工具等。

1. 特殊成分、结构材料零部件

无论是材料或零部件，都可以考虑用3D打印成形技术。如梯度功能材料、多孔材料及其多种规格、型号、成分的材料都可能实现无模具、无机械加工的3D打印成形。例如，

难制造、难加工的复杂形状的陶瓷结构部件(如梯度材料、具有微结构的陶瓷件等)、功能陶瓷元件(如电容器、薄膜热电偶等)、复合材料(包括颗粒增强、纤维补强复合材料)、多孔材料(蜂窝陶瓷、泡沫陶瓷、波纹陶瓷)、孔梯度(阶梯状、连续孔、集束状)以及生物材料等的生产。采用 LOM 工艺以陶瓷带为造型材料可制作陶瓷件,使用金属带和不锈钢带制造金属件。

2. 工具制造

目前,直接成型的金属工具的力学性能较差,由 CAD 模型直接堆积高性能的金属工具(如活扳手等)还存在很大困难。

6.4　3D 打印成形技术的发展趋势

3D 打印成形技术发展的重要特点是快速自动成形与其他先进制造技术的紧密结合。目前 3D 打印成形技术继续朝着工业化、产业化方向发展,而完善制造工艺、进一步提高成型速度和精度、降低系统价格和运行成本、开发满足工程要求的材料和扩大应用领域等是人们关注的重点。

1) 技术完善和工艺改进

不断完善现有技术、探索新的成形工艺,提高制件的精度、减少制作时间、降低成本。例如直接制作最终用途零件的工艺和材料的研究等。

2) 寻求新的制造材料

以材料科学、有机化学等为基础,研究开发性能相当甚至超过金属材料的复合材料、陶瓷材料,与医学、生物学结合开发具有活性的生物材料,用 3D 打印成形技术制造人体内脏器官或四肢以辅助医疗诊断和外科手术等。

3) 拓展新的应用领域

随着数字影像技术为特征的临床诊断技术的应用和发展(如计算机辅助断层扫描(CT)、核磁共振成像(MRI)、三维 B 超等),可通过对人体局部扫描获得的截面图像,实现人体器官的三维重建,进而实现器官的原型制造。因此,探索与研究生长成型的原理及方法,借鉴生物技术中基因工程、细胞工程的成果,创造出仿生成形的新方法也是 3D 打印成形技术的重要应用领域。

4) 研制高效的制造设备

改进 3D 打印成形系统,研制工作精度高、可靠性好、效率高而且价廉的制造设备,解决制造系统昂贵、精度偏低、制品物理性能较差以及使用的原材料有限等问题是 3D 打印成形技术发展的一个重要方向。

5) 制造设备和工艺集成化

集成化发展主要有两个方面,一是 3D 打印成形技术内部建立的集成制造系统,将三维 CAD 建模、数据反求、快速成型与制造和数控加工子系统集成到一起组成一个闭环快速集成制造系统;二是与传统的和其他的先进设计、制造技术集成建立起外部集成制造系统,将并行设计技术、虚拟制造技术、3D 打印成形技术以及现代检测与分析技术集成在一起,形成更高层次的产品快速设计与制造集成系统。如反求工程与 3D 打印成形技术的集成,可以实现零部件的三维数据快速恢复,再经过 CAD 重新建模、修改以及成型工艺参数的调整,实现零部件或模型的复制与再创造。

习题与思考题

1. 简述 3D 打印技术的原理及技术流程。
2. 3D 打印成形技术的主要特点是什么？
3. 3D 打印成形的主要工艺有哪些？
4. 试述立体光固化成形工艺、分层实体制造工艺、选域激光烧结工艺、熔融沉积工艺、三维印刷工艺和喷射成形工艺的原理。
5. 举例说明 3D 打印成形技术的应用及其特点。
6. 3D 打印成形技术的主要发展方向是什么？

参 考 文 献

[1] 柳百成,沈厚发.21世纪的材料成形加工技术与科学[M].北京:机械工业出版社,2004.

[2] 夏巨谌,张启勋.材料成形工艺[M].北京:机械工业出版社,2010.

[3] 范有发.冲压与塑料成型设备[M].北京:机械工业出版社,2010.

[4] 毕大森.材料工程导论[M].北京:化学工业出版社,2010.

[5] 高锦张.塑性成形工艺与模具设计[M].北京:机械工业出版社,2002.

[6] 刘新佳,姜银方,蔡郭生.材料成形工艺基础[M].北京:化学工业出版社,2006.

[7] 邓明.材料成形新技术及模具[M].北京:化学工业出版社,2005.

[8] 贾志宏,傅明喜.金属材料液态成型工艺[M].北京:化学工业出版社,2008.

[9] 鞠鲁粤.工程材料与成形技术基础[M].北京:高等教育出版社,2009.

[10] 范金辉,华勤.铸造工程基础[M].北京:北京大学出版社,2009.

[11] 张力真,徐允长.金属工艺学实习教材[M].北京:高等教育出版社,2006.

[12] 徐自立.工程材料及应用[M].武汉:华中科技大学出版社,2007.

[13] [德]Kopp R,Wiegels,H.金属塑性成形导论[M].康永林,洪慧平,译.北京:高等教育出版社,
2010.

[14] 陈冰泉.船舶及海洋工程结构焊接[M].北京:人民交通出版社,2001.

[15] 姜焕中.电弧焊及电渣焊[M].2版.北京:机械工业出版社,2004.

[16] 赵熹华.压力焊[M].北京:机械工业出版社,2003.

[17] 中国机械工程学会焊接分会.焊接词典[M].3版.北京:机械工业出版社,2008.

[18] 金属压力焊接头缺欠分类及说明.GB/T 6417.2—2005[S].北京:中国标准出版社,2006.

[19] 赵熹华.焊接检验[M].北京:机械工业出版社,2011.

[20] 张文钺.焊接冶金学(基本原理)[M].北京:机械工业出版社,2003.

[21] 中国机械工程学会焊接分会.焊接手册:第1卷 焊接方法及设备[M].3版.北京:机械工业出版
社,2007.

[22] 邹僖.钎焊[M].北京:机械工业出版社,2009.

[23] 张启运,庄鸿寿.钎焊手册[M].2版.北京:机械工业出版社,2008.

[24] 王秀峰,罗宏杰.快速原型制造技术[M].北京:中国轻工业出版社,2001.

[25] 王运赣.快速模具制造及其应用[M].武汉:华中科技大学出版社,2003

[26] 余世浩,杨梅.材料成型概论[M].北京:清华大学出版社,2012.

[27] 郭少豪,吕振.3D打印:改变世界的新机遇新浪潮[M].北京:清华大学出版社,2013.

[28] 蜀地一书生.3D打印:从技术到商业实现[M].北京:化学工业出版社,2017.

[29] 教育部高等教学指导委员会.普通高等学校本科专业类教学质量国家标准[M].北京:高等教育出
版社,2018.